農業法人の
会計・税務ハンドブック
改訂第2版

一般社団法人全国農業会議所

はじめに

　農業法人とは、「法人形態」によって農業を営む法人の総称です。農業経営の法人化の利点として、経営管理能力や資金調達力、取引信用力の向上、雇用労働関係の明確化や労災保険などの適用による労働者の福祉の増進などがあげられます。

　さらに、近年では、新規就農の受け皿、農村社会の活性化、経営の円滑な継承などにもつながることから、地域農業の担い手として、農業法人への期待が高まってきています。

　しかしながら、これらの利点は、法人化すれば自動的に享受されるものではなく、農業経営の継続・発展のための経営努力のなかで生み出され、獲得していくものとして理解する必要があります。

　本書は、その経営努力の一助となることを願い、法人課税のあらましから法人税申告書の作成手順までをわかりやすく解説した「ハンドブック」です。著述は、税理士の森剛一氏に労を賜りました。

　農業法人の経営者・経理担当者の実務書として、また、農業法人の育成・指導に携わる関係者の皆様の参考書として、広く活用されることを期待するものです。

令和6年8月

一般社団法人全国農業会議所

目次

I 損益計算書の留意事項

営業収益・売上高 —————————————— 1

営業費用・売上原価 —————————————— 21

営業費用・売上原価・製造原価 —————————————— 24

営業費用・販売費及び一般管理費 —————————————— 71

営業外収益 —————————————— 99

営業外費用 —————————————— 109

特別利益 —————————————— 115

特別損失 —————————————— 127

II 貸借対照表の留意事項

資産の部・流動資産 —————————————— 149

資産の部・固定資産 —————————————— 158

資産の部・繰延資産 —————————————— 178

負債の部・流動負債 —————————————— 180

負債の部・固定負債 —————————————— 182

純資産の部・株主資本 —————————————— 186

III 剰余金処分の留意事項

財務諸表における表示 —————————————— 193

任意積立金取崩額 —————————————— 196

剰余金処分額 —————————————— 199

 利益準備金　199

 任意積立金　202

 配当金　210

IV 法人課税のあらまし

1. 法人税（国税） —— 229
- (1) 納税義務者 229
- (2) 課税標準 229
- (3) 税率 233

2. 事業税 —— 233
- (1) 納税義務者 233
- (2) 課税標準 233
- (3) 税率 234
- (4) 農事組合法人の農業の法人事業税非課税 235
- (5) 特別法人事業税 240

3. 住民税 —— 240
- (1) 納税義務者 240
- (2) 課税標準 240
- (3) 税率 241

4. 法人の分類 —— 242

〈法人の目的からの分類〉
- (1) 普通法人 242
- (2) 公共法人 242
- (3) 公益法人等 242
- (4) 協同組合等 242
- (5) 人格のない社団等 242

〈資本金の大小からの分類〉
- (1) 中小法人 243
- (2) 中小企業者 243

〈同族会社・非同族会社〉
- (1) 同族会社 243
- (2) 特定同族会社 243
- (3) 非同族会社 243

5. 農業法人に関する特例 —— 244
- (1) 農地所有適格法人に関する特例 244
- (2) 農事組合法人に関する特例 245

V 消費税のあらまし

1. 消費税とは ——— 247
2. 納税義務者 ——— 249
3. 消費税の経理 ——— 250
   - (1) 勘定科目別の消費税課税の有無　250
   - (2) 消費税の経理方式　250
   - (3) 帳簿及び請求書の保存等　251
4. 消費税の計算の原則（一般課税） ——— 251
   - (1) 一般課税における納税額の計算　251
   - (2) インボイス制度　252
5. 簡易課税制度 ——— 253
   - (1) 簡易課税制度のしくみ　253
   - (2) 簡易課税制度の事業区分　254
   - (3) 簡易課税制度の適用　255

VI 法人税申告書の作成手順

1. 税引前当期純利益の確定（会計） ——— 257
2. 各明細書（別表）の一部の記載 ［1/2］（申告書） ——— 258
3. 別表4の一部の記載 ［1/3］（申告書） ——— 289
4. 農業経営基盤強化準備金の積立て（会計） ——— 290
5. 各明細書（別表）の記載完了 ［2/2］（申告書） ——— 291
6. 別表4の追加の記載 ［2/3］と仮の当期利益による法人税額等の計算（申告書） ——— 294
7. 法人税等の決算整理（会計） ——— 296
8. 別表5（2）・別表5（1）・別表4の完成記載 ［3/3］（申告書） ——— 296

参考

決算報告書記入例 ——— 303
農業法人標準勘定科目 ——— 347

I 損益計算書の留意事項

営業収益・売上高

○○売上高（製品売上高）
製品である農畜産物の販売金額

解 説

　製品の販売金額です。製品売上高と商品売上高は区分し、自己が生産したものは製品売上高、他から仕入れたものは商品売上高となります。製品売上高には、堆肥など副産物の売上高も含みます。2種類以上の事業を営む場合の売上高は事業の種類ごとに区分して記載することができます（財規71）ので、農業法人では「水稲売上高」のように作目ごとに区分して売上高を記載します。また、直近3ヵ年における農業に係る売上高が売上高全体の過半を占めていることが農地所有適格法人の要件ですので、「農業に係る売上高」とそれ以外の売上高を勘定科目により区分します。勘定科目の区分は、消費税の簡易課税制度の事業区分に対応するよう留意する必要があります。

営業収益・売上高

表1. 売上高の勘定科目の区分例

	勘定科目例	農地法	（農）事業税	消費税	備考
農畜産物販売	水稲売上高	◎	非課税	2種	自己が生産した農畜産物
	米売上高	①	課税	1・2種	他から仕入れた農畜産物
	肉用牛売上高	◎	課税	2種	
その他生産物販売	加工品売上高	①	課税	3種	
	堆肥売上高	②	課税	3種	
	林業売上高	③	課税	3種	
固定資産売却	生物売却収入	◎	課税	4種	生物の売却（後述）
	固定資産売却益	—	課税	4種	農機具・施設の売却
農作業受託	作業受託収入	④	農業収入の1/2以下なら非課税	4種	野菜苗の定植作業のみの受託
	野菜苗売上高	◎	非課税	3種	生産野菜苗の圃場への定植作業
その他作業受託	花卉売上高	◎	非課税	3種	生産花苗の花壇への定植作業
	農産物売上高	②	課税	3種	仕入花苗の花壇への定植作業
	造園売上高	×	課税	4種	花苗の定植作業のみの受託
	除雪作業収入	×	課税	4種	
補填金	価格補填収入	○	非課税	不課税	価格に付随するもの（後述）

〈農地法の欄の凡例〉

農業売上高：◎（○は付随収入）

農業関連事業売上高：
- ① ＝農畜産物加工
- ② ＝農畜産物販売（貯蔵、運搬）
- ③ ＝農業資材製造
- ④ ＝農作業受託
- ⑤ ＝林業

農業以外の売上高：×

売上高とならないもの：—

農地法第2条（定義）第3項

　この法律で「農地所有適格法人」とは、農事組合法人、株式会社（公開会社（会社法（平成十七年法律第八十六号）第二条第五号に規定する公開会社をいう。）でないものに限る。以下同じ。）又は持分会社（同法第五百七十五条第一項に規定する持分会社をいう。以下同じ。）で、次に掲げる要件の全てを満たしているものをいう。
　一　その法人の主たる事業が農業（その行う農業に関連する事業であつて農畜産物を原料又は材料として使用する製造又は加工その他農林水産省令で定めるもの、農業と併せ行う林業及び農事組合法人にあつては農業と併せ行う農業協同組合法（昭和二十二年法律第百三十二号）第七十二条の十第一項第一号の事業を含む。以下この項において同じ。）であること。
（以下略）

農地法施行規則第2条（法人がその行う農業に関連する事業として行うことができる事業）

　法第二条第三項第一号の農林水産省令で定めるものは、次に掲げるものとする。
　一　農畜産物の貯蔵、運搬又は販売
　二　農畜産物若しくは林産物を変換して得られる電気又は農畜産物若しくは林産物を熱源とする熱の供給
　三　農業生産に必要な資材の製造
　四　農作業の受託
　五　農山漁村滞在型余暇活動のための基盤整備の促進に関する法律（平成六年法律第四十六号）第二条第一項に規定する農村滞在型余暇活動に利用されることを目的とする施設の設置及び運営並びに農村滞在型余暇活動を行う者を宿泊させること等農村滞在型余暇活動に必要な役務の提供
　六　農地に支柱を立てて設置する太陽光を電気に変換する設備の下で耕作を行う場合における当該設備による電気の供給

農地法関係事務に係る処理基準

第1　全般的事項
(1)～(3)　（略）
(4)　農地所有適格法人の判断基準
　法第2条第3項の「農地所有適格法人」に該当するかの判断に当たっては、法令の定めによるほか、次によるものとする。
　①　（略）

② 法第2条第3項第1号の「法人の主たる事業が農業」であるかの判断は、その判断の日を含む事業年度前の直近する3か年（異常気象等により、農業（同号に規定する農業をいう。以下この②、⑩、⑭及び⑮において同じ。）の売上高が著しく低下した年が含まれている場合には、当該年を除いた直近する3か年）におけるその農業に係る売上高が、当該3か年における法人の事業全体の売上高の過半を占めているかによるものとする。

法人税の留意事項

委託販売の取扱い

農業協同組合（JA）を通じた農産物の販売は、通常、委託販売の形態を採っています。棚卸資産の委託販売による収益の額は、受託者がその委託品を販売した日に計上すること（受託者販売日基準）が原則ですが、継続適用等を条件に、売上計算書の到達の日に計上すること（売上計算書到達日基準）も認められています（法基通2-1-3）。たとえば、JAに売渡委託した米は、通常、事業年度末において未だ販売（精算）されないため、本来は、委託販売した米の概算金を前受金として経理し、製品として米の期末棚卸を計上します。

しかしながら、たとえば、JAによる米の販売は、産地銘柄別の共同販売・共同計算によっており、共同計算期間は1年以上に及びます。このため、米の販売代金の精算には約1年半を要し、当年産米の精算は翌々年になります。そこでJAでは、生産者の資金繰りを考慮し、また、米の集荷を促進するため、出来秋において生産者に概算金を交付しています。このため、期末棚卸金額を計上する方法に代えて、売上げを概算金や精算金をもってその受領した日に計上する方法（いわば「概算金等受領日基準」）が実務では一般的です。

> **法人税基本通達2-1-3（委託販売による収益の帰属の時期）**
>
> 棚卸資産の委託販売に係る収益の額は、その委託品について受託者が販売をした日の属する事業年度の益金の額に算入する。ただし、当該委託品についての売上計算書が売上の都度作成され送付されている場合において、法人が継続して当該売上計算書の到達した日において収益計上を行っているときは、当該到達した日は、その引渡しの日に近接する日に該当するものとして、法第22条の2第2項《収益の額》の規定を適用する。（昭55年直法2-8「六」、平30年課法2-8「二」により改正）
> （注）受託者が週、旬、月を単位として一括して売上計算書を作成している場合においても、それが継続して行われているときは、「売上の都度作成され送付されている場合」に該当する。

特定作業受託の取扱い

「特定作業受託」とは、「主な基幹作業を受託する場合であって、申請者が当該作業受託を行う農地に係る収穫物についての販売委託を引き受けることにより販売名義を有し、かつ、当該販売委託を引き受けた農産物に係る販売収入の処分権を有するとき」[注1]の作業受託をいいます。特定作業受託は、基幹作業受託と受託販売（委託販売の受託）の混合契約と考えられています。

注1.「農業経営改善計画の認定に当たっての作業受託の取扱いについて」（17経営第7186号 平成18年4月3日農林水産省経営局長通知）

経営所得安定対策[注2]では、その対象農地に、所有権や利用権などの権原を有する農地のみならず、「主な基幹作業を受託し、収穫物についての販売名義を有し、販売収入の処分権を有している場合の当該作業受託の面積も含むこと」としています。また、認定農業者制度では、農業経営改善計画において「その他」欄に特定作業受託の面積を記載することで「農業経営の規模」として位置付けています。

注2. 経営所得安定対策では、麦・大豆などを生産する認定農業者等に対し、生産量と品質に応じて「畑作物の直接支払交付金」や水田転作の面積に応じて「水田活用の直接支払交付金」の交付が実施されている。

消費税の軽減税率制度実施前の特定作業受託では、税務上は消費税法基本通達10-1-12（2）なお書きにより、受託販売した農産物の販売金額を受託者の課税売上げとすることができましたので、会計上も自作地や借入地など他の農地で生産した農産物の販売金額と受託販売した農産物の販売金額を区分しないで、まとめて売上高に計上してきました。

消費税法基本通達 10-1-12（委託販売等に係る手数料）

委託販売その他業務代行等（以下10-1-12において「委託販売等」という。）に係る資産の譲渡等を行った場合の取扱いは、次による。（平23課消1-35により改正）

(1) 委託販売等に係る委託者については、受託者が委託商品を譲渡等したことに伴い収受した又は収受すべき金額が委託者における資産の譲渡等の金額となるのであるが、その課税期間中に行った委託販売等の全てについて、当該資産の譲渡等の金額から当該受託者に支払う委託販売手数料を控除した残額を委託者における資産の譲渡等の金額としているときは、これを認める。

(2) 委託販売等に係る受託者については、委託者から受ける委託販売手数料が役務の提供の対価となる。
　なお、委託者から課税資産の譲渡等のみを行うことを委託されている場合の委託販売等に係る受託者については、委託された商品の譲渡等に伴い収受した又は収受すべき金額を課税資産の譲渡等の金額とし、委託者に支払う金額を課税仕入れに係る金額としても差し支えないものとする。

営業収益・売上高

> (注) 1 委託販売等において、受託者が行う委託販売手数料等を対価とする役務の提供は、当該委託販売等に係る課税資産の譲渡が軽減税率の適用対象となる場合であっても、標準税率の適用対象となることに留意する。
> 2 委託販売等に係る課税資産の譲渡が軽減税率の適用対象となる場合には、適用税率ごとに区分して、委託者及び受託者の課税資産の譲渡等の対価の額及び課税仕入れに係る支払対価の額の計算を行うこととなるから、(1)及び(2)なお書による取扱いの適用はない。

しかしながら、消費税の軽減税率制度の実施によって、食用農産物など軽減税率の適用対象となる資産の受託販売においては、消費税法基本通達10-1-12(2)なお書きによる取扱いが適用されなくなりました。その結果、販売金額でなく手数料相当額を課税売上げとすることが税務上、強制され、特定作業受託した農地については、委託者から受ける作業受託料を役務の提供の対価として課税売上げとしなければならなくなりました。その理由は、販売金額の税率(8％)と委託販売手数料や作業受託料の税率(10％)が異なるので、適用税率ごとに区分して課税売上げや課税仕入れの計算を行うことになるからです。

このため、一種の受託販売である特定作業受託において会計上も特定作業受託の委託者ごとに販売金額を区分して把握し、これを委託者における販売金額(8％)として通知したうえで、その金額から委託者に支払う金額を差し引いた金額を基幹作業の作業受託料(10％)として計算することになります。

肉用牛売却所得の課税の特例

肉用牛売却所得の課税の特例は、農地所有適格法人であることが適用要件となります。肉用牛売却所得の課税の特例では、免税対象飼育牛に係る収益の額から当該収益に係る原価の額と当該売却に係る経費の額との合計額を控除した金額を免税対象飼育牛の売却による利益の額とし、これを損金算入することができます。この場合の免税対象飼育牛に係る収益とは、食肉市場で売却した肉用牛の場合、枝肉の売却価額だけでなく、内臓原皮等の価額が含まれます。

ただし、過去の裁決例によれば、市場による出荷奨励金や肉牛事故共済金は、売却価額に含まれないとされていますので、これらを売上高と区分して経理するため、出荷奨励金は雑収入(消費税課税)、肉牛事故共済金は受取共済金(同・不課税)として、それぞれ経理することになります。

法人事業税の留意事項

農地所有適格法人たる農事組合法人が行う農業については、法人事業税が非課税になっています。ただし、畜産農業(日本標準産業分類・小分類012)は、事業税の非課税の対象となる農業からは除かれます。

農作業受託については、原則として、事業税の非課税の対象となる農業からは除かれますが、その収入が農業収入の総額の二分の一を超えない程度のものであるときは、非課税の取扱いがなされています。

　なお、事業年度の一部の期間について、農地所有適格法人としての要件を満たしていれば、その事業年度について事業税非課税の規定の適用を受けることができます。

地方税法第72条の4（事業税の非課税の範囲）

1・2　（略）
3　道府県は、農事組合法人（農業協同組合法第七十二条の十三第一項第一号に掲げる者以外の者を組合員とするものにあつては、政令で定めるものに限る。）で農地法（昭和二十七年法律第二百二十九号）第二条第三項各号に掲げる要件の全てを満たしているものが行う農業に対しては、事業税を課することができない。

特定の農事組合法人の農業に対する事業税の非課税について（昭42.4.25、自治府第47号）

問一　（前略）
　二　農業とは日本標準産業分類の大分類A―農業のうち次のものを除いたものと解してよろしいか。
　　(1)　中分類01―商品生産農業のうちの小分類015畜産農業[注1]
　　(2)　中分類05―農業的サービス業[注2]
　三　これらの法人が農業及びこれに付帯する事業を行う場合の「これに付帯する事業（主たる事業に付帯して行なうことを相当と認められる事業で、その法人の所有する農機具の余剰化動力を利用したもみすり、賃耕等）」は農業ではないから、これらの規定の適用がないと解してよろしいか。
答一　（略）
　二　お見込みのとおり。
　三　依命通達第三章四(9)に準じて取り扱われたい。[注3]

注．
1)　現行の日本産業分類の012畜産農業
2)　現行の日本産業分類の014農業サービス業（園芸サービス業を除く）及び015園芸サービス業
3)　現行の取扱通知（県）事業税第二、二の一、(11)

営業収益・売上高

> **取扱通知（県）事業税第二、二の一、（11）**
>
> （11） 個人の行なう農業はすべて非課税の取扱いを受けるのであるが、農業が副業として畳表製造、藁工品製造等を行なっている場合にあっては、当該副業が主として自家労力によって行なわれ、かつ、その収入が農業収入の総額の二分の一を超えない程度のものであるときは、非課税の取扱いをすることが適当であること。（法72の2⑧三）

消費税の留意事項

委託販売の取扱い

消費税でも法人税と同様、委託販売については、受託者が販売した日をもって「資産の譲渡をした日」とするのが原則ですが、売上計算書の到達した日をもって計上することも認められています。

> **消費税法基本通達9-1-3（委託販売による資産の譲渡の時期）**
>
> 棚卸資産の委託販売に係る委託者における資産の譲渡をした日は、その委託品について受託者が譲渡した日とする。ただし、当該委託品についての売上計算書が売上げの都度作成されている場合において、事業者が継続して当該売上計算書の到着した日を棚卸資産の譲渡をした日としているときは、これを認める。
> （注） 受託者が週、旬、月を単位として一括して売上計算書を作成しているときは、「売上げの都度作成されている場合」に該当する。
> なお、ただし書の取扱いを適用している委託者が適格請求書発行事業者の登録を取りやめる場合、受託者が行った委託品の譲渡について、当該譲渡に係る売上計算書の到着した日が法第57条の2第10項第1号《適格請求書発行事業者の登録の取消しを求める場合の届出》に定める日以後となるときは、当該到着した日の資産の譲渡とすることはできない。

消費税でも、所得税・法人税の実務を追認した形で、その取引の特殊性に鑑み、概算金、精算金をそれぞれ受け取った日に課税売上げを計上することを、継続適用を条件に認めています

> **質疑応答事例（農協を通じて出荷する農産物の譲渡の時期）**
>
> 【照会要旨】
> 農家は収穫した農産物を農協に販売委託していますが、農産物によっては、その代金は出荷時に販売見込価額の一部について概算払を受け、販売が終了した後に精算が

行われることがあります。

ところで、そのような農産物を例えば、秋から冬にかけて農協へ出荷した場合には、最終精算が翌年になることがありますが、この場合は、概算金を本年の課税売上げに計上し、精算金については翌年の課税売上げに計上することとしてよいでしょうか。

【回答要旨】

委託販売の場合、その資産の譲渡等の時期は、原則として受託者がその受託品を譲渡した日であり、売上計算書が発行されているような場合は継続適用により売上計算書の到着日とすることが認められていますが（基通9-1-3）、質問のような農産物については、その取引の特殊性に鑑み、継続適用を条件に、概算金、精算金をそれぞれ受け取った日に課税売上げを計上することとして差し支えありません。

【関係法令通達】

消費税法基本通達9-1-3

また、花きや肉用子牛など標準税率対象の農畜産物の委託販売（消費税率10％）については、受託者が収受した（すべき）金額から委託販売手数料（消費税率10％）を控除した残額を委託者における課税売上げとすることが認められており、簡易課税の場合に有利になります。一方、軽減税率制度の導入後は、食料品など軽減税率対象の農産物の委託販売（消費税率8％）については、委託販売手数料（消費税率10％）を控除した残額を委託者における課税売上げとすることが認められなくなりました。その影響により、軽減税率の対象となる委託販売においては事実上、会計上も総額処理が強制されます。

消費税法基本通達10-1-12（委託販売等に係る手数料）

委託販売その他業務代行等（以下10-1-12において「委託販売等」という。）に係る資産の譲渡等を行った場合の取扱いは、次による。（平23課消1-35により改正）

(1) 委託販売等に係る委託者については、受託者が委託商品を譲渡等したことに伴い収受した又は収受すべき金額が委託者における資産の譲渡等の金額となるのであるが、その課税期間中に行った委託販売等の全てについて、当該資産の譲渡等の金額から当該受託者に支払う委託販売手数料を控除した残額を委託者における資産の譲渡等の金額としているときは、これを認める。

(以下略)

簡易課税

簡易課税制度において飲食料品となる農産物の製品売上高は第2種事業、それ以外の製品売上高は第3種事業となります。

営業収益・売上高

別途収受する配送料

通信販売などの場合、配送料を預り金又は立替金として経理することにより課税売上高が少なくなり、簡易課税の適用では有利になります。

> **消費税法基本通達10-1-16（別途収受する配送料等）**
>
> 事業者が、課税資産の譲渡等に係る相手先から、他の者に委託する配送等に係る料金を課税資産の譲渡の対価の額と明確に区分して収受し、当該料金を預り金又は仮受金等として処理している場合の、当該料金は、当該事業者における課税資産の譲渡等の対価の額に含めないものとして差し支えない。

● インボイス制度対応のポイント──別途収受する配送料等

配送料を立替金として経理する場合の請求書

配送料については立替金精算書に消費税額等を記載することで顧客の仕入税額控除に対応できます。具体的には、商品の請求書の税率ごとに区分した合計欄の下に立替金精算欄を設けて次のように記載して、インボイス（適格請求書）と立替金精算書を1枚の書類で交付します。

図1．農産物の仕入明細書の記載例（振込手数料控除の場合）

請 求 書

令和5年10月31日

○○　○○　殿

△△農産㈱
登録番号　T9876543210987

日付	品名	金額
10/1	コシヒカリ ※1袋	6,750 円
10/1	ひとめぼれ ※1袋	5,940 円
合計（税込み）		12,690 円
8％対象	12,690 円	（消費税 940 円）
立替金 （10％対象）	配送料 ○○運輸㈱（登録番号 T1234567890123）	2,200 円 （消費税 200 円）
請求金額合計		14,890 円

※印は軽減税率対象商品

生物売却収入

減価償却資産である生物の売却収入

― 解　説 ―

　減価償却資産である生物の売却収入です。適宜、「廃牛売上高」、「廃豚売上高」というように区分して記載します。固定資産売却損益のうち営業目的によるものでないものは、重要性に乏しいことから、一般に純額により特別損益の部に計上されますが、畜産経営において繁殖用の牛や豚、種付用の豚などの反復継続した売却は営業目的によるものです。このため、「生物売却収入」として収入金額を総額により売上高の内訳科目として計上することになります。

企業会計原則・会社計算規則・中小企業会計指針では

　企業会計原則においても費用及び収益は総額によって記載することを原則としています。なお、一般の固定資産売却損益を特別損益項目として純額により表示するのは、重要性の原則を財務諸表の表示に関して適用した結果、重要性の乏しい一般の固定資産売却損益について簡便な方法によって表示したからと考えられます。

企業会計原則　損益1B（総額主義の原則）

　費用及び収益は、総額によって記載することを原則とし、費用の項目と収益の項目とを直接に相殺することによってその全部又は一部を損益計算書から除去してはならない。

企業会計原則　注1（重要性の原則）

　重要性の原則の適用について（一般原則2、4及び貸借対照表原則1）
　企業会計は、定められた会計処理の方法に従って正確な計算を行うべきものであるが、企業会計が目的とするところは、企業の財務内容を明らかにし、企業の状況に関する利害関係者の判断を誤らせないようにすることにあるから、重要性の乏しいものについては、本来の厳密な会計処理によらないで他の簡便な方法によることも、正規の簿記の原則に従った処理として認められる。
　重要性の原則は財務諸表の表示に関しても適用される。
（以下略）

営業収益・売上高

会計の方法

仕訳例：12月決算法人において、取得価額450,000円の搾乳牛を肉用として6月30日に100,000円（税抜き）で売却した。なお、期首未償却残高は135,000円であった。

借方科目	税	金額	貸方科目	税	金額
売　掛　金	不	106,350	生物売却収入	課	108,000
販売手数料	課	1,650			
減価償却費	不	45,000	生　　　物	不	135,000
生物売却原価	不	90,000			

法人税の留意事項

肉用牛売却所得の課税の特例

　肉用牛売却所得の課税の特例の適用対象となる肉用牛は、種雄牛と搾乳牛（子牛の生産の用に供された乳牛の雌）を除く牛です。搾乳牛は対象から除外されていますが、子取り用雌牛（子牛の生産の用に供された肉牛の雌）については、本来、対象となります。

　なお、個人農業者の場合は、固定資産として経理されている子取り用雌牛については、肉用牛売却所得の課税の特例措置が適用されないものとされていますが、これは売却による対価が譲渡所得となるためで、法人の場合には適用されることになります。

　ただし、この特例措置の適用を受けるには、「肉用牛売却証明書」の添付が必要です。家畜市場によっては、肉牛の経産牛について本特例措置が適用されないものとして証明書を発行しないところも一部にありますが、肉牛の経産牛について証明書の添付がない場合には、法人であっても原則として本措置が適用されないことになりますので注意が必要です。

消費税の留意事項

簡易課税

　生物売却収入は課税売上げとなり、簡易課税制度において第4種事業となります。

> **消費税法基本通達13-2-9（固定資産等の売却収入の事業区分）**
>
> 　事業者が自己において使用していた固定資産等の譲渡を行う事業は、第四種事業に該当するのであるから留意する。

作業受託収入

農作業等の作業受託による収入

解 説

　農作業等の作業受託による収入です。農作業受託による収入金額は、個人の農業用青色申告決算書は農産物の販売金額と区分して雑収入に含める様式となっていますが、農業法人では農作業の受託も営業目的で行うものですので、「作業受託収入」として営業収益（売上高）の内訳科目として表示します。

　特定作業受託について、法人の場合には、作業受託料金相当額を作業受託収入に計上するのではなく、販売受託した農産物の販売収入を法人の売上高に計上します。

企業会計原則・会社計算規則・中小企業会計指針では

　企業会計原則では、役務による営業収益は、商品等の売上高と区分して記載することとしています。

> **企業会計原則　損益3A（兼業の区分）**
>
> 　企業が商品等の販売と役務の給付とをともに主たる営業とする場合には、商品等の売上高と役務による営業収益とは、これを区別して記載する。

法人税の留意事項

　農作業受託は、一般に、物の引渡しを要しない役務提供に該当しますので、役務の全部を完了した日に収益を計上することになります。このため、作業が完了していればたとえ請求書等を作成していなくても、売上げに計上しなければならないことに留意する必要があります。

> **法人税基本通達2-1-21の2**（履行義務が一定の期間にわたり充足されるものに係る収益の帰属の時期）
>
> 　役務の提供（法第64条第1項《長期大規模工事の請負に係る収益及び費用の帰属事業年度》の規定の適用があるもの及び同条第2項《長期大規模工事以外の工事の請負に係る収益及び費用の帰属事業年度》の規定の適用を受けるものを除き、平成30年3月30日付企業会計基準第29号「収益認識に関する会計基準」の適用対象となる取引に限る。以下2-1-21の3までにおいて同じ。）のうちその履行義務が一定の期間にわたり充足されるもの（以下2-1-30までにおいて「履行義務が一定の期

間にわたり充足されるもの」という。）については、その履行に着手した日から引渡し等の日（物の引渡しを要する取引にあってはその目的物の全部を完成して相手方に引き渡した日をいい、物の引渡しを要しない取引にあってはその約した役務の全部を完了した日をいう。以下2-1-21の7までにおいて同じ。）までの期間において履行義務が充足されていくそれぞれの日が法第22条の2第1項《収益の額》に規定する役務の提供の日に該当し、その収益の額は、その履行義務が充足されていくそれぞれの日の属する事業年度の益金の額に算入されることに留意する。（平30年課法2-8「二」により追加）

消費税の留意事項

簡易課税

簡易課税の場合、「加工賃その他これに類する料金を対価とする役務の提供」に該当するため、作業受託収入は第4種事業となります。

消費税法基本通達13-2-7（加工賃その他これに類する料金を対価とする役務の提供の意義）

令第57条第5項第3号《事業の種類》に規定する「加工賃その他これに類する料金を対価とする役務の提供」とは、13-2-4本文の規定により判定した結果、製造業等に該当することとなる事業に係るもののうち、対価たる料金の名称のいかんを問わず、他の者の原料若しくは材料又は製品等に加工等を施して、当該加工等の対価を受領する役務の提供又はこれに類する役務の提供をいう。

なお、当該役務の提供を行う事業は第四種事業に該当することとなる。（平10課消2-9により改正）

（注）13-2-4により判定した結果がサービス業等に該当することとなる事業に係るものは、加工賃その他これに類する料金を対価とする役務の提供を行う事業であっても第五種事業に該当するのであるから留意する。

価格補填収入

農畜産物価格に付随する数量払交付金・補填金

--- 解　説 ---

農畜産物価格に付随する数量払交付金・補填金です。価格補填収入には、①諸外国との生

産条件格差（内外価格差）を補填するもの、②価格変動による収入減少を補填するもの——とがあります。具体的には、畑作物の直接支払交付金、経営安定交付金、補給金などです。なお、畑作物の直接支払交付金には数量払と面積払（営農継続支払）とがあり、このうち面積払交付金は前年産の生産面積に基づいて支払うものですが、基本的には、後に支払われる数量払交付金に補充されますので「価格補填収入」とします。

営業収益・売上高

表2. 農畜産物についての価格補填金

	価格補填制度	掛金	交付基準	交付単価例	交付要件	収入保険
小麦	畑作物の直接支払交付金（数量払）	―		平均 5,930 円/60kg（課 R6）		○
二条大麦		―		平均 5,810 円/50kg（課 R6）		○
六条大麦		―		平均 4,850 円/50kg（課 R6）		○
はだか麦		―		平均 8,630 円/60kg（課 R6）		○
大豆		―		平均 9,430 円/60kg（課 R6）		○
てん菜		―		平均 5,070 円/t（課 R6）	基準糖度 16.6 度	○
澱粉馬鈴薯		―		平均 14,280 円/t（課 R6）	基準澱粉含有率 19.6%	○
そば		―		平均 16,720 円/45kg（課 R6）		○
なたね		―		平均 7,710 円/60kg（課 R6）		○
さとうきび	甘味資源作物交付金	―		基準 16,020 円/t（課 R6）（100 円/±0.1 度）	基準糖度 13.1～14.3 度	○
澱粉甘薯	でん粉原料用いも交付金	―		上位品種 31,550 円/t（課 R6）		○
野菜	指定野菜価格安定補給金	※				×※
	特定野菜等供給産地育成価格差補給金	※				×※
子牛	肉用子牛生産者補給金	○	（保証基準－平均売買価格）×100%	黒毛和種： ― 褐毛和種： ― 他肉専：90,510 円 乳用種： ― 交雑種： ―/頭 R5Ⅳ		×
肉牛	肉用牛肥育経営安定交付金（牛マルキン）	○	（平均生産費－平均粗収益）×80%	肉専用種：県別 ―～124,315.4 円 交雑種： ― 乳用種：12,247.4 円/頭 R6.2 概算		×
豚	肉豚経営安定交付金（豚マルキン）	○	（保証基準－平均枝肉価格）×80%	4,250 円/頭 24Ⅳ（養豚経営安定補填金）		×
卵	鶏卵生産者経営安定補填金	○	（補填基準価格－標準取引価格）×90%	6.831 円/kgR6.4	補填基準価格 222 円/kgR6	×
牛乳	加工原料乳生産者補給金 集送乳調整金	―		8.92 円/kgR6 2.68 円/kgR6		○

※野菜価格安定制度（指定野菜価格安定対策事業及び特定野菜等供給産地育成価格差補給事業）の拠出は、出荷団体又は大規模生産者が支出。収入保険と野菜価格安定制度の同時利用の取扱いについて、令和6年からの新規加入者は、2年間（令和4年、5年加入者は3年間）の同時利用を可能とし、令和7年以降の新規加入者には適用しない。

注．「課」は消費税の課税事業者向けの単価を表す。
　年号の数字は、単独の場合は年度、「.」に続く数字は月、ローマ数字は四半期を表す。
　例：R6.4＝令和6年4月、R5Ⅳ＝令和5年度第4四半期（R6.1～3）、R6＝令和6年度（R6.4～R7.3）

企業会計原則・会社計算規則・中小企業会計指針では

　企業会計原則では、売上高を商品の販売などによって実現したものに限ることとしています。価格補填収入は販売代金そのものではないものの、農畜産物の販売に伴ってその販売数量に基づき交付されるものであることから、農畜産物の販売によって実現するものです。このため、売上高と同様、営業収益として取り扱い、売上高の区分に記載します。

> **企業会計原則第二・三B（実現主義の原則）**
>
> 　売上高は、実現主義の原則に従い、商品等の販売又は役務の給付によって実現したものに限る。ただし、長期の未完成請負工事等については、合理的に収益を見積り、これを当期の損益計算に計上することができる。

法人税の留意事項

収益計上の時期

　会計上は、交付金等について、その交付の事実があった日の属する事業年度終了の日において金額が未確定であってもその金額を見積るのが原則です（交付事実発生日基準）。一方、税務上は、交付金等について、その交付決定があった日の属する事業年度の益金の額に算入します（権利確定日基準）。法人税の所得金額の計算上、収益計上時期は、原則として、その収入すべき権利が確定した日の属する事業年度となります。このため、交付金は、通常の場合、その交付が決定された日やその支払いが通知された日の属する事業年度の収益として計上します。

　ただし、肉用牛免税に関連する肉用牛肥育経営安定交付金（牛マルキン）、肉用子牛生産者補給金、和子牛生産者臨時経営支援交付金は、免税対象飼育牛の売却した日の属する事業年度分の収益とすることとなっており、肉用牛の売却時に未収入金として計上します。また、畑作物の直接支払交付金なども継続適用を条件として、農産物の出荷などその交付の事実があった日において未収入金に計上することで、その交付の事実があった日の属する事業年度の益金の額に算入することができると考えます。

営業収益・売上高

表 3. 補助金・交付金の収益計上時期

種類	収益計上時期	圧縮記帳	具体例
経費を補塡するためのもの	交付事実発生日		経営継続補助金 配合飼料価格差補塡金
肉用牛免税の対象となるもの	交付事実発生日（肉用牛売却日）		牛マルキン 肉用子牛生産者補給金 和子牛生産者臨時経営支援交付金（2023年限り）
固定資産の取得に充てるもの	交付決定日	確定通知日（取得日）	
上記以外のもの	交付決定日（交付事実発生日継続適用可）		畑作物の直接支払交付金、水田活用の直接支払交付金

肉用牛売却所得の課税の特例

　肉用牛売却所得の課税の特例において、肉用牛肥育経営安定交付金（牛マルキン）、肉用子牛生産者補給金、和子牛生産者臨時経営支援交付金は、免税対象飼育牛に係る収益に含めます。

　免税対象飼育牛に該当するかどうかの免税基準価額（肉専用種100万円、交雑種80万円又は乳用種50万円）を適用するにあたって、消費税相当額を上乗せする前の売却価額（税抜き売却価額）で判定しますが、「生産者補給金等の交付を受けているときは、当該補給金等の額を加算した後の金額」によることとしています（肉用牛売却所得の課税の特例措置について（注））。これは、間接的な表現ですが、生産者補給金等が免税対象飼育牛に係る収益に含まれることを表しています。

肉用牛売却所得の課税の特例措置について（抜粋、平成23年12月27日付け23生畜第2123号農林水産省畜産局長通知、最終改正令和5年4月3日）

第7　消費税及び地方消費税の取扱い
1　肉用牛の家畜市場及び卸売市場等におけるせり売り、入札又は相対取引については、買受人に対してそのせり売り、入札又は相対取引に係る価格を提示させ、その価格決定後に、これにその10パーセント（消費税の軽減税率の対象となる枝肉その他食用に供されるものにあっては、8パーセント。以下第8において同じ。）に相当する金額を上乗せしたものを取引が成立した価格とするよう指導しているので、本免税措置の適用対象肉用牛に該当するかどうかは、10パーセントに相当する金額を上乗せする前の売却価額（肉用牛の取引価格が一定の価格を下回る場合に交付される生産者補給金等の交付を受けているときは、当該補給金等の額を加算した後の金額。以下2において同じ。）が免税基準価額未満かどうかにより判定することとする。

消費税の留意事項

　価格補填収入は、国等から受ける特定の政策目的の実現を図るための給付金であり、資産の譲渡等の対価に該当しないため、消費税の不課税収入になります。

> **消費税法基本通達5-2-15（補助金、奨励金、助成金等）**
>
> 　事業者が国又は地方公共団体等から受ける奨励金若しくは助成金等又は補助金等に係る予算の執行の適正化に関する法律第2条第1項《定義》に掲げる補助金等のように、特定の政策目的の実現を図るための給付金は、資産の譲渡等の対価に該当しないことに留意する。（平23課消1-35により改正）
> （注）　雇用保険法の規定による雇用調整助成金、雇用対策法の規定による職業転換給付金又は障害者の雇用の促進等に関する法律の規定による身体障害者等能力開発助成金のように、その給付原因となる休業手当、賃金、職業訓練費等の経費の支出に当たり、あらかじめこれらの雇用調整助成金等による補填を前提として所定の手続をとり、その手続のもとにこれらの経費の支出がされることになるものであっても、これらの雇用調整助成金等は、資産の譲渡等の対価に該当しない。

財務諸表における表示

　畑作物の直接支払交付金などの価格補填収入は、農畜産物の販売によって実現するものですので、損益計算書の営業収益の部（売上高の内訳）に「価格補填収入」として表示します。ただし、農産物を販売した事業年度ではなく、その翌事業年度において収益に計上する場合には、雑収入（営業外収益）に含めて表示することもあります。

勘定科目内訳明細書の記載

　勘定科目内訳書⑯「雑益、雑損失等の内訳書」に記載します。価格補填収入に含まれる交付金等は、すべて消費税の不課税収入になりますが、内訳書に交付金等の名称を記載することによって不課税に該当するものであることを明示するためです。価格補填収入は不課税収入になりますので、「登録番号（法人番号）」欄には登録番号を記載せず、「名称（氏名）」欄及び「所在地（住所）」欄を記載します。

営業収益・売上高

雑益、雑損失等の内訳書 ⑯

科　目	取引の内容	登録番号 (法人番号)	相手先		金　額 百万　千　円
			名称（氏名）	所在地（住所）	
雑 益					

財務管理のポイント

　畜産経営の場合、経常損益はプラスでも営業利益はマイナスとなっている損益計算書が目立ちます。これは牛マルキンや豚マルキンなど各種の価格補填金・補給金を営業外収益として計上している影響が大きくなっています。ただ、一般的な補助金と違い、これらの補填金制度は過去の市場価格の平均値による保証価格を基準として実勢価格との差額の一定割合を補填する仕組みになっており、四半期ごとに締めて概ね二か月以内に精算されていることから、畜産物価格の一部と考えることができます。そこで、売上高の内訳科目に「価格補填収入」勘定を設けて計上します。

　これにより、売上高の増減が単価の変動によるものか生産量の変動によるものか一目瞭然で、材料費率などコスト分析にも影響を与えず、より的確な経営分析が可能になります。一方、補填金等を営業外収益に計上すると「営業利益が赤字の経営を補助金が支えている」という誤解が生じかねません。

営業費用・売上原価

― 解　説 ―

売上原価＝期首商品製品棚卸高＋（当期商品仕入高＋当期製品製造原価）
＋生物売却原価－事業消費高－期末商品製品棚卸高

　農業法人には収穫基準は適用されませんので、製品である農産物の棚卸高は原則として原価により評価します。期首製品棚卸高は原価への加算項目、期末製品棚卸高は原価からの減算項目となります。なお、個人農業者の場合には、農産物については、収穫基準により、農産物の期末棚卸高を時価で評価して収入金額に加算し、反対に期首棚卸高は前年の収入金額に含まれているため、当年の収入金額から減算することになります。

生物売却原価

減価償却資産である生物の売却直前の帳簿価額

― 解　説 ―

　減価償却資産である生物の売却直前の帳簿価額です。適宜、「廃牛売上原価」、「廃豚売上原価」というように区分して記載します。生物の売却は、収入金額を総額により「生物売却収入」として計上するとともに売却直前の帳簿価額を「生物売却原価」に振り替えて売上原価の内訳科目として計上します。つまり、生物売却収入と両建てにより総額で処理することになります。売却直前の帳簿価額とは、未償却残高のことですが、売却した月を1月として月割按分計算した減価償却費を計上した後の帳簿価額となります。ただし、1頭10万円未満の場合や即時償却の場合など、帳簿価額がないときには、振替をしません。
　肉用牛免税の適用を受ける場合には、売却に係る収益の額や売却直前の帳簿価額を損益計算書において明確に表示することが望ましいでしょう。したがって、収益の額としては「肉用牛売上高」や「繁殖牛売上高」を別科目表示するとともに、帳簿価額としては「肉用牛製造原価」や「繁殖牛売却原価」を別科目表示することも考えられます。

会計の方法
仕訳例：12月決算法人において、取得価額450,000円の搾乳牛を6月30日に売却した。なお、期首未償却残高は135,000円であった。

営業費用・売上原価

借方科目	税	金額	貸方科目	税	金額
売　掛　金	不	108,000	生物売却収入	課	108,000
減価償却費	不	45,000	生　　　物	不	135,000
生物売却原価	不	90,000			

消費税の留意事項

　生物売却原価は、対価を得て行われる資産の譲渡等に該当しないため、消費税の計算に関係しません（不課税）。

事業消費高

事業用に消費した製品の評価額

―――― 解　説 ――――

　自給飼料を生産した場合、その生産額を原価、すなわち取得価額により評価して「事業消費高」として計上します。事業消費高は、原価の他勘定への振替高であるため、自給飼料の生産額を「飼料費振替高」として、個別に表示する方法もあります。ただし、農業法人の場合は、自己生産物の原価を他勘定に振替えることが一般的であるため、まとめて「事業消費高」として表示します。

　農業法人では、収穫基準は適用されないため、事業消費高は原価の控除項目と考えます。すなわち、事業消費高は、振替前の段階では製造原価に含まれているものの、売上高に対応しないものであるため、売上原価から控除する形で表示します。

会計の方法

　自給飼料の事業消費について、収穫の際に計上していない場合には、その価額を見積もって次のように事業消費金額を計上します。

仕訳例：1ヘクタールに作付けして収穫したデントコーンのサイレージ50,000kgについて、100kg当り1,000円で評価して計上する。

借方科目	税	金額	貸方科目	税	金額
飼　料　費	不	500,000	事業消費高	不	500,000

消費税の留意事項

　事業消費高は、対価を得て行われる資産の譲渡等に該当しないため、消費税の計算に関係しません（不課税）。

営業費用・売上原価・製造原価

―― 解 説 ――

当期製品製造原価
＝当期総製造費用＋期首仕掛品棚卸高－育成費振替高－期末仕掛品棚卸高

<u>原価計算の方法</u>

　製造費用には、①種苗費、素畜費のように製品別に直接配賦することができる原価（直接費）、②飼料費や労務費のように部門ごとや全体で集計してから個体や作目別に按分する原価（間接費）とがあります。

　パソコン簿記では、仕訳に部門コードを付して部門管理します。種苗費、素畜費は、購入の仕訳に直接部門コードを付すことができます。肥料は購入の時点でどの作物の圃場に散布するかわかりませんが、継続記録法によって購入時に資産計上した原材料勘定を、消費の都度、肥料費に振り替える仕訳に部門コードを付けることができます。

　しかし、例えば動力光熱費が複数の部門にまたがる費用である場合、発生の都度、仕訳に部門コードを付けることができません。このため、とりあえず、共通部門としておいて期末に使用割合などにより費用を部門別に按分する必要があります。なお、按分の作業は会計ソフトで仕訳により行うよりも、表計算ソフトによるのが現実的です。

<u>標準原価の設定</u>

　労務費は、作業時間により部門別に配賦します。ただし、従事者ごとに労賃単価が異なり、これを個別に原価を配賦するのは煩雑ですので、平均単価に作目別の作業時間を乗じて作目ごとの労務費を計算します。こうすれば個人差を無視して作業別の延べ作業時間さえ集計すればよいことになります。しかし、この方法でも会計期間が終了しなければ平均単価を出すことができず、期中に生育期間が終了した作物についても期末まで待たないと製造原価が出ないことになります。そこで、予定単価として標準労賃単価（賃率）を前年度実績などに基づいて設定して労務費を計算します。期末には今年度の実績に基づいて労賃単価を計算し、差異を分析してみましょう。

　役員報酬は、役員が農業の現場に従事する場合でも製造原価に含めないで販売費及び一般管理費に計上しますが、役員の作業時間も含んだ作業時間を標準労賃単価に乗じて労務費を計算することにより、より厳密な製品原価を算定することができます。

　野菜など自家農産物を加工して漬物などを製造することがあります。ところが、野菜の収穫量は天候などに左右されて年によって増減するため、野菜の製品一単位当たりの製造原価は大きく変動します。このため、加工品の製造原価を算定するにあたっては原料の自家農産物について予定原価である標準材料費を設定して行います。

法人税の留意事項

非原価項目

　租税特別措置法に定める特別償却費の額や退職給与規程の改正による過年度分の退職給与引当金勘定繰入額は、税務上、製造原価に算入しないことができます。

法人税基本通達5-1-4（製造原価に算入しないことができる費用）

　次に掲げるような費用の額は、製造原価に算入しないことができる。（昭50年直法2-21「12」、昭52年直法2-33「4」、昭55年直法2-8「十六」、昭58年直法2-11「四」、平2年直法2-1「五」、平11年課法2-9「六」、平12年課法2-19「六」、平15年課法2-7「十三」、平15年課法2-22「六」、平20年課法2-5「十」により改正、平23年課法2-17「十」、令元年課法2-10「五」により改正）

(1) 使用人等に支給した賞与のうち、例えば創立何周年記念賞与のように特別に支給される賞与であることの明らかなものの額（通常賞与として支給される金額に相当する金額を除く。）

(2) 試験研究費のうち、基礎研究及び応用研究の費用の額並びに工業化研究に該当することが明らかでないものの費用の額

(3) 措置法に定める特別償却の規定の適用を受ける資産の償却費の額のうち特別償却限度額に係る部分の金額

(4) 工業所有権等について支払う使用料の額が売上高等に基づいている場合における当該使用料の額及び当該工業所有権等に係る頭金の償却費の額

(5) 工業所有権等について支払う使用料の額が生産数量等を基礎として定められており、かつ、最低使用料の定めがある場合において支払われる使用料の額のうち生産数量等により計算される使用料の額を超える部分の金額

(6) 複写して販売するための原本となるソフトウエアの償却費の額

(7) 事業税及び特別法人事業税

(8) 事業の閉鎖、事業規模の縮小等のため大量に整理した使用人に対し支給する退職給与の額

(9) 生産を相当期間にわたり休止した場合のその休止期間に対応する費用の額

(10) 償却超過額その他税務計算上の否認金の額

(11) 障害者の雇用の促進等に関する法律第53条第1項《障害者雇用納付金の徴収及び納付義務》に規定する障害者雇用納付金の額

(12) 工場等が支出した寄附金の額

(13) 借入金の利子の額

営業費用・売上原価・製造原価

育成費振替高

育成中の生物に対する当期の支出として原価から控除する額

―― 解　説 ――

　農業会計では、製造原価から「育成費振替高」を控除し、原価を振り替えて「育成仮勘定」に集計します。なお、個人の青色申告決算書では、育成費振替高を「経費から差し引く果樹牛馬等の育成費用」、育成仮勘定を「未成熟の果樹／育成中の牛馬等」と表記しています。

　建物など、有形固定資産を建設した場合における支出や建設の目的のために充当した材料は「建設仮勘定」となりますが、支出したときなどに直接、建設仮勘定に経理するのが一般的です。これに対して、育成仮勘定の場合、いったん当期総製造費用に集計しておいて期末に育成費に係る金額を按分し、育成仮勘定に振り替えます。これは、棚卸資産である農産物や販売用動物を栽培等に要する費用と固定資産である果樹や家畜などの生物の生育に要する費用には共通するものが多く、材料や労働用役の消費の都度これらを区分して経理することが難しいからです。

法人税の留意事項

少額の減価償却資産の取得価額の損金算入

　果樹などの永年性作物や繁殖用豚の場合で育成費用により計算した取得価額が10万円未満となる場合は、減価償却資産に振り替えないで、その取得価額に相当する金額を損金に算入することができます。

> **法人税法施行令　第133条**（少額の減価償却資産の取得価額の損金算入）
>
> 　内国法人がその事業の用に供した減価償却資産（第四十八条第一項第六号及び第四十八条の二第一項第六号（減価償却資産の償却の方法）に掲げるものを除く。）で、取得価額（第五十四条第一項各号（減価償却資産の取得価額）の規定により計算した価額をいう。次条第一項において同じ。）が十万円未満であるもの（貸付け（主要な事業として行われるものを除く。）の用に供したものを除く。）又は前条第一号に規定する使用可能期間が一年未満であるものを有する場合において、その内国法人が当該資産の当該取得価額に相当する金額につきその事業の用に供した日の属する事業年度において損金経理をしたときは、その損金経理をした金額は、当該事業年度の所得の金額の計算上、損金の額に算入する。
>
> （以下略）

会計の方法

仕訳例：18か月齢、133,530円で前年より繰り越した育成牛が出産し、減価償却資産に振り替えた。

借方科目	税	金額	貸方科目	税	金額
生　物	不	195,220	育成仮勘定	不	133,530
			育成費振替高	不	61,690

消費税の留意事項

育成費振替高は、対価を得て行われる資産の譲渡等に該当しないため、消費税の計算に関係しません（不課税）。

期末仕掛品棚卸高

（所得税決算書：農産物以外の棚卸高・期末）

解　説

未収穫農産物の評価は、種苗費、肥料費などの材料費、労務費等の費用に前期から引き続き栽培しているものについては、前期末の棚卸金額を加算して計算します。

肥育用の牛・豚・鶏の評価は、当期中に支出した種付料・素畜費、飼料費、労務費等の育成費に前年から引き続き飼育しているものについては前期末の棚卸金額を加算して計算します。原則として、畜舎の減価償却費などの製造経費についても、販売に係る分と棚卸に係る分に按分して配賦する必要があります。なお、個人農業者の場合であっても、販売用動物は原価で評価します。

材料費
物品の消費により生ずる原価

材料費とは、物品の消費により生ずる原価であり、農業簿記では、種苗費、素畜費、肥料費、飼料費、農薬費、敷料費、諸材料費に分類して表示します。工業簿記では、材料費は、通常、「当期材料仕入高」勘定で表記しますが、原価構造を詳しく見るため、材料費をこれらの費目に細分して表示する点が農業簿記の特徴です。

営業費用・売上原価・製造原価

　材料費に属する科目は、原則として変動費になります。このうち、種苗費、肥料費は耕種農業における費目、素畜費、飼料費、敷料費は畜産農業における費目です。農薬費は、耕種農業、畜産農業に共通して用いる費目ですが、畜産農業の場合には予防用の薬剤費に限定し、獣医の診療に基づく治療薬は製造経費の診療衛生費に含めます。種苗費、素畜費、肥料費、飼料費、農薬費、敷料費のいずれにも属さない材料費を、諸材料費に含めて表示します。

　工業簿記では、消耗工具器具備品費を製造経費ではなく材料費に区分することがあります。これに対して農業簿記では、材料費を変動費の性格を持つものに限定するため、消耗工具器具備品費を諸材料費ではなく、「農具費」として表示し、材料費ではなく、製造経費に分類します。農業法人の標準勘定科目は、経営分析に活かすことを主眼としているからです。材料費に計上するかどうかは、①生産過程で消費され、期末に在庫の棚卸を行うもの、②純粋に変動費としての性格を有するもの──を基準に考えてください。期首・期末の棚卸については、期首材料棚卸高及び期末材料棚卸高として、材料費に加減する方法により表示します。

企業会計原則・会社計算規則・中小企業会計指針では
　原価計算基準では、「材料費とは、物品の消費によって生ずる原価」としています。

財務管理のポイント
売上高材料費率
　農業経営はものづくりですから、経営改善には生産技術の向上が欠かせません。投入（インプット）に対して産出（アウトプット）が効率的に行われているかどうかは、技術力によって差が出ます。そこで、売上高に対する材料費の比率の変化をみると、技術力が向上しているかどうかがわかります。

売上高材料費率（％）＝材料費／売上高×100

　生産量が一定の場合、生産効率が上がって材料の投入量が減ればこの比率は下がります。反対にこの比率が上がっているときは要注意で、技術の再点検が必要です。なお、製品の単価が下がっている場合にも、この比率は上がってきます。いずれにせよ、3期比較財務諸表をチェックしてこの比率が上がっている経営は、技術力又は製品力の低下という根幹的な問題を抱えていると言えます。

期首材料棚卸高

原材料の期首在り高

期末材料棚卸高

原材料の期末在り高

--- 解　説 ---

　原材料の期末在り高です。種苗、飼料、肥料、農薬、諸材料などの原材料の期末現在に残っている在庫数量を確認し評価する。冷凍精液、敷料も棚卸の対象となります。

　購入した飼料等の原材料については、最終仕入単価に期末の棚卸数量を乗じて計算します。サイレージなど自給飼料については牧草の収穫時の時価に加工経費を加算して評価します。

消費税の留意事項

　消費税の免税事業者が課税事業者になる場合には、課税事業者となった年の期首の棚卸の金額のうち課税仕入れに該当する金額を控除対象仕入税額に加算して控除することができます。販売用動物などの仕掛品については、全額が控除対象となるのではなく、労務費や減価償却費などの課税対象外の金額を除きます。課税事業者が免税事業者となった場合には、これとは反対に、課税事業者の最後の年において仕入税額控除から棚卸に係る税額を減算することになります。

消費税法第36条（納税義務の免除を受けないこととなった場合等の棚卸資産に係る消費税額の調整）

　第九条第一項本文の規定により消費税を納める義務が免除される事業者が、同項の規定の適用を受けないこととなつた場合において、その受けないこととなつた課税期間の初日（第十条第一項、第十一条第一項又は第十二条第五項の規定により第九条第一項本文の規定の適用を受けないこととなつた場合には、その受けないこととなつた日）の前日において消費税を納める義務が免除されていた期間中に国内において譲り受けた課税仕入れに係る棚卸資産又は当該期間における保税地域からの引取りに係る課税貨物で棚卸資産に該当するもの（これらの棚卸資産を原材料として製作され、又は建設された棚卸資産を含む。以下この条において同じ。）を有しているときは、当該課税仕入れに係る棚卸資産又は当該課税貨物に係る消費税額（当該棚卸資産又は当該課税貨物の取得に要した費用の額として政令で定める金額に百十分の七・八（当該

営業費用・売上原価・製造原価

課税仕入れに係る棚卸資産が他の者から受けた軽減対象課税資産の譲渡等に係るものである場合又は当該課税貨物が軽減対象課税貨物である場合には、百八分の六・二四）を乗じて算出した金額をいう。第三項及び第五項において同じ。）をその受けないこととなった課税期間の仕入れに係る消費税額の計算の基礎となる課税仕入れ等の税額とみなす。

消費税法基本通達12−7−1（課税事業者となった場合の棚卸資産の取得価額）

法第36条第1項《納税義務の免除を受けないこととなった場合等の棚卸資産に係る消費税額の調整》の規定により、課税事業者となった課税期間の課税仕入れ等の税額とみなされる消費税額は、当該課税期間の初日の前日において有する棚卸資産（以下12−7−1において「期末棚卸資産」という。）のうち免税事業者であった課税期間において取得したものについて、令第54条第1項《納税義務の免除を受けないこととなった場合等の棚卸資産の取得価額》の規定により、個々の期末棚卸資産の課税仕入れ（特定課税仕入れを除く。以下12−7−1において同じ。）に係る支払対価の額の合計額により算出する。この場合において、事業者が当該個々の期末棚卸資産の課税仕入れに係る支払対価の額について、所法第47条又は法法第29条《棚卸資産の売上原価等の計算及びその評価の方法》の規定に基づく評価の方法（所法令第99条第1項第2号又は法法令第28条第1項第2号《低価法》に規定する低価法を除く。）により評価した金額としているときは、これを認める。（平27課消1−17、令2課消2−9により改正）

種苗費

種籾その他の種子、種芋、苗類などの購入費用

解　説

種苗費には、種もみその他の種子、苗類などを計上します。種子消毒の農薬、直播用の種もみの農薬・コーティング剤、育苗用の肥料・農薬・培土については、肥料費や農薬費、諸材料費としないで、一括して種苗費に計上する方法もあります。

なお、自家で減価償却資産として成熟させる果樹、桑などの苗木費は、その減価償却資産となる果樹、桑などの取得費を構成するものですが、期中においては種苗費として計上します。決算整理の際に、「育成仮勘定」に振り替えることにより、製造原価から控除します。

法人税の留意事項

肉用牛売却所得の課税の特例

　農地所有適格法人の肉用牛の売却に係る所得の課税の特例（措法第67条の3 以下「肉用牛売却所得の課税の特例」）の適用対象の農地所有適格法人とは、農地法第2条第3項に規定する農地所有適格法人をいいます。農地法上は、実際に農地を使用収益していなくても、要件を満たせば農地所有適格法人となりますが、肉用牛売却所得の課税の特例の適用を受けるうえでは、農地所有適格法人として飼料作物の栽培のために農地を使用収益していることを明確にするため、材料費の内訳として種苗費、肥料費の勘定科目を使用することが望ましいでしょう。

素畜費

種付費用、素畜購入費用

――― 解　説 ―――

　素畜費（もとちくひ）とは、種付費用、素畜購入費用をいいます。

　種付費用には、種付料のほか、受精卵移植（ET）の技術料などがあります。種付料など種付費用は、その結果生産される子畜の製品原価となりますが、受胎しないために通常の回数を超えて種付等を行なった場合のその超える部分の金額は、期間原価としてその事業年度の損金に算入します。なお、種付費用を期間原価とした場合においても、販売費及び一般管理費に独自に表示する必要はなく、製造原価報告書の素畜費勘定に含めて処理します。これは、重要性の原則の財務諸表の表示への適用によるものです。

　素畜購入費用には、JAからの預託事業によるものも含まれます。預託事業による素畜の導入について素畜購入費用の支払いがない場合であっても、長期未払金を相手勘定として未払い計上することになります。

肥料費
肥料の購入費用

―― 解　説 ――

　肥料費には、硫安、石灰窒素、過燐酸石灰、塩化カリ、尿素などの化学肥料、堆肥、魚かす、大豆かすなどの有機肥料のほか、土壌改良剤を含みます。

　自給肥料については、堆肥の製造に要したわらなどの原材料の購入費用、れんげ草など緑肥の種子の購入費用を計上します。

飼料費
飼料の購入費用、自給飼料の振替額

―― 解　説 ――

　飼料費には、配合飼料、えん麦、牧草、わらなどの一般飼料のほか、塩、カルシウム、サプリメントなどを含みます。

　自給飼料については、飼料作物の栽培に要した要した種苗、肥料、農薬、諸材料などの原材料の購入費用を計上します。ただし、飼料作物については部門管理によって部門を設けてそれぞれ種苗費などの製造費用を集計したうえで、事業消費高によって飼料費に振り替える方法もあります。

飼料補填収入
配合飼料価格安定基金の補填金

―― 解　説 ――

　配合飼料価格の高騰にともない配合飼料安定基金から補填される補填金は、飼料補填収入として飼料費から控除する形式により表示します。これは、配合飼料価格安定補填金は、畜産経営にとって飼料代の値引きと同様の効果を持つからです。ただし、補填金は消費税の不

課税収入となるため、飼料費勘定から直接控除するのではなく、「飼料補填金収入」勘定を飼料費の次に設けてマイナス表示します。

この補填金を雑収入として処理した場合、飼料の相場により飼料費が大きく変動して乳飼比、売上高対材料費比率による経営分析の意味が薄れることになります。

法人税の留意事項

<u>製造原価からの控除</u>

配合飼料価格安定補填金は、その補填の対象となった事実に係る配合飼料の飼料費の額を製造原価に算入していますので、製造原価に算入した飼料費に対応する補填金の金額を当該製造原価の額から控除することができます。

肉用牛売却所得の課税の特例（肉用牛免税）において、配合飼料価格安定補填金は「免税対象飼育牛に係る収益の額」には該当しませんが、配合飼料価格安定補填金を未収計上したうえで「収益に係る原価の額」から控除することができます。

この場合、配合飼料価格安定補填金は、四半期の配合飼料の飼料費の額に対応させるため、補填を受けるべき日ではなく、補填の対象となった四半期の末日において未収入金として計上する必要があります。

この取扱いは、法人税基本通達5-1-6によるものですが、雇用調整助成金等のほか、これと類似する経費補填の性質を有する給付金、助成金一般について同様に取り扱われることになっています。このため、製造原価に算入した配合飼料に係る飼料費のうち、配合飼料価格安定補填金によって補填される部分については、実質的な経費の支出が無かったものとして、製造原価から控除することが認められます。

法人税基本通達5-1-6（法令に基づき交付を受ける給付金等の額の製造原価からの控除）

法人が、その支出する休業手当、賃金、職業訓練費等の経費を補填するために雇用保険法、労働施策の総合的な推進並びに労働者の雇用の安定及び職業生活の充実等に関する法律、障害者の雇用の促進等に関する法律等の法令の規定等に基づき給付される給付金等の交付を受けた場合（2-1-42の取扱いの適用がある場合を含む。）において、その給付の対象となった事実に係る休業手当、賃金、職業訓練費等の経費の額を製造原価に算入しているときは、その交付を受けた金額のうちその製造原価に算入した休業手当、賃金、職業訓練費等の経費の額に対応する金額を当該製造原価の額から控除することができる。（昭50年直法2-21「11」により追加、昭55年直法2-8「十六」、昭59年直法2-3「四」、昭63年直法2-14「三」、平12年課法2-7「十一」、平16年課法2-14「二」、平23年課法2-17「十」、平30年課法2-28「三」により改正）

営業費用・売上原価・製造原価

<u>収益計上の時期</u>

　配合飼料価格安定補填金は、四半期ごとの交付となりますが、交付時期は、交付対象となる四半期の翌四半期第2月の中旬になります。したがって、たとえば、第3四半期（10月～12月）に購入した配合飼料に対する補填金は、翌年2月中旬に交付されます。

　配合飼料価格安定補填金は、法令に基づき交付を受けるものではないため、一般的には、補填を受けるべき日の属する事業年度、すなわち、各安定基金が発行した振込み明細書の日付において収益計上しています。ただし、配合飼料価格安定補填金を製造原価から控除する場合は、対象となった配合飼料の飼料費に対応させるため、四半期ごとの末日において未収計上する必要があります。

　なお、配合飼料価格安定制度は、法令の規定に準ずる「配合飼料価格安定対策事業補助金交付等要綱」（昭和50年2月13日付け農林事務次官依命通知）によって長年、実施されており、畜産経営者に対する基金への加入手続きが補填の前提で、あらかじめ補填金等による補填を前提として所定の手続をとっていることから、法人税基本通達2-1-42の適用により、その収入計上時期はその経費が発生した日とする解釈もあります。このため、できる限り、補填の対象となった四半期の末日において未収計上する方が無難です。

法人税基本通達2-1-42（法令に基づき交付を受ける給付金等の帰属の時期）

　法人の支出する休業手当、賃金、職業訓練費等の経費を補填するために雇用保険法、労働施策の総合的な推進並びに労働者の雇用の安定及び職業生活の充実等に関する法律、障害者の雇用の促進等に関する法律等の法令の規定等に基づき交付を受ける給付金等については、その給付の原因となった休業、就業、職業訓練等の事実があった日の属する事業年度終了の日においてその交付を受けるべき金額が具体的に確定していない場合であっても、その金額を見積り、当該事業年度の益金の額に算入するものとする。（昭55年直法2-8「六」、昭59年直法2-3「一」、昭63年直法2-14「一」、平12年課法2-7「二」、平23年課法2-17「四」、平30年課法2-28「二」により改正）

（注）　法人が定年の延長、高齢者及び身体障害者の雇用等の雇用の改善を図ったこと等によりこれらの法令の規定等に基づき交付を受ける奨励金等の額については、その支給決定があった日の属する事業年度の益金の額に算入する。

会計の方法

仕訳例：12月決算法人において、第3四半期（9～12月）に購入した配合飼料について、補填金500,000円が交付されることとなった。

[期末日]

借方科目	税	金額	貸方科目	税	金額
未収入金	不	500,000	飼料補填収入	不	500,000

消費税の留意事項

配合飼料価格安定補填金は、保険金に準ずるもの又は国等から受ける補助金等として、消費税の不課税収入になります。

農薬費

農薬など防除資材の購入費用

― 解　説 ―

農薬費には、農薬、バイオスティミュラントなど防除資材、予防目的の家畜用薬剤の購入費用、共同防除費を含みます。

諸材料費

被覆用ビニール、鉢、針金などの購入費用

― 解　説 ―

被覆用ビニール、鉢、針金などの諸材料の購入費用を計上します。

反復して使用されるなど、生産過程で消費されないものは、諸材料費ではなく、農具費に計上します。

また、ビニールハウスを自己建設する場合には、建設に要した材料費や、労務費、経費の額の合計額が減価償却資産となるビニールハウスの取得価額となります。したがって、パイプや材木、ビニールなどの材料費については、諸材料費ではなく「建設仮勘定」で処理します。畜産における敷わらも諸材料費として処理することがありますが、「敷料費」として別勘定にすることが望ましいでしょう。

なお、包装資材については「荷造運賃」勘定で処理します。

営業費用・売上原価・製造原価

労務費
労働用役の消費により生ずる原価

　生産現場の作業員の人件費については、事務員などの人件費と区別し、労務費として製造原価に算入します。作業員の給料は「賃金手当」、賞与は「賞与」としますが、源泉徴収税額表・日額表丙欄が適用される臨時雇については「雑給」として区分します。

　生産現場の作業員の法定福利費、福利厚生費についても販売費及び一般管理費と区別して労務費に計上しますが、事務員分が少額で区分が難しいときは、一括して製造原価の労務費に計上しても構いません。福利厚生費とは、従業員の保健衛生、慰安、慶弔等の費用ですが、中退共など退職共済の掛金も福利厚生費勘定に含めます。一方、農業の場合、作業服、軍手、長靴、地下足袋の購入費用については、福利厚生費に含めないで「作業用衣料費」として別科目に計上します。

　なお、退職給与の積立や引当をしていないために一時に生じた退職金は、製造原価としないで販売費及び一般管理費に含めます。また、役員報酬は、農業の現場に従事することが多い場合でも、財務諸表上は、按分しないで販売費及び一般管理費に一括して表示します。

賃金手当
生産業務に従事する常雇の従業員の労賃

--- 解 説 ---

　賃金手当とは、生産業務に従事する常雇の従業員の労賃です。生産現場の作業員の人件費については、事務員などの人件費と区別して労務費として製造原価に算入します。使用人兼務役員が生産業務に従事する場合、使用人としての職務に対する給与についても賃金手当とします。

　作業員の給料は「賃金手当」、賞与は「賞与」としますが、源泉徴収税額表・日額表丙欄が適用される臨時雇については「雑給」として区分します。

雑給
生産業務に従事する臨時雇の従業員の労賃

―― 解 説 ――

生産業務に従事する臨時雇の従業員の労賃です。源泉徴収税額表・日額表丙欄が適用される臨時雇についての労賃が「雑給」となります。

賞与
生産業務従業員の臨時的な給与

―― 解 説 ――

生産業務従業員の臨時的な給与です。使用人兼務役員が生産業務に従事する場合、使用人としての職務に対する臨時的な給与についても賃金手当とします。

福利厚生費
生産業務従業員の保健衛生、慰安、慶弔等費用

―― 解 説 ――

福利厚生費とは、従業員の保健衛生、慰安、慶弔等の費用です。中退共など退職共済の掛金も福利厚生費勘定に含めます。

生産現場の作業員の法定福利費、福利厚生費についても販売費及び一般管理費と区別して労務費に計上しますが、事務員分が少額で区分が難しいときは、一括して製造原価の労務費に計上しても構いません。

農業の場合、作業服、軍手、長靴、地下足袋の購入費用については、福利厚生費に含めないで「作業用衣料費」として計上します。

作業用衣料費
作業服、軍手、長靴、地下足袋などの購入費用

― 解　説 ―

作業用衣料費とは、作業服、軍手、長靴、地下足袋などの購入費用です。

外注費
作業請負に対して支出する原価

生産工程の一部について、経営外部から作業の提供を受ける契約に基づく支払額です。経営の外部化が進んでいる現状を踏まえ、製造原価報告書に「外注費」の区分を設けて4区分とする方法もありますが、製造経費に含めても構いません。具体的には、賃耕料、刈取料などの農作業委託料、共同施設利用料を処理する「作業委託費」、獣医の診療報酬や技術コンサルティング料を処理する「診療衛生費」、酪農や肉用牛肥育経営において育成・肥育を委託した場合に支払う「預託費」、酪農ヘルパーなどの「ヘルパー利用費」、農畜産物の加工品の委託加工経費を処理する「委託加工費」があります。

作業委託費
賃耕料、刈取料などの農作業委託料、共同施設利用料

― 解　説 ―

賃耕料、刈取料などの農作業委託料、共同施設利用料です。

診療衛生費

獣医の診療報酬や技術コンサルティング料、治療用の薬剤費用、等

解　説

獣医の診療報酬や技術コンサルティング料、治療用の薬剤費用などです。

消費税の留意事項

　診療報酬は、役務の提供の対価であるので、課税仕入れとなります。なお、公的な医療保障制度による医療は、社会政策的な配慮に基づき消費税の非課税取引とされていますが、家畜の診療は非課税の対象ではありません。

　家畜共済に加入している場合、家畜の病傷事故について、農業共済組合（NOSAI）から対象家畜ごとに定められた病傷給付限度額の範囲内で、診療に要した費用の9割が共済金として給付されます。農業共済組合（NOSAI）の指定獣医師が診療を行った場合は、その診療費と共済金が相殺されますが、診療費の全額が消費税の課税仕入れとなりますので、診療衛生費と受取共済金とを両建てで経理する必要があります。ただし、農業共済組合（NOSAI）の直営の家畜診療所（嘱託獣医師を含む。）の場合、診療費のうち共済金を支払ったとみなす金額（共済金相当額）は、対価性がないとして消費税不課税となり、課税仕入れとなりません。

家畜共済金の取扱い

　課税仕入れに該当するかどうかは支出した金銭の源泉を問わない扱いとなっており、指定獣医師やその他獣医師が診療した場合に家畜共済金が課税仕入れとなる診療費に充てられた場合であっても共済金相当額を含めて仕入税額控除の規定が適用されます。

消費税法基本通達11-2-8（保険金等による資産の譲受け等）

　法第2条第1項第12号《課税仕入れの意義》に規定する「他の者から資産を譲り受け、若しくは借り受け、又は役務の提供を受けること」（以下11-2-8において「資産の譲受け等」という。）が課税仕入れに該当するかどうかは、資産の譲受け等のために支出した金銭の源泉を問わないのであるから、保険金、補助金、損害賠償金等を資産の譲受け等に充てた場合であっても、その資産の譲受け等が課税仕入れに該当するときは、その課税仕入れにつき法第30条《仕入れに係る消費税額の控除》の規定が適用されるのであるから留意する。

営業費用・売上原価・製造原価

　一方、NOSAI 直営の家畜診療所が診療を行った場合、診療費のうち共済金相当額は不課税扱いのため、課税仕入れとなるのは共済金相当額を超える自己負担分に限られます。

農業共済団体の家畜診療所が共済事故に係る共済加入家畜を診療した場合の消費税の取扱いについて（農林水産省経営局保険監理官通知）

1　共済掛金、保険料
（略）
2　保険給付
　（1）　共済金、保険金の支払い
（略）
　（2）　直営診療所における診療
　　　連合会の直営診療所が共済事故に係る共済加入家畜の診療を行った場合は、農業災害補償法第126条（注）により連合会が組合等に対して、保険金を支払ったものとみなされており、直営診療所の収入のうち、この保険金を支払ったものとみなされる部分の金額（保険金相当額）は、資産の譲渡等の対価に該当しない（不課税）。
（以下略）

注．現行では農業保険法第146条

農業保険法第146条（共済金の支払とみなされる場合）

　疾病傷害共済に付した家畜につき共済事故が発生した場合において、組合等又は都道府県連合会が診療その他の行為をし、又はその費用を負担したときは、当該組合等又は当該都道府県連合会の組合員たる組合等は、当該診療その他の行為に要した費用の額の限度において共済金を支払つたものとみなす。

会計の方法

仕訳例：家畜が病気になり、税込み 33,000 円相当の診療を受けた。診療費のうち 9 割が家畜共済金で補填され、1 割が自己負担となる。

①　NOSAI の直営診療所が診療した場合

借方科目	税	金額	貸方科目	税	金額
診療衛生費	課	3,300	未払金	不	3,300

注．NOSAI から交付される適格請求書は、自己負担額（1割）に限られる。
　なお、診療費の総額を製造原価に算入するため、次の仕訳を追加する方法もある。

借方科目	税	金額	貸方科目	税	金額
診療衛生費	不	29,700	受取共済金	不	29,700

② NOSAI の指定獣医師が診療した場合

借方科目	税	金額	貸方科目	税	金額
診療衛生費	課	33,000	未払金	不	33,000
未収入金	不	29,700	受取共済金	不	29,700
未払金	不	29,700	未収入金	不	29,700

注. 共済金は指定獣医師が代理受領するが、指定獣医師から交付される適格請求書は、診療費総額（10割）に対するものとなる。

仕訳例：診療費のうち家畜共済金で補填された残りの1割の自己負担額 3,300 円を支払った（上記①②共通）。

借方科目	税	金額	貸方科目	税	金額
未払金	不	3,300	普通預金	不	3,300

● インボイス制度対応のポイント──直営診療所における診療報酬

家畜共済の疾病傷害共済（以下「病傷共済」）では、初診料を含めた診療費全体の1割が自己負担で、9割は共済金で補填されます。この場合の診療費の取扱いが、① NOSAI の家畜診療所（以下「直営診療所」）、②指定獣医師、③指定外獣医師で次表のとおり異なります。直営診療所（嘱託獣医師を含む。以下同じ。）の場合、診療費の自己負担分しかインボイスが交付されず、指定獣医師などの場合と比べて加入者の消費税負担が重くなります。

表．病傷共済金と診療費の取扱い

	病傷共済金の取扱い	加入者の経理	課税仕入れとなる診療費
直営診療所	診療を行うことで共済金を支払ったものとみなす	自己負担分の診療費のみを経理	自己負担分（原則1割）
指定獣医師	加入者に代わって指定獣医師が共済金を代理受領	受取共済金と診療費を両建てで経理して相殺	全額
指定外獣医師	獣医師に診療費を支払って加入者が共済金を受領	受取共済金と診療費を別建てで経理	全額

病傷共済金は、保険事故の発生に伴い受けるものですので、消費税は不課税になり

ます（消費税基本通達5-2-4）。一方、診療費は役務の提供の対価ですので、消費税の課税対象になります。ところが、直営診療所の場合、診療費のうち共済金を支払ったとみなす金額（共済金相当額）は、対価性がないとして消費税不課税とする取扱いです（農業共済団体の家畜診療所が共済事故に係る共済加入家畜を診療した場合の消費税の取扱いについて）。

農業法人など加入者は直営診療所を利用すると仕入税額が減少するため消費税の納税額が増えて損しますが、損した分だけNOSAIが得する訳ではありません。NOSAIが簡易課税の場合、診療所の事業は第5種事業でみなし仕入率が50％となるため、共済金相当額の診療報酬が不課税となることで減少する納税額は、売上税額（加入者の仕入税額）が減少する分の50％になります。また、NOSAIが一般課税の場合、共済金相当額は「特定収入」となるため、特定収入がある場合の仕入控除税額の調整（消費税法第60条）により、診療に必要な薬剤など、特定収入によって賄われる課税仕入れ等の消費税額は、仕入控除税額から控除されます。共済金相当額を消費税不課税とする取扱いでNOSAIが受ける利益よりも加入者が受ける不利益が大きく上回ります。

インボイス制度では、インボイスの保存がないと仕入税額控除できませんが、現状、NOSAIからの診療費全額のインボイス発行は望み薄です。診療費全額のインボイス発行に対応してくれる指定獣医師などの利用に切り替える方法が考えられますが、直営診療所のシェアが高く、信頼できる開業獣医師が少ない地域もあります。加入者の不利益解消のため、税務上の取扱い変更で対応できないのであれば、「共済金を支払ったものとみなす」農業保険法第146条の改正やNOSAIからの直営診療所の経営分離が必要になります。

預託費

家畜の育成、肥育の委託料

解　説

家畜の育成、肥育の委託料です。

なお、JAの預託事業は、「預託」という名称を用いていますが、本来の意味での預託ではなく、畜産農家が肥育または繁殖（搾乳を含む）の用に供する目的で飼養する家畜をJAが供給し、その家畜の購買代金について組合員による家畜の販売等の時点まで弁済を留保するものです。したがって、畜産経営においては、通常の家畜の売買として経理します。具体的には、JAによる肥育牛等の預託事業により素畜を導入したときに素畜費を計上し、その代金はその家畜の販売時まで家畜の購入代金の弁済が行なわれないため、長期未払金に計上します。

消費税の留意事項

預託料は、役務の提供の対価であるので、課税仕入れとなります。

ヘルパー利用費

酪農や肉用牛などヘルパーの利用料

--- 解 説 ---

酪農や肉用牛などヘルパーの利用料です。

消費税の留意事項

ヘルパーの利用料は、役務の提供の対価であるので、課税仕入れとなります。

酪農家が酪農ヘルパーの利用拡大をした場合、利用日数の増加に応じて酪農ヘルパー利用拡大補助金（一般助成収入）が交付されます。また、酪農家の傷病時のヘルパー利用料金を軽減する互助制度により、互助金（受取共済金）により利用料金が軽減されます。この場合、ヘルパー利用料金が酪農ヘルパー利用拡大補助金や互助金と相殺されることがありますが、ヘルパー利用費は消費税の課税仕入れとなりますので、ヘルパー利用費と一般助成収入または受取共済金とを両建てで経理する必要があります。

会計の方法

仕訳例：経営者が急病により、酪農ヘルパーの傷病時利用を行った。利用料金は、本来、21,000円であるが、互助金（10,000円）により、11,000円に軽減された。

借方科目	税	金額	貸方科目	税	金額
ヘルパー利用費	課	21,000	未　払　金	不	21,000
未収入金	不	10,000	受取共済金	不	10,000
未　払　金	不	10,000	未収入金	不	10,000

営業費用・売上原価・製造原価

圃場管理費

水管理・肥培管理など圃場管理に係る作業委託費

―― **解　説** ――

　稲作などを行う農地所有適格法人が水管理・肥培管理を構成員などに委託した場合において支払う管理料は、圃場管理費として経理します。

　管理料が 10a 当たり 5,000 円といった面積当たりの定額制の場合、農事組合法人においては、これを圃場管理費として損金経理する代わりに、従事分量配当として支払って損金算入することも可能です。しかしながら、収入差プレミアム方式などによる出来高払制とする場合には、従事した程度に応じた分配とは言えませんので従事分量配当として支払うことは適切でなく、圃場管理費として損金経理する必要があります。

法人税の留意事項

　収入差プレミアム方式など、出来高払制・歩合制によって圃場管理費を支払う場合であっても、その圃場における収入の増加分を限度として支払う仕組みであれば、利益操作を目的としたものとは言えないので、法人税法上、とくに問題はないと考えられます。ただし、事業年度終了の日までに債務の確定しない費用は損金算入しないのが法人税の原則的な取扱いになりますので、債務確定をめぐって問題が生じないよう、できる限り、期末までに圃場管理費の支払いを完了する必要があります。

> **法人税法　第22条**（各事業年度の所得の金額の計算）
>
> １・２　（略）
> ３　内国法人の各事業年度の所得の金額の計算上当該事業年度の損金の額に算入すべき金額は、別段の定めがあるものを除き、次に掲げる額とする。
> 　一　当該事業年度の収益に係る売上原価、完成工事原価その他これらに準ずる原価の額
> 　二　前号に掲げるもののほか、当該事業年度の販売費、一般管理費その他の費用（償却費以外の費用で当該事業年度終了の日までに債務の確定しないものを除く。）の額
> 　三　当該事業年度の損失の額で資本等取引以外の取引に係るもの

> **消費税法基本通達　1-1-1（個人事業者と給与所得者の区分）**
>
> 　事業者とは自己の計算において独立して事業を行う者をいうから、個人が雇用契約又はこれに準ずる契約に基づき他の者に従属し、かつ、当該他の者の計算により行われる事業に役務を提供する場合は、事業に該当しないのであるから留意する。したがって、出来高払の給与を対価とする役務の提供は事業に該当せず、また、請負による報酬を対価とする役務の提供は事業に該当するが、支払を受けた役務の提供の対価が出来高払の給与であるか請負による報酬であるかの区分については、雇用契約又はこれに準ずる契約に基づく対価であるかどうかによるのであるから留意する。この場合において、その区分が明らかでないときは、例えば、次の事項を総合勘案して判定するものとする。
> (1) その契約に係る役務の提供の内容が他人の代替を容れるかどうか。
> (2) 役務の提供に当たり事業者の指揮監督を受けるかどうか。
> (3) まだ引渡しを了しない完成品が不可抗力のため滅失した場合等においても、当該個人が権利として既に提供した役務に係る報酬の請求をなすことができるかどうか。
> (4) 役務の提供に係る材料又は用具等を供与されているかどうか。

製造経費
材料費、労務費、外注費以外の原価

共済掛金
作物や農業用施設の共済掛金、価格損失補填負担金など

解　説

　作物や園芸施設・農機具の共済掛金、収入保険の保険料、価格損失補填負担金などです。具体的には、水稲などの農作物共済、果樹共済、家畜共済などの農業共済（NOSAI）のほか、農用自動車などに係る共済掛金、価格損失補填のための負担金などです。
　価格損失補填金制度の主なものは、次頁の表のとおりです。

営業費用・売上原価・製造原価

表4．価格損失補塡のための負担金等の課税上の取扱い

制度名	生産者負担金 拠出単価（割合）	経理方法	交付金 交付基準	交付単価（最終）	経理方法
肉用子牛生産者補給金	黒毛和種： 400円 褐毛和種：1,500円 他肉専： 4,700円 乳用種： 1,700円 交雑種： 800円 /頭 R2.4～・登録子牛	共済掛金/製造経費	保証基準価格－平均売買価格	黒毛和種： － 褐毛和種： － 他肉専：90,510円 乳用種： － 交雑種： － /頭 R5Ⅳ	価格補塡収入/営業収益
肉用牛肥育経営安定交付金/牛マルキン	肉専用種：県別5,000～31,000円 交雑種：13,000円 乳用種：10,000円 /頭 R6		（発動基準価格（生産費）－取引価格（粗収益））×80％	肉専用種：県別 －～124,315.4円 交雑種： － 乳用種：12,247.4円/頭 R6.2 概算	
鶏卵生産者経営安定補塡金	4.60円＋0.39円（協力金）/kg・鶏卵出荷量（契約数量限度）R4		（補塡基準価格－標準取引価格）×90％	6.831円/kg R6.4	
配合飼料価格安定補塡金	800円/t（1/3）配合飼料購入量 R6（異常補塡：国・メーカー1/2ずつ）		当該四半期価格－前1年平均価格	通常補塡 623円 異常補塡 327円 /ト R4Ⅳ（緊急補塡：1,050円 R5Ⅲ）	△飼料補塡収入/材料費
肉豚経営安定交付金/豚マルキン	400円/頭 R6	預け金/その他の流動資産	（保証基準価格－平均卸売価格）×80％	4,250円/頭 24Ⅳ（養豚経営安定対策）	価格補塡収入/営業収益
米・畑作物の収入減少影響緩和交付金	標準的収入額×10 or 20％×9割×1/4	経営保険積立金/投資等	（標準的収入－当年収入）×90％		経営安定補塡収入/特別利益 3/4 経営保険積立金/投資等 1/4
加工原料乳生産者経営安定補塡金	0.20円/kg（1/4）加工原料乳向出荷量 R6		（補塡基準価格－取引価格）×80％	1.04円/kg R4	

注．年号の数字は、単独の場合は年度、「.」に続く数字は月、ローマ数字は四半期を表す。
例：R6.4＝令和6年4月、R5Ⅳ＝令和5年度第4四半期（R6.1～3）、R6＝令和6年度（R6.4～R7.3）
※全国平均の基準家族労働費を採用した場合の補塡金単価である。

法人税の留意事項

国税庁長官指定の負担金は損金算入、それ以外は資産計上が原則です。

営業費用・売上原価・製造原価

法人税法施行令 第136条（特定の損失等に充てるための負担金の損金算入）

　内国法人が、各事業年度において、農畜産物の価格の変動による損失、漁船が遭難した場合の救済の費用その他の特定の損失又は費用を補てんするための業務を主たる目的とする公益法人等又は一般社団法人若しくは一般財団法人の当該業務に係る資金のうち短期間に使用されるもので次に掲げる要件のすべてに該当するものとして国税庁長官が指定したものに充てるための負担金を支出した場合には、その支出した金額は、当該事業年度の所得の金額の計算上、損金の額に算入する。

一　当該資金に充てるために徴収される負担金の額が当該業務の内容からみて適正であること。
二　当該資金の額が当該業務に必要な金額を超えることとなるときは、その負担金の徴収の停止その他必要な措置が講じられることとなつていること。
三　当該資金が当該業務の目的に従つて適正な方法で管理されていること。

消費税の留意事項

　共済掛金は、保険料に類するものを対価とする役務の提供に該当し、消費税の非課税仕入れとなります。

消費税法基本通達6-3-3（保険料に類する共済掛金の範囲）

　令第10条第3項第13号《保険料に類するものを対価とする役務の提供》に規定する「保険料に類する共済掛金」には、法令等により組織されている団体が法令等の規定に基づき、当該団体の構成員のために行う共済制度（人の生死若しくは傷害又は資産の損失その他偶発的事由の発生を共済金の保険事故とする共済制度に限る。以下6-3-3において同じ。）に基づいて当該構成員が負担する共済掛金のほか、任意の互助組織による団体が当該団体の構成員のために行う任意の共済制度に基づいて当該構成員が負担する共済掛金が含まれる。（平15課消1-13により改正）

（注）　所法令第167条の2《特定の損失等に充てるための負担金の必要経費算入》若しくは法法令第136条《特定の損失等に充てるための負担金の損金算入》に規定する負担金又は租特法第28条第1項各号《特定の基金に対する負担金等の必要経費算入の特例》若しくは第66条の11第1項各号《特定の基金に対する負担金等の損金算入の特例》に掲げる負担金又は掛金（これらの負担金又は掛金のうち令第10条第3項第13号以外の各号《利子を対価とする貸付金等》に該当するものを除く。）は、令第10条第3項第13号に規定する保険料に類する共済掛金その他の保険料に類するものに含まれる。

営業費用・売上原価・製造原価

とも補償拠出金

米の転作や飲用外牛乳生産による減収分の生産者とも補償の拠出金

--- 解 説 ---

　生産過剰な作物から他の作物や他の用途に転換することによる減収分を生産者同士で補償する仕組みを「とも補償」といいます。このとも補償においては、作物や用途の転換を行わない生産者がとも補償拠出金を拠出し、これを財源として他の作物や他の用途に転換した生産者に交付します。

　米の転作については、以前にあった全国を範囲とするとも補償は、現在では行われていませんが、県や地域の農業再生協議会などの単位でとも補償事業を行っているところがあります。また、酪農では以前、牛乳の値上げによる消費減に伴い結う飲用牛乳向けが減少し、加工原料乳向けの用途が増加した指定生乳生産者団体に対するとも補償が全国規模で行われていました。

消費税の留意事項

　とも補償拠出金の消費税の取扱いについて通達等の定めはありませんが、共済掛金に準ずるものとして消費税の非課税仕入となると考えられます。

減価償却費

生産用の固定資産の減価償却費

--- 解 説 ---

　法人の場合、個人の「強制償却」と異なり、償却限度額の範囲内で任意に減価償却費を計上することができます。したがって、法人の設立当初など定率法による償却をするほど利益が見込めない場合など、定額法による償却限度額相当額で償却費を計上することも可能ですし、減価償却を取り止めることもできます。税務署への届出により償却方法をいったん変更するとすぐには元に戻せないため、後に利益が伸びてきたときに定率法により大きく償却費を計上できるよう、定率法（法定償却方法）を定額法に変更する届出はしない方が良いでしょう。

法人税の留意事項

減価償却資産の償却費の計算

減価償却費として損金の額に算入する金額は、その法人が償却費として損金経理した金額のうち償却限度額に達するまでの金額となります（法法31 ①）。

償却限度額

次の算式で表される金額です（法令48 ①）。

① **定額法**

定額法とは、その償却費が毎期同一となるように減価償却費を計算する方法です。

旧定額法では減価償却資産の取得価額から残存価額を控除した金額が償却基礎額となっていました。

平成19年3月31日までに取得したもの：

償却限度額＝（取得価額－残存価額）×旧定額法の償却率

これに対して、新たな定額法では残存価額を控除せず、取得価額そのものに旧定額法とほぼ同じ「定額法の償却率」（耐用年数省令別表第十に規定）を乗じて計算した金額を償却（限度）額として償却を行います。

平成19年4月1日以後に取得したもの：**償却限度額＝取得価額×（新）定額法の償却率**

② **定率法**

定率法とは、その償却費が毎期一定の割合で逓減するように減価償却費を計算する方法です。

償却限度額＝(取得価額－償却累計額)×定率法の償却率

未償却残高

残存価額が廃止されたため、新たな定率法では、特定事業年度以降は均等償却に切り換えて1円まで償却します。具体的には、まず、特定事業年度の前期までは、減価償却資産の未償却残高（取得価額から償却費の累積額を控除した後の金額、ただし、事業供用1年目は取得価額）に、「定率法の償却率」（耐用年数省令別表第十に規定）を乗じて計算した金額（調整前償却額）を各事業年度の償却（限度）額として償却を行います。ここまでは、償却率が異なるだけで、計算方法は旧定率法と同じになります。

〈定率法の償却限度額の計算式〔「調整前償却額≧償却保証額」の場合〕〉

償却限度額＝未償却残高×定率法の償却率

営業費用・売上原価・製造原価

表5．耐用年数7年の場合（200％定率法）

	償却率	保証率	改定償却率	償却保証額	
	0.286	0.08680	0.334	434,000	
年数	期首簿価	調整前償却額	改定取得価額×改定償却率	償却限度額	期末簿価
1	5,000,000	1,430,000		1,430,000	3,570,000
2	3,570,000	1,021,020		1,021,020	2,548,980
3	2,548,980	729,008		729,008	1,819,972
4	1,819,972	520,511		520,511	1,299,461
5	1,299,461	371,645	434,020	434,020	865,441
6	865,441	247,516	434,020	434,020	431,421
7	431,421	123,386	434,020	431,420	1

「調整前償却額」が、その減価償却資産の取得価額に「保証率」（耐用年数省令別表第十に規定）を乗じて計算した金額である「償却保証額」を下回った場合、その最初の事業年度を特定事業年度（表で5年目）とし、特定事業年度の期首帳簿価額（取得価額から償却費の累積額を控除した後の金額）を改定取得価額（表の太枠の金額）とします。特定事業年度以後は、この改定取得価額に、その償却費がその後毎年同一となるように当該資産の耐用年数に応じた「改定償却率」（耐用年数省令別表第十に規定）を乗じて計算した金額を、各事業年度の償却（限度）額として償却を行います。

〈定率法の償却限度額の計算式〔「調整前償却額＜償却保証額」の場合〕〉

償却限度額＝改定取得価額×改定償却率

③ リース期間定額法

リース期間定額法とは、リース料の額と減価償却費が原則として同額となるよう減価償却費を計算する方法です。

((取得価額－残価保証額)／リース期間月数)×その事業年度におけるリース期間月数

リース期間定額法は、平成20年4月1日以後に締結された所有権移転外リース取引により賃借人が取得したものとされる減価償却資産について適用されます。「残価保証額」とは、リース期間終了の時にリース資産の処分価額が所有権移転外リース取引に係る契約において定められている保証額に満たない場合にその満たない部分の金額を賃借人が支払うこととされている場合におけるその保証額をいいます。

リース期間定額法は、所有権移転外リース取引により賃借人が取得したものとされるリー

ス資産である減価償却資産に適用されます。所有権移転外リース取引により取得したリース資産には、①圧縮記帳（国庫補助金等で取得した固定資産等の圧縮額の損金算入を除く）、②特別償却、③少額減価償却資産の損金算入、④一括償却資産の損金算入、は適用されません。

　所有権移転外リース取引とは、リース取引のうち、次のいずれにも該当しないものです。

(1)　リース期間の終了時または中途において、そのリース取引に係る契約において定められているリース取引の目的とされている資産（以下「リース資産」）が無償または名目的な対価の額でそのリース取引に係る賃借人に譲渡されるものであること。

(2)　リース期間の終了後、無償と変わらない名目的な再リース料によって再リースをすることがリース契約において定められているものであること。

(3)　リース期間の終了時または中途においてリース資産を著しく有利な価額で買い取る権利が賃借人に与えられているものであること。

(4)　賃借人の特別な注文によって製作される機械装置のようにリース資産がその使用可能期間中その賃借人によってのみ使用されると見込まれるものであることまたは建築用足場材のようにリース資産の識別が困難であると認められるものであること。

(5)　賃貸人に対してリース資産の取得資金の全部または一部を貸し付けている金融機関等が、賃借人から資金を受け入れ、その資金をしてその賃借人のリース取引等の債務のうちその賃貸人の借入金の元利に対応する部分の引受けをする構造になっているものであること。

(6)　リース期間がリース資産の法定耐用年数に比して相当短いもの（賃借人の法人税の負担を著しく軽減することになると認められるものに限ります。）であること。

　なお、「リース期間がリース資産の法定耐用年数に比して相当短いもの」とは、リース期間がリース資産の法定耐用年数の70パーセント（法定耐用年数が10年以上のリース資産については60パーセント）に相当する年数（1年未満の端数切捨て）を下回る期間であるものをいいます。

④　**平成19年3月31日以前に取得した減価償却資産**

　平成19年3月31日以前に取得した減価償却資産の場合、前事業年度（前年）までの償却費の累積額が、従前の償却可能限度額（有形固定資産については取得価額の95％相当額）まで到達している減価償却資産について、その到達した事業年度の翌事業年度以後において、5年の月割均等償却を行ない残存簿価1円まで償却します。

　具体的には、次の算式により計算した金額を償却（限度）額として償却を行います。

〈償却可能限度額に達した減価償却資産の償却〉

償却限度額＝〔取得価額－償却可能限度額－1円〕×償却を行う事業年度の月数/60

営業費用・売上原価・製造原価

償却可能限度額の残額を月割均等償却することができるのは、あくまで、従前の償却可能限度額に到達した事業年度の翌事業年度からであり、償却可能限度額に到達した事業年度事業年度において、償却可能限度額の残額の月割均等償却することは認められていません。

減価償却資産の償却方法

償却限度額の計算上選定をすることができる償却方法は、資産の区分に応じ次のとおりです（法令48）。

① **建物**

定額法（平成10年3月31日以前に取得したものは定額法・定率法）

② **建物付属設備・構築物・機械装置・船舶・航空機・車両運搬具・工具器具備品**

定額法・定率法

③ **無形固定資産・生物（平成10年3月31日以前に取得した営業権は任意償却）**

定額法

減価償却資産の取得価額

減価償却資産の取得価額は、次の額に「その資産を事業の用に供するために直接要した費用の額」を加算した金額となります（法令54①）。

① **購入した減価償却資産**

購入代価＋付随費用（引取運賃・荷役費・運送保険料・購入手数料・関税等）

② **自己が成育・成熟させた生物**

購入代価等又は種付費・出産費・種苗費＋成育・成熟のために要した飼料費・肥料費、労務費、経費の額

なお、圧縮記帳した場合は、圧縮記帳による損金算入額を控除した金額をもって取得価額とみなします（法令54③）。

減価償却資産の耐用年数

減価償却資産の耐用年数は、資産の区分に応じて別表に定められています（耐令1①）。

別表第1　「機械及び装置以外の有形減価償却資産の耐用年数表」

別表第2　「機械及び装置の耐用年数表」

別表第3　「無形減価償却資産の耐用年数表」

別表第4　「生物の耐用年数表」

かつては、農業、畜産農業、又は林業の供されている減価償却資産で別表第7に掲げるものについては、別表第1・2ではなく別表第7「農林業用減価償却資産の耐用年数表」に定めるところによっていました（旧・耐令1③）。しかしながら、平成20年度税制改正によって、減価償却制度が改正され、機械装置を中心に実態に即した使用年数を基に資産区分を整理するとともに、法定耐用年数が見直されました。

改正により、減価償却資産の耐用年数等に関する省令・別表第七「農林業用減価償却資産の耐用年数表」が廃止されたため、農林業用の機具のうち機械装置は、別表第二に追加され

た「25・農業用設備」に統合され、法定耐用年数はすべて7年になりました。農業用の機械装置の法定耐用年数は、改正前は一部に8年などがありましたが、ほとんどが5年でした。このため、機械装置については一般に、法定耐用年数が延長されて償却限度額が改正前よりも少なくなりました。

　このほか、繁殖用の肉用牛（子取り用雌牛）についても5年から6年に耐用年数が延長されました。一方、構築物ではコンクリート製の堆肥盤やサイロが20年から17年、鉄骨造の畜舎や堆肥舎が15年から14年に、生物では温州みかんが40年から28年になるなど、法定耐用年数が短縮されたものもあります。

営業費用・売上原価・製造原価

種類	改正前	改正後 別表	改正後 細目等	耐用年数
建物	別表第一	別表第一	（変更なし）	
建物付属設備	別表第一	別表第一	（変更なし）	
構築物	別表第七	別表第一	主としてコンクリート造、れんが造、石造又はブロック造のもの	
			果樹又はホップだな	14
			その他のもの	17
			主として金属造のもの	14
			主として木造のもの	5
			土管を主としたもの	10
			その他のもの	8
	別表第五	別表第五	「公害防止用減価償却資産の耐用年数表」に名称変更	18
機械装置	別表第七	別表第二	25　農業用設備	7
	別表第五	別表第五	「公害防止用減価償却資産の耐用年数表」に名称変更	5
車両運搬具	別表第一	別表第一	（変更なし）	
	別表第七		その他のもの	
			自走能力を有するもの	7
			その他のもの	4
器具備品	別表第七	別表第一	きのこ栽培用ほだ木	3
			その他のもの	
			主として金属製のもの	10
			その他のもの	5
生物	別表第四	別表第四	全面改訂（下表のとおり）	

別表第四　生物の耐用年数表

種　　類	細　　目	耐用年数
		年
牛	繁殖用（家畜改良増殖法に基づく種付証明書、授精証明書、体内受精卵移植証明書又は体外受精卵移植証明書のあるものに限る。）	
	役肉用牛	6
	乳用牛	4
	種付用（家畜改良増殖法に基づく種畜証明書の交付を受けた種おす牛に限る。）	4
	その他用	6
馬	繁殖用（家畜改良増殖法に基づく種付証明書又は授精証明書のあるものに限る。）	6
	種付用（家畜改良増殖法に基づく種畜証明書の交付を受けた種おす馬に限る。）	6
	競走用	4
	その他用	8
豚		3
綿羊及びやぎ	種付用	4
	その他用	6
かんきつ樹	温州みかん	28
	その他	30
りんご樹	わい化りんご	20
	その他	29
ぶどう樹	温室ぶどう	12
	その他	15
なし樹		26
桃樹		15
桜桃樹		21
びわ樹		30
くり樹		25
梅樹		25
かき樹		36
あんず樹		25
すもも樹		16
いちじく樹		11
キウイフルーツ樹		22
ブルーベリー樹		25
パイナップル		3
茶樹		34
オリーブ樹		25
つばき樹		25
桑樹	立て通し	18
	根刈り、中刈り、高刈り	9
こりやなぎ		10
みつまた		5
こうぞ		9
もう宗竹		20
アスパラガス		11
ラミー		8
ホップ		9
まおらん		10

営業費用・売上原価・製造原価

なお、中古資産を取得して事業の用に供した場合の耐用年数は使用可能期間を見積もりますが、別表第1・2・7に掲げる有形減価償却資産であって見積もることが困難なものは次の算式によります（耐令3①）。

耐用年数（年未満切捨て）＝（法定耐用年数－経過年数）＋経過年数×20％
　　　　　　　　　　　　　　　　　　　　　　　　年未満切捨て

ただし、生物の「細目」欄に掲げる用途から他の用途に転用された牛・馬・綿羊・やぎの耐用年数は、上記の算式によらず、その転用の時以後の使用可能期間の年数によります（耐令3②）。

減価償却資産の残存価額

平成19年度税制改正により、平成19年4月1日以後に取得する減価償却資産については、償却可能限度額及び残存価額が廃止され、耐用年数経過時点に「残存簿価1円」まで償却できるようになりました。この改正により、たとえば、残存割合が20％でかつては取得価額の80％までしか償却できかった搾乳牛（繁殖用の乳牛）が、平成19年4月1日以後に取得するものは100％まで償却することができます。これにより、年ごとの償却（限度）額が改正前の1.25倍になりました。同様に、黒毛和牛など肉専用種の繁殖牛（残存割合50％）は取得価額の50％から100％へ2倍に、豚（同30％）は70％から100％へ約1.43倍に、それぞれ年ごとの償却（限度）額が増えました。

平成19年3月31日までに取得したものについては、定額法の場合、取得価額から残存価額を控除した償却基礎額に旧定額法による償却率を乗じて償却限度額を計算していました。この場合の残存価額は、別表第10「減価償却資産の残存割合表」に定める残存割合を取得価額に乗じて計算した金額です。別表第1・2・7に掲げる有形減価償却資産については10％、別表第3に掲げる無形減価償却資産は0％、別表第4に掲げる生物については5％から50％の範囲で細目ごとに定められていました。ただし、牛及び馬の残存価額は、残存割合を取得価額に乗じた金額と10万円とのいずれか少ない金額となっていました（耐令5②）。

なお、別表第1・2・7に掲げる有形減価償却資産については、取得価額の95％相当額までが償却可能限度額となっていました（法令61①）。

少額の減価償却資産の取得価額の損金算入

取得価額が10万円未満の減価償却資産について、取得価額相当額を事業供用年度において損金経理をした場合は、損金の額に算入します（法令133）。

一括償却資産の損金算入

取得価額が20万円未満の減価償却資産について、一括償却資産として経理する方法を選定したときは、次の金額に達するまでの金額を損金の額に算入します（法令133の2）。

一括償却対象額×事業年度の月数（通常は12）／36

表6. 減価償却費の計算方法

<table>
<tr><td colspan="2" rowspan="2"></td><td></td><td>計算方法</td><td>期中取得</td><td>特徴等</td></tr>
<tr><td></td><td></td><td></td><td></td></tr>
<tr><td rowspan="8">通常の減価償却</td><td rowspan="2">定額法</td><td>旧</td><td>（取得価額－残存価額）×旧定額法償却率</td><td rowspan="2">月割按分</td><td rowspan="2">償却費が毎年同額となる</td></tr>
<tr><td>新</td><td>取得価額×新定額法償却率</td></tr>
<tr><td rowspan="2">定率法</td><td>旧</td><td>未償却残高×旧定率法償却率</td><td rowspan="2">月割按分</td><td rowspan="2">償却費が毎年一定の割合で逓減する</td></tr>
<tr><td>新</td><td>未償却残高×新定率法償却率
特定年以後：改定取得価額×改定償却率</td></tr>
<tr><td>リース期間定額法</td><td>―</td><td>{(取得価額－残価保証額)/リース期間の総月数}×その年のリース期間の月数</td><td>月割按分</td><td>償却費がリース料と同額となる</td></tr>
<tr><td>堅牢建物等の特例</td><td>旧</td><td>（取得価額×5％－1円）
÷（法定耐用年数×30％・年未満切上げ）</td><td>―</td><td rowspan="2">償却可能限度額（取得価額の95％相当額）に達し、さらに帳簿価額1円まで償却する場合</td></tr>
<tr><td>償却可能限度額到達資産</td><td>新</td><td>（取得価額－償却可能限度額－1円）×1/5
※平成20年分より</td><td>―</td></tr>
<tr><td colspan="2">一括償却</td><td>取得価額×1/3</td><td>全額</td><td></td></tr>
<tr><td colspan="2">即時償却（注）</td><td>取得価額×100％</td><td>全額</td><td></td></tr>
</table>

注．中小企業者の少額減価償却資産の取得価額の費用算入の特例（措法67の5）

会計の方法

リース料総額税込み14,809,850円（税抜き13,463,500円）、残価設定価格（残価保証額）税抜き4,000,000円で、リース期間60ヶ月（5年間）の所有権移転外リース取引に該当するリース契約を締結した場合の仕訳は次のとおりです。

〈移転外リース資産の引渡し時の経理〉

仕訳例：リース契約を締結したとき

借方科目	税	金額	貸方科目	税	金額
機械　装置※	課	13,463,500	長期未払金※	不	18,809,850
仮払消費税等	課	1,346,350			
機械　装置※	不	4,000,000			

※機械装置を「リース資産」、長期未払金を「リース債務」とする方法もある。

営業費用・売上原価・製造原価

リース料の税込み総額14,809,850円に残価保証額4,000,000円を加算した金額18,809,850円を長期未払金として計上します。資産計上額は、税込経理方式では長期未払金と同額の18,809,850円に、税抜経理方式では消費税相当額1,346,300円を控除した17,463,000円になります。残価保証額は、リース取引開始時において消費税の課税対象とはなりません。

〈リース料の経理〉

リース料を長期未払金の弁済として経理します。

仕訳例：年額リース料2,961,970円（税抜き2,692,700円）を支払ったとき

借方科目	税	金額	貸方科目	税	金額
長期未払金	不	2,961,970	普通　預金	不	2,961,970

〈移転外リース資産の減価償却費の経理〉

リース期間定額法の場合の減価償却費は、償却基礎額（取得価額から残価保証額を控除した金額）をリース期間の月数で除してその年（事業年度）におけるそのリース期間の月数を乗じて計算します。

○減価償却費（年額）：

　{(17,463,500円－4,000,000円)÷60［リース期間の月数］}×12＝2,692,700円

仕訳例：減価償却

借方科目	税	金額	貸方科目	税	金額
減価償却費	不	2,692,700	減価償却累計額※	不	2,692,700

※法人が直接法によって減価償却の仕訳を行う場合は「機械装置」となる。

なお、リース契約の初年度で年（事業年度）の中途で取得した場合には、リース物件の引渡し（リース契約開始）の月から月割按分計算を行います。たとえば、3月決算法人が9月にリース資産の引渡しを受けた場合には減価償却費は次のようになります。

○減価償却費（月割按分）：

　{(17,463,500円－4,000,000円)÷60［リース期間の月数］}×7＝1,570,741円（法人の場合、1円未満切捨て）

〈購入の経理〉

仕訳例：リース期間終了後にリース契約書で定めた購入選択権を行使して残価保証額でリー

ス物件を買い取ったとき（消費税率10％）

借方科目	税	金額	貸方科目	税	金額
減価償却累計額	不	13,463,500	機械　装置	不	13,463,500
長期未払金	不	4,000,000	機械　装置	不	4,000,000
機械　装置	課	4,000,000	普通　預金	不	4,400,000
仮払消費税等	課	400,000			

〈購入資産の減価償却費の経理〉

　所有権移転外リース取引のリース期間終了の時に賃借人がリース資産を購入した場合、そのリース資産と同じ資産の区分（この例では機械装置）である他の減価償却資産について採用している償却方法に応じ、次により計算します。

(1)　定率法

　そのリース資産と同じ資産の区分である他の減価償却資産に適用される耐用年数に応ずる償却率、改定償却率及び保証率によって計算します。調整前償却額が償却保証額に満たない場合にはリース資産の帳簿価額に購入代価を加算した金額を改定取得価額として改定償却率を乗じて償却限度額を計算します。

　この仕訳例での償却限度額の計算は、次のとおりです。

調整前償却額＝未償却残高 4,000,000 円×償却率 0.286＝1,144,000 円

償却保証額＝取得価額 17,463,500 円×保証率 0.0868＝1,515,831 円

（調整前償却額 1,144,000 円＜償却保証額 1,515,831 円）

償却限度額＝改定取得価額 4,000,000 円×改定償却率 0.334＝1,336,000 円

(2)　定額法

　リース資産の帳簿価額に購入代価を加算した金額を取得価額として法定耐用年数から当該資産に係るリース期間を控除した年数（1年未満の端数切捨て、2年未満の場合は2年）に応ずる償却率により計算します。

　この仕訳例での償却限度額の計算は、次のとおりです。

耐用年数＝法定耐用年数 7 年－リース期間 5 年＝2 年

償却限度額＝取得価額 4,000,000 円×償却率 0.500＝2,000,000 円

仕訳例：購入資産を定率法により減価償却をしたとき。

借方科目	税	金額	貸方科目	税	金額
減価償却費	不	1,336,000	減価償却累計額※	不	1,336,000

※法人が直接法によって減価償却の仕訳を行う場合は「機械装置」となる。

営業費用・売上原価・製造原価

> **法人税基本通達7-6の2-10**（リース期間終了の時に賃借人がリース資産を購入した場合の取得価額等）
>
> 賃借人がリース期間終了の時にそのリース取引の目的物であった資産を購入した場合（そのリース取引が令第48条の2第5項第5号イ若しくはロ《所有権移転外リース取引》に掲げるもの又はこれらに準ずるものに該当する場合を除く。）には、その購入の直前における当該資産の取得価額にその購入代価の額を加算した金額を取得価額とし、当該資産に係るその後の償却限度額は、次に掲げる区分に応じ、それぞれ次により計算する。（平19年課法2-17「十五」により追加）
>
> （1） 当該資産に係るリース取引が所有権移転リース取引（所有権移転外リース取引に該当しないリース取引をいう。）であった場合　引き続き当該資産について採用している償却の方法により計算する。
>
> （2） 当該資産に係るリース取引が所有権移転外リース取引であった場合　法人が当該資産と同じ資産の区分である他の減価償却資産（リース資産に該当するものを除く。以下同じ。）について採用している償却の方法に応じ、それぞれ次により計算する。
>
> 　イ　その採用している償却の方法が定率法である場合　当該資産と同じ資産の区分である他の減価償却資産に適用される耐用年数に応ずる償却率、改定償却率及び保証率により計算する。
>
> 　ロ　その採用している償却の方法が定額法である場合　その購入の直前における当該資産の帳簿価額にその購入代価の額を加算した金額を取得価額とみなし、当該資産と同じ資産の区分である他の減価償却資産に適用される耐用年数から当該資産に係るリース期間を控除した年数（その年数に1年未満の端数がある場合には、その端数を切り捨て、その年数が2年に満たない場合には、2年とする。）に応ずる償却率により計算する。
>
> （注）事業年度の中途にリース期間が終了する場合の当該事業年度の償却限度額は、リース期間終了の日以前の期間につきリース期間定額法により計算した金額とリース期間終了の日後の期間につき（2）により計算した金額の合計額による。

法人税申告書の記載

　減価償却資産につき償却費として損金経理をした金額がある場合には、次の別表を添付しなければならなりません。（法令63①、②）。

別表16（1）「（前略）定額法による減価償却資産の償却額の計算に関する明細書」

別表16（2）「（前略）定率法による減価償却資産の償却額の計算に関する明細書」

別表16（4）「（前略）リース期間定額法による減価償却資産の償却額に関する明細書」

別表16（6）「一括償却資産の損金算入に関する明細書」

農地賃借料

農地の地代

解　説

　農地賃借料とは、農地の地代です。農地の地代（小作料）は、生産規模に伴って増える変動費ですので、地代賃借料とは区別し、「農地賃借料」勘定で処理します。

消費税の留意事項

　農地賃借料は、土地の貸付けの対価に該当し、消費税の非課税仕入れとなります。
　一方、圃場管理費については、役務の提供の対価であるので、課税仕入れとなります。

> **消費税法　6条（非課税）**
>
> 1　国内において行われる資産の譲渡等のうち、別表第1に掲げるものには、消費税を課さない。

> **消費税法　別表第1**
>
> 一　土地（土地の上に存する権利を含む。）の譲渡及び貸付け（一時的に使用させる場合その他の政令で定める場合を除く。）
>
> （以下略）

財務管理のポイント

農地賃借料率

　農地賃借料を一般の地代と区分して計上することにより、農地賃借料率など詳細なコスト分析が可能になります。

農地賃借料率（％）＝農地賃借料／水稲売上高×100

　この指標は10％以下が標準的です。20％を超える高い水準の場合には、農地賃借料の低減に向けた戦略づくりや交渉が必要となります。

営業費用・売上原価・製造原価

地代賃借料
農業用施設の敷地の地代、農業用建物の家賃、農機具の賃借料

―― 解　説 ――

　地代賃借料とは、農業用施設の敷地の地代、農業用建物の家賃、農機具の賃借料などです。

　農業機械や施設のリースは実質的には資金調達の手段であり、とくに担保余力の少ない経営では積極的に活用したいところです。リース取引のうち、オペレーティング・リース取引は地代賃借料勘定で処理しますが、ファイナンス・リース取引（税務上のリース取引）やリースバック取引によるリースには、資産計上して減価償却するのが原則です。園芸用の鉄骨ハウスや畜舎、堆肥舎など構築物のリースは、原則として所有権移転ファイナンス・リース取引に該当しますので、売買処理をします。一方、農業機械のリースは、所有権移転外ファイナンス・リース取引に該当する場合が多く、その場合、賃貸借処理をすることも認められています。

　法人税において、リース料を賃借料で処理するよりも、資産計上して定率法により償却したり、特別償却したりする方が一般的には有利です。また、消費税においても、資産計上してリース開始時にリース料総額に対する仕入税額控除する方が有利です。このため、リース取引が税務上売買取引とされるものに該当するかどうか、契約書等をよく確認してください。ただし、所有権移転外ファイナンス・リース取引に該当する助成付リースについては、実務上は賃貸借処理をすることになります。

法人税の留意事項
ファイナンス・リース取引

　資産の賃貸借のうち、①中途解約禁止、②フルペイアウト――のいずれの要件を満たすものをファイナンス・リース取引と呼んでいます。平成19年度税制改正では、すべてのファイナンス・リース取引を、税務上は売買があったものとして取り扱うこととなり、平成20年4月1日以後に締結する契約から適用されます。こちらは事業年度に関係なく、契約日が基準になります。

　ファイナンス・リース取引とは、実質的にリース期間の途中で契約を解除することができないものでリース料総額が取得価額の90％を超えるものをいいます。ファイナンス・リース取引以外のリース取引がオペレーティング・リース取引になります。

営業費用・売上原価・製造原価

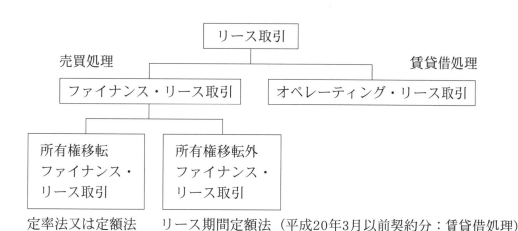

法人税法 第64条の2（リース取引に係る所得の金額の計算）

　内国法人がリース取引を行つた場合には、そのリース取引の目的となる資産（以下この項において「リース資産」という。）の賃貸人から賃借人への引渡しの時に当該リース資産の売買があつたものとして、当該賃貸人又は賃借人である内国法人の各事業年度の所得の金額を計算する。

2　内国法人が譲受人から譲渡人に対する賃貸（リース取引に該当するものに限る。）を条件に資産の売買を行つた場合において、当該資産の種類、当該売買及び賃貸に至るまでの事情その他の状況に照らし、これら一連の取引が実質的に金銭の貸借であると認められるときは、当該資産の売買はなかつたものとし、かつ、当該譲受人から当該譲渡人に対する金銭の貸付けがあつたものとして、当該譲受人又は譲渡人である内国法人の各事業年度の所得の金額を計算する。

3　前二項に規定するリース取引とは、資産の賃貸借（所有権が移転しない土地の賃貸借その他の政令で定めるものを除く。）で、次に掲げる要件に該当するものをいう。

　一　当該賃貸借に係る契約が、賃貸借期間の中途においてその解除をすることができないものであること又はこれに準ずるものであること。

　二　当該賃貸借に係る賃借人が当該賃貸借に係る資産からもたらされる経済的な利益を実質的に享受することができ、かつ、当該資産の使用に伴つて生ずる費用を実質的に負担すべきこととされているものであること。

4　前項第二号の資産の使用に伴つて生ずる費用を実質的に負担すべきこととされているかどうかの判定その他前三項の規定の適用に関し必要な事項は、政令で定める。

　ファイナンス・リース取引のうち、次に該当するものは所有権移転ファイナンス・リース取引、それ以外のものは所有権移転外ファイナンス・リース取引となります。

① 無償・名目的対価で譲渡されるリース資産

② 有利な価格で買い取れる権利が与えられているリース資産
③ 専属使用のリース資産
④ 識別が困難なリース資産
⑤ リース期間が耐用年数に比べて相当の短いもの（賃借人の場合）

所有権移転ファイナンス・リース取引は、定率法など通常の償却方法により償却します。一方、所有権移転外ファイナンス・リース取引は、平成19年度税制改正前は賃貸借として取り扱っていましたが、契約日が平成20年4月以降になるものについては、リース期間定額法により償却します。

ただし、リース期間定額法による償却額がリース料支払額と原則として同額になることから、所有権移転外リース取引の会計処理について賃貸借処理をすることを容認しており、国税庁ホームページのタックスアンサーでも「賃借人である法人がリース料の額を損金経理しているときには、そのリース料の額は償却費として損金経理をした金額に含まれます。」としています。

法人税法施行令　第48条の2

1～4　（略）
5　この条において、次の各号に掲げる用語の意義は、当該各号に定めるところによる。

　一～四　（略）
　五　所有権移転外リース取引　法第六十四条の二第三項（リース取引に係る所得の金額の計算）に規定するリース取引（以下この号及び第七号において「リース取引」という。）のうち、次のいずれかに該当するもの（これらに準ずるものを含む。）以外のものをいう。
　　イ　リース期間終了の時又はリース期間の中途において、当該リース取引に係る契約において定められている当該リース取引の目的とされている資産（以下この号において「目的資産」という。）が無償又は名目的な対価の額で当該リース取引に係る賃借人に譲渡されるものであること。
　　ロ　当該リース取引に係る賃借人に対し、リース期間終了の時又はリース期間の中途において目的資産を著しく有利な価額で買い取る権利が与えられているものであること。
　　ハ　目的資産の種類、用途、設置の状況等に照らし、当該目的資産がその使用可能期間中当該リース取引に係る賃借人によつてのみ使用されると見込まれるものであること又は当該目的資産の識別が困難であると認められるものであること。
　　ニ　リース期間が目的資産の第五十六条（減価償却資産の耐用年数、償却率等）に規定する財務省令で定める耐用年数に比して相当短いもの（当該リース取

引に係る賃借人の法人税の負担を著しく軽減することになると認められるものに限る。）であること。

（以下略）

法人税基本通達7-6の2-2（著しく有利な価額）

リース期間終了の時又はリース期間の中途においてリース資産を買い取る権利が与えられているリース取引について、賃借人がそのリース資産を買い取る権利に基づき当該リース資産を購入する場合の対価の額が、賃貸人において当該リース資産につき令第56条《減価償却資産の耐用年数、償却率等》に規定する財務省令で定める耐用年数（以下この節において「耐用年数」という。）を基礎として定率法により計算するものとした場合におけるその購入時の未償却残額に相当する金額（当該未償却残額が当該リース資産の取得価額の5％相当額を下回る場合には、当該5％相当額）以上の金額とされている場合は、当該対価の額が当該権利行使時の公正な市場価額に比し著しく下回るものでない限り、当該対価の額は令第48条の2第5項第5号ロ《所有権移転外リース取引》に規定する「著しく有利な価額」に該当しないものとする。（平19年課法2-17「十五」により追加）

企業会計原則・会社計算規則・中小企業会計指針では

中小企業の会計に関する指針では、所有権移転外ファイナンス・リース取引に係る借手は、通常の賃貸借取引に係る方法に準じて会計処理を行うことができるとしています。

中小企業の会計に関する指針　収益・費用の計上　75-3. 所有権移転外ファイナンス・リース取引に係る借手の会計処理

（1）リース取引開始時の会計処理

所有権移転外ファイナンス・リース取引に係る借手は、通常の売買取引に係る方法に準じて会計処理を行う。ただし、通常の賃貸借取引に係る方法に準じて会計処理を行うことができる。

なお、法人税法上は、すべての所有権移転外リース取引は売買として取り扱われる。

（以下略）

営業費用・売上原価・製造原価

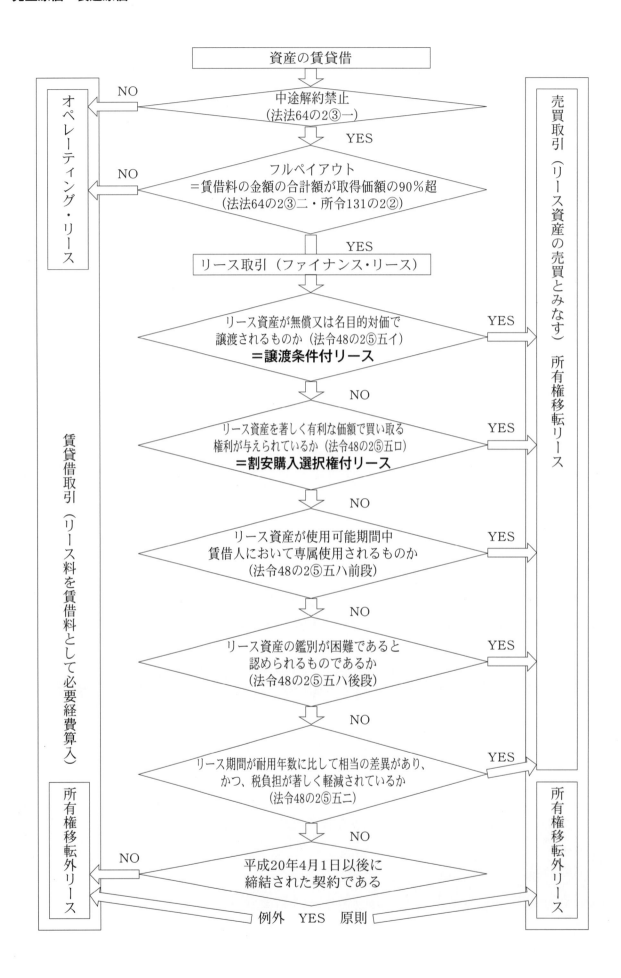

> **法人税基本通達7-6の2-3（専属使用のリース資産）**
>
> 　次に掲げるリース取引は、令第48条の2第5項第5号ハ《所有権移転外リース取引》に規定する「その使用可能期間中当該リース取引に係る賃借人によつてのみ使用されると見込まれるもの」に該当することに留意する。（平19年課法2-17「十五」により追加）
> (1) 建物、建物附属設備又は構築物（建設工事等の用に供する簡易建物、広告用の構築物等で移設が比較的容易に行い得るもの又は賃借人におけるそのリース資産と同一種類のリース資産に係る既往のリース取引の状況、当該リース資産の性質その他の状況からみて、リース期間の終了後に当該リース資産が賃貸人に返還されることが明らかなものを除く。）を対象とするリース取引
> (2) 機械装置等で、その主要部分が賃借人における用途、その設置場所の状況等に合わせて特別な仕様により製作されたものであるため、当該賃貸人が当該リース資産の返還を受けて再び他に賃貸又は譲渡することが困難であって、その使用可能期間を通じて当該賃借人においてのみ使用されると認められるものを対象とするリース取引

　所有権移転外リース取引によるリース資産については、次のような制度は適用がありません。
① 圧縮記帳（法法47、措法65の7等）
② 特別償却（措法42の5、42の6、42の7等）（注2）
③ 少額減価償却資産の損金算入（法令133）

消費税の留意事項

　地代賃借料のうち、地代は土地の貸付けの対価に該当し、消費税の非課税仕入れとなります。一方、土地以外の賃借料は、役務の提供の対価であるので、課税仕入れとなります。
　ファイナンス・リース取引については、リース資産の引渡しを受けた日に資産の譲受けがあったものとして、仕入税額控除の計算を行います。
　所有権移転外ファイナンス・リースについては賃貸借処理をすることが認められていますが、賃貸借処理をしたにもかかわらずリース資産の引渡しを受けた日の課税仕入れとする場合、会計処理の方法と消費税額の計算が異なることになります。この場合、帳簿の摘要欄等にリース料総額を記載するか、会計上のリース資産の計上価額から消費税における課税仕入れに係る支払対価の額を算出するための資料を作成し、整理のうえ綴って保存することなどにより、帳簿においてリース料総額（対価の額）を明らかにする必要があります。なお、国税庁ホームページの質疑応答事例でも「移転外リース取引につき、事業者（賃借人）が賃貸

営業費用・売上原価・製造原価

借処理をしている場合で、そのリース料について支払うべき日の属する課税期間における課税仕入れ等として消費税の申告をしているときは、これによって差し支えありません」(「所有権移転外ファイナンス・リース取引について賃借人が賃貸借処理した場合の取扱い」) としています。これは、事業者の経理実務を考慮して「会計基準に基づいた経理処理を踏まえ、経理実務の簡便性という観点から、賃借人が賃貸借処理をしている場合には、分割控除」することを認めています。

消費税法基本通達11-3-2（割賦購入の方法等による課税仕入れを行った日）

　割賦購入の方法又はリース取引による課税資産の譲り受けが課税仕入れに該当する場合には、その課税仕入れを行った日は、当該資産の引渡し等を受けた日となるのであるから、当該課税仕入れについては、当該資産の引渡し等を受けた日の属する課税期間において法第30条第1項《仕入れに係る消費税額の控除》の規定を適用するのであるから留意する。（平20課消1-8により改正）
（注）リース取引において、賃借人が支払うべきリース料の額をその支払うべき日の属する課税期間の賃借料等として経理している場合であっても同様である。

消費税法基本通達6-3-1（金融取引及び保険料を対価とする役務の提供等）

　法別表第一第3号《利子を対価とする貸付金等》の規定においては、おおむね次のものを対価とする資産の貸付け又は役務の提供が非課税となるのであるから留意する。（平11課消2-8、平13課消1-5、平14課消1-12、平15課消1-13、平19課消1-18、平20課消1-8、平22課消1-9により改正）
(1)～(16)　（略）
(17)　所法第67条の2第3項《リース取引の範囲》又は法法第64条の2第3項《リース取引の範囲》に規定するリース取引でその契約に係るリース料のうち、利子又は保険料相当額（契約において利子又は保険料の額として明示されている部分に限る。）

◉ インボイス制度対応のポイント——所有権移転外リースの売買処理への変更

　所有権移転外ファイナンス・リース取引（移転外リース取引）については、経理実務の簡便性という観点から、賃借人が賃貸借処理している場合、リース資産の譲渡時の課税仕入れとするのではなく、そのリース料について支払うべき日の属する課税期間における課税仕入れとして処理（分割控除）して差し支えないこととしています。

この取扱いは、インボイス制度においても変わりません。

令和5年10月1日前に行われた移転外リース取引について、賃借人が賃貸借処理によりそのリース料について支払うべき日の属する課税期間における課税仕入れとして処理（分割控除）している場合の当該移転外リース取引に係る同日以後に賃貸借処理により計上する課税仕入れについては、区分記載請求書等保存方式により仕入税額控除の適用を受けることとなります。

このため、2023年9月以前に開始したリース取引について、賃借人が賃貸借処理により分割控除する場合、2023年10月以降のリース料についてのインボイスは不要です。この場合のリース料については区分記載請求書等保存方式により仕入税額控除の適用を受けます。区分記載請求書等保存方式では、税込み金額からの割戻し計算が認められていますので、2023年10月以降も支払ったリース料の10/110（税率引上げ前の経過措置の場合は8/108など）を仕入税額として控除することができます。

一方、2023年10月以後に開始するリース取引については、リース資産の引渡し時に交付されたインボイスに基づいて仕入税額控除を行うことになります。したがって、仕入税額控除の対象となるのは消費税としてインボイスに記載された金額に限られ、利子又は保険料相当額を課税仕入れとすることはできません。

2023年10月以後に開始するリース取引についても、賃借人が賃貸借処理をすることは可能ですが、リース料には利息や保証料相当額が含まれるため、仕入税額はリース料の10/110とはなりません。このため、賃貸借処理をする場合には毎回のリース料に含まれる仕入税額相当額を計算した明細書をあらかじめ作成する必要があり、事務負担が増加します。このため、インボイス制度開始後は、リース取引について、原則通り、売買処理によって仕入税額控除をすることをお勧めします。

土地改良費

土地改良事業の費用のうち毎年の費用になる部分

―― 解　説 ――

土地改良事業の費用や客土費用のうち毎年の費用になる部分です。水利組合の組合費もこれに含めます。

消費税の留意事項

土地改良区の賦課金のうち、経常賦課金については、土地改良区としての通常の業務運営のために経常的に要する費用をその組合員に分担させるものですので、不課税支出となります。

営業費用・売上原価・製造原価

> **消費税法基本通達5-5-3（会費、組合費等）**
>
> 　同業者団体、組合等がその構成員から受ける会費、組合費等については、当該同業者団体、組合等がその構成員に対して行う役務の提供等との間に明白な対価関係があるかどうかによって資産の譲渡等の対価であるかどうかを判定するのであるが、その判定が困難なものについて、継続して、同業者団体、組合等が資産の譲渡等の対価に該当しないものとし、かつ、その会費等を支払う事業者側がその支払を課税仕入れに該当しないこととしている場合には、これを認める。
>
> （注）
> 1　同業者団体、組合等がその団体としての通常の業務運営のために経常的に要する費用をその構成員に分担させ、その団体の存立を図るというようないわゆる通常会費については、資産の譲渡等の対価に該当しないものとして取り扱って差し支えない。
> 2　名目が会費等とされている場合であっても、それが実質的に出版物の購読料、映画・演劇等の入場料、職員研修の受講料又は施設の利用料等と認められるときは、その会費等は、資産の譲渡等の対価に該当する。
> 3　資産の譲渡等の対価に該当するかどうかの判定が困難な会費、組合費等について、この通達を適用して資産の譲渡等の対価に該当しないものとする場合には、同業者団体、組合等は、その旨をその構成員に通知するものとする。

受託農産物精算費

特定作業受託による委託者への精算金

―― **解　説** ――

　特定作業受託において、受託者が委託者に販売収入を通知しない場合、受託者において販売収入をそのまま農産物売上高としたうえで、委託者への精算金相当額を受託農産物精算費として経理していました。軽減税率制度の実施に伴い、特定作業受託の販売収入は委託者の課税売上げとすることとなりましたので、「受託農産物精算費」の勘定科目は、原則として使用しません。

営業費用・販売費及び一般管理費

役員報酬

役員に対する給料

―― 解　説 ――

　役員に対する月額報酬などの給料で、賞与や退職給与以外の給与です。

　農業法人の場合、役員報酬について定期同額給与か事前確定届出給与のいずれかの要件を満たすようにするのが損金算入するためのポイントです。役員に対して毎月同額の役員報酬とは別に作業時間に応じた労働報酬を給与として上乗せして支払う場合、定期同額給与に該当しないため、損金算入が認められないことになります。

　ただし、農事組合法人の場合、給与制を選択した場合には普通法人となりますが、従事分量配当制を採る場合でも、役員である組合員に対して役員としての役割に役員報酬を支給し、協同組合等として取り扱うことができます。

　なお、退職給与の積立等の目的で法人が支払う生命共済の掛金は現物給与とされることがありますが、毎月の額がおおむね一定であれば定期同額給与として損金算入されます。

法人税の留意事項

役員給与の損金不算入

　法人が役員に対して支給する給与の額のうち①定期同額給与、②事前確定届出給与、③一定の利益連動給与――のいずれにも該当しないものの額は損金の額に算入されません。

　役員賞与は、定期同額給与に該当しないことから損金の額に算入されませんので、役員は年俸制として、賞与を支給しないこととするのが一般的です。役員報酬のうち、事業年度開始からの一定時期以外において増額改定された場合にはその増額分は定期同額給与に該当しないものとして、損金不算入となるので注意が必要です。

　なお、ここでいう給与からは、①退職給与、②新株予約権によるもの（ストックオプション）、③　①②以外のもので使用人兼務役員に対して支給する使用人としての職務に対するもの、④法人が事実を隠ぺいし又は仮装して経理することによりその役員に対して支給するものは除かれます。

　定期同額給与とは次に揚げる給与です。

（1）　その支給時期が1か月以下の一定の期間ごとである給与（以下「定期給与」）でその事業年度の各支給時期における支給額が同額であるもの

(2) 定期給与の額につき、その事業年度開始の日の属する会計期間開始の日から3か月を経過する日までに改定がされた場合における次に掲げる定期給与
　イ　その事業年度のその改定前の各支給時期における支給額が同額である定期給与
　ロ　その事業年度のその改定以後の各支給時期における支給額が同額である定期給与
(3) その法人の経営状況が著しく悪化したことその他これに類する理由によりされた定期給与の額の改定（その定期給与の額を減額した改定に限られます。）で、その事業年度のその改定前の各支給時期における支給額とその改定以後の各支給時期における支給額がそれぞれ同額である定期給与
(4) 継続的に供与される経済的利益のうち、その供与される利益の額が毎月おおむね一定であるもの

なお、同族会社に該当しない法人が、非常勤役員に対し所定の時期に確定額を支給する旨の定めに基づいて支給する年俸は、税務署に届出をしなくても、事前確定届出給与に該当するものとして取り扱われます。ただし、所定の時期に確定額を支給する旨の定めに基づいて支給することが要件となっていますので、総会決議などが必要になります。

法人税法　第34条（役員給与の損金不算入）

　内国法人がその役員に対して支給する給与（退職給与及び第54条第1項（新株予約権を対価とする費用の帰属事業年度の特例等）に規定する新株予約権によるもの並びにこれら以外のもので使用人としての職務を有する役員に対して支給する当該職務に対するもの並びに第3項の規定の適用があるものを除く。以下この項において同じ。）のうち次に掲げる給与のいずれにも該当しないものの額は、その内国法人の各事業年度の所得の金額の計算上、損金の額に算入しない。
　一　その支給時期が1月以下の一定の期間ごとである給与（次号において「定期給与」という。）で当該事業年度の各支給時期における支給額が同額であるものその他これに準ずるものとして政令で定める給与（次号において「定期同額給与」という。）
　二　その役員の職務につき所定の時期に確定額を支給する旨の定めに基づいて支給する給与（定期同額給与及び利益連動給与（利益に関する指標を基礎として算定される給与をいう。次号において同じ。）を除くものとし、定期給与を支給しない役員に対して支給する給与（同族会社に該当しない内国法人が支給するものに限る。）以外の給与にあっては政令で定めるところにより納税地の所轄税務署長にその定めの内容に関する届出をしている場合における当該給与に限る。）
　三　同族会社に該当しない内国法人がその業務執行役員（業務を執行する役員として政令で定めるものをいう。以下この号において同じ。）に対して支給する利益連動給与で次に掲げる要件を満たすもの（他の業務執行役員のすべてに対して次に掲げる要件を満たす利益連動給与を支給する場合に限る。）

イ　その算定方法が、当該事業年度の利益に関する指標（金融商品取引法第24条第1項（有価証券報告書の提出）に規定する有価証券報告書（（3）において「有価証券報告書」という。）に記載されるものに限る。）を基礎とした客観的なもの（次に掲げる要件を満たすものに限る。）であること。

　　（1）　確定額を限度としているものであり、かつ、他の業務執行役員に対して支給する利益連動給与に係る算定方法と同様のものであること。

　　（2）　政令で定める日までに、報酬委員会（会社法第404条第3項（委員会の権限等）の報酬委員会をいい、当該内国法人の業務執行役員又は当該業務執行役員と政令で定める特殊の関係のある者がその委員になっているものを除く。）が決定をしていることその他これに準ずる適正な手続として政令で定める手続を経ていること。

　　（3）　その内容が、（2）の決定又は手続の終了の日以後遅滞なく、有価証券報告書に記載されていることその他財務省令で定める方法により開示されていること。

　ロ　その他政令で定める要件

2　内国法人がその役員に対して支給する給与（前項又は次項の規定の適用があるものを除く。）の額のうち不相当に高額な部分の金額として政令で定める金額は、その内国法人の各事業年度の所得の金額の計算上、損金の額に算入しない。

3　内国法人が、事実を隠ぺいし、又は仮装して経理をすることによりその役員に対して支給する給与の額は、その内国法人の各事業年度の所得の金額の計算上、損金の額に算入しない。

4　前3項に規定する給与には、債務の免除による利益その他の経済的な利益を含むものとする。

5　第1項に規定する使用人としての職務を有する役員とは、役員（社長、理事長その他政令で定めるものを除く。）のうち、部長、課長その他法人の使用人としての職制上の地位を有し、かつ、常時使用人としての職務に従事するものをいう。

6　前2項に定めるもののほか、第1項から第3項までの規定の適用に関し必要な事項は、政令で定める。

役員報酬と従事分量配当との併給

　農事組合法人の場合には、定期同額給与としての役員報酬とは別に、従事分量配当として役員に対して労務の対価を支払うことにより、役員給与、従事分量配当の双方について損金算入することができます。

　法人税基本通達14-2-4において、「役員又は使用人である組合員に対し給与を支給しても、協同組合等に該当するかどうかの判定には関係がない」としています。このため、たとえば役員である組合員に対して、役員としての役割に役員報酬を支給したうえで、現場における生産活動に従事した程度に応じて別途、従事分量配当を行うことが可能です。

ただし、役員固有の業務について同一の業務を対象として役員報酬と従事分量配当を併給することは認められないと考えられます。また、現場における生産活動に対する報酬を含んだ相当の額の役員報酬を支給しているため、通常の年はその役員に対して従事分量配当を支給していないにもかかわらず、利益の額が大きくなった特定の事業年度について、さらに同一人に対して従事分量配当を行なった場合には、利益調整目的と認定されて否認されるおそれがあります。

> **法人税基本通達 14-2-4（漁業生産組合等のうち協同組合等となるものの判定）**
>
> 　漁業生産組合、生産組合である森林組合又は農事組合法人で協同組合等として法第60条の2《協同組合等の事業分量配当等の損金算入》の規定の適用があるものは、これらの組合又は法人の事業に従事する組合員に対し、給料、賃金、賞与その他これらの性質を有する給与を支給しないものに限られるのであるが、その判定に当たっては、次に掲げることについては、次による。（平19年課法2-3「三十九」により改正）
>
> (1) その事業に従事する組合員には、これらの組合の役員又は事務に従事する使用人である組合員を含まないから、これらの役員又は使用人である組合員に対し給与を支給しても、協同組合等に該当するかどうかの判定には関係がない。
>
> (2) その事業に従事する組合員に対し、その事業年度において当該事業年度分に係る従事分量配当金として確定すべき金額を見合いとして金銭を支給し、当該事業年度の剰余金処分によりその従事分量配当金が確定するまでの間仮払金、貸付金等として経理した場合には、当該仮払金等として経理した金額は、給与として支給されたものとはしない。
>
> (3) その事業に従事する組合員に対し、通常の自家消費の程度を超えて生産物等を支給した場合において、その支給が給与の支払に代えてされたものと認められるときは、これらの組合又は法人は、協同組合等に該当しない。

役員に対する出役賃金の取扱い

　平成18年度税制改正前の法人税法上の取扱いでは、役員に対して毎月同額の役員報酬とは別に作業時間に応じた労働報酬を上乗せして支給する場合においてこれらの支給が使用人に対する支給基準と同一の基準によっているときは、一種の歩合給として損金算入が認められる余地がありました。

　しかしながら、改正後は、使用人兼務役員である場合を除き、役員に対する歩合給等は、定期同額給与に該当しないため、損金算入が認められないこととなりました。

　このため、代表取締役や代表理事、監査役や監事など、使用人兼務役員とされない役員、すなわち純然たる役員については、出役賃金も含めた水準で役員報酬を設定する必要があり

ます。ただし、農事組合法人の場合には、定期同額給与としての役員報酬とは別に、従事分量配当として労務の対価を支払うことにより、純然たる役員に対する役員給与、従事分量配当の双方について損金算入することができます。

法人税基本通達（経過的取扱い（3）…役員の歩合給若しくは能率給又は超過勤務手当）

　法人が次に掲げる事業年度及び期間において役員に対して支給した歩合給又は能率給のうち、この法令解釈通達による改正前の9−2−15の取扱いにより定期の給与とされるものは、法第34条第1項第1号《定期同額給与》に規定する定期同額給与に該当するものとする（(2)に掲げる期間については、(1)に掲げる事業年度についてこの経過的取扱いを受ける場合に限る。）。

(1)　平成18年4月1日から平成19年3月31日までの間に開始する事業年度

(2)　(1)に掲げる事業年度のうち最も新しい事業年度終了の日の翌日から同日以後に行われる役員給与の改定までの期間（同日から3月を経過する日（保険会社にあっては、4月を経過する日）までの期間に限る。）

【解説】
1　平成18年度税制改正前の法人税法上の取扱いとして、法人がその役員に対して月俸、年俸等の固定給のほかに歩合給若しくは能率給又は超過勤務手当（使用人兼務役員に対する超過勤務手当に限る。）を支給している場合において、これらの支給が使用人に対する支給基準と同一の基準によっているときは、これらの給与は改正前の法人税法第35条第4項《賞与》に定める臨時的な給与としないで定期の給与とし、損金算入を認めてきたところである。

　改正後の法人税法の規定上、損金の額に算入することができる定期同額給与は、「その支給時期が1月以下の一定の期間ごとであり、かつ、当該事業年度の各支給時期における支給額が同額である給与」をいうことから、たとえ一定の算定基準に基づき、規則的に継続して支給されるものであっても、その支給額が同額でない給与は、定期同額給与には該当しないこととなり（法34一）、各月の支給額が異なることとなる歩合給や能率給等は、一定の利益連動給与に該当するものを除き、損金の額に算入されないこととなる。このため、今般、平成18年度税制改正前の法人税に関する取扱いである法人税基本通達9−2−15《役員の歩合給若しくは能率給又は超過勤務手当》は廃止されたところである。

　したがって、従来、上記通達に基づいて役員に対する歩合給等を損金の額に算入していた法人についても、今後は、役員に対する歩合給等は損金の額に算入することはできないこととなる。

　なお、歩合給や能率給等は、一般には、使用人兼務役員に対して支給されるケースが多いものと思われるが、使用人兼務役員に支給する使用人としての職務に対する給与について歩合制を採用している場合は、不相当に高額なものに該当しない限り、原則として、損金の額に算入されることとなる（法34）。

(以下略)

法人税法施行令 第71条（使用人兼務役員とされない役員）

　法第三十四条第五項（使用人としての職務を有する役員の意義）に規定する政令で定める役員は、次に掲げる役員とする。
一　代表取締役、代表執行役、代表理事及び清算人
二　副社長、専務、常務その他これらに準ずる職制上の地位を有する役員
三　合名会社、合資会社及び合同会社の業務を執行する社員
四　取締役（委員会設置会社の取締役に限る。）、会計参与及び監査役並びに監事
五　前各号に掲げるもののほか、同族会社の役員のうち次に掲げる要件のすべてを満たしている者
　イ　当該会社の株主グループにつきその所有割合が最も大きいものから順次その順位を付し、その第一順位の株主グループ（同順位の株主グループが二以上ある場合には、そのすべての株主グループ。以下この号イにおいて同じ。）の所有割合を算定し、又はこれに順次第二順位及び第三順位の株主グループの所有割合を加算した場合において、当該役員が次に掲げる株主グループのいずれかに属していること。
　　(1)　第一順位の株主グループの所有割合が百分の五十を超える場合における当該株主グループ
　　(2)　第一順位及び第二順位の株主グループの所有割合を合計した場合にその所有割合がはじめて百分の五十を超えるときにおけるこれらの株主グループ
　　(3)　第一順位から第三順位までの株主グループの所有割合を合計した場合にその所有割合がはじめて百分の五十を超えるときにおけるこれらの株主グループ
　ロ　当該役員の属する株主グループの当該会社に係る所有割合が百分の十を超えていること。
　ハ　当該役員（その配偶者及びこれらの者の所有割合が百分の五十を超える場合における他の会社を含む。）の当該会社に係る所有割合が百分の五を超えていること。

(以下略)

法人税基本通達9-3-4（養老保険に係る保険料）

　法人が、自己を契約者とし、役員又は使用人（これらの者の親族を含む。）を被保険者とする養老保険（被保険者の死亡又は生存を保険事故とする生命保険をいい、特約が付されているものを含むが、9-3-6に定める定期付養老保険等を含まない。以

下9-3-7の2までにおいて同じ。）に加入してその保険料（令第135条《確定給付企業年金等の掛金等の損金算入》の規定の適用があるものを除く。以下9-3-4において同じ。）を支払った場合には、その支払った保険料の額（特約に係る保険料の額を除く。）については、次に掲げる場合の区分に応じ、それぞれ次により取り扱うものとする。（昭55年直法2-15「十三」により追加、昭59年直法2-3「五」、平15年課法2-7「二十四」、令元年課法2-13により改正）

(1) 死亡保険金（被保険者が死亡した場合に支払われる保険金をいう。以下9-3-4において同じ。）及び生存保険金（被保険者が保険期間の満了の日その他一定の時期に生存している場合に支払われる保険金をいう。以下9-3-4において同じ。）の受取人が当該法人である場合　その支払った保険料の額は、保険事故の発生又は保険契約の解除若しくは失効により当該保険契約が終了する時までは資産に計上するものとする。

(2) 死亡保険金及び生存保険金の受取人が被保険者又はその遺族である場合　その支払った保険料の額は、当該役員又は使用人に対する給与とする。

(3) 死亡保険金の受取人が被保険者の遺族で、生存保険金の受取人が当該法人である場合　その支払った保険料の額のうち、その2分の1に相当する金額は(1)により資産に計上し、残額は期間の経過に応じて損金の額に算入する。ただし、役員又は部課長その他特定の使用人（これらの者の親族を含む。）のみを被保険者としている場合には、当該残額は、当該役員又は使用人に対する給与とする。

法人税基本通達9-3-5（定期保険及び第三分野保険に係る保険料）

法人が、自己を契約者とし、役員又は使用人（これらの者の親族を含む。）を被保険者とする定期保険（一定期間内における被保険者の死亡を保険事故とする生命保険をいい、特約が付されているものを含む。以下9-3-7の2までにおいて同じ。）又は第三分野保険（保険業法第3条第4項第2号《免許》に掲げる保険（これに類するものを含む。）をいい、特約が付されているものを含む。以下9-3-7の2までにおいて同じ。）に加入してその保険料を支払った場合には、その支払った保険料の額（特約に係る保険料の額を除く。以下9-3-5の2までにおいて同じ。）については、9-3-5の2《定期保険等の保険料に相当多額の前払部分の保険料が含まれる場合の取扱い》の適用を受けるものを除き、次に掲げる場合の区分に応じ、それぞれ次により取り扱うものとする。（昭55年直法2-15「十三」により追加、昭59年直法2-3「五」、令元年課法2-13により改正）

(1) 保険金又は給付金の受取人が当該法人である場合　その支払った保険料の額は、原則として、期間の経過に応じて損金の額に算入する。

(2) 保険金又は給付金の受取人が被保険者又はその遺族である場合　その支払った

保険料の額は、原則として、期間の経過に応じて損金の額に算入する。ただし、役員又は部課長その他特定の使用人（これらの者の親族を含む。）のみを被保険者としている場合には、当該保険料の額は、当該役員又は使用人に対する給与とする。

(注)
1 保険期間が終身である第三分野保険については、保険期間の開始の日から被保険者の年齢が116歳に達する日までを計算上の保険期間とする。
2 (1)及び(2)前段の取扱いについては、法人が、保険期間を通じて解約返戻金相当額のない定期保険又は第三分野保険（ごく少額の払戻金のある契約を含み、保険料の払込期間が保険期間より短いものに限る。以下9-3-5において「解約返戻金相当額のない短期払の定期保険又は第三分野保険」という。）に加入した場合において、当該事業年度に支払った保険料の額（一の被保険者につき2以上の解約返戻金相当額のない短期払の定期保険又は第三分野保険に加入している場合にはそれぞれについて支払った保険料の額の合計額）が30万円以下であるものについて、その支払った日の属する事業年度の損金の額に算入しているときには、これを認める。

消費税の留意事項

給与等を対価とする役務の提供については、課税仕入れから除外され、不課税となります。

消費税法　第2条（定義）

1 この法律において、次の各号に掲げる用語の意義は、当該各号に定めるところによる。
　一〜十一　（略）
　十二　課税仕入れ　事業者が、事業として他の者から資産を譲り受け、若しくは借り受け、又は役務の提供（所得税法（昭和40年法律第33号）第28条第1項（給与所得）に規定する給与等を対価とする役務の提供を除く。）を受けること（当該他の者が事業として当該資産を譲り渡し、若しくは貸し付け、又は当該役務の提供をしたとした場合に課税資産の譲渡等に該当することとなるもので、第7条第1項各号に掲げる資産の譲渡等に該当するもの及び第8条第1項その他の法律又は条約の規定により消費税が免除されるもの以外のものに限る。）をいう。

（以下略）

荷造運賃

出荷用包装材料の購入費用（荷造費）、製品の運送費用（発送費）

解　説

　出荷用包装材料の購入費用、製品の運送費用です。荷造運賃は、荷造費、運搬費に分けて計上することもあります。包装材料で毎期おおむね一定数量を取得して経常的に消費するものは、毎期継続して適用することを条件に、棚卸を省略して損金算入することが認められています。一方、原材料など製造原価に算入するものは、棚卸を省略できません。同様に棚卸を省略できるものには、事務用消耗品、作業用消耗品、広告宣伝用印刷物、見本品などがあります。

　運搬費のうち相手方に請求するものは、立替金として経理し、請求と同時に売掛金勘定に振り替えるのが、債権管理を簡単にする経理のコツででする。

法人税の留意事項

　法人が包装材料などの棚卸資産については、事業年度ごとにおおむね一定数量を取得し、かつ、経常的に消費するものに限り、その取得に要した費用の額を継続してその取得をした日の属する事業年度の損金の額に算入することを認めることとしています。

法人税基本通達2-2-15（消耗品費等）

　消耗品その他これに準ずる棚卸資産の取得に要した費用の額は、当該棚卸資産を消費した日の属する事業年度の損金の額に算入するのであるが、法人が事務用消耗品、作業用消耗品、包装材料、広告宣伝用印刷物、見本品その他これらに準ずる棚卸資産（各事業年度ごとにおおむね一定数量を取得し、かつ、経常的に消費するものに限る。）の取得に要した費用の額を継続してその取得をした日の属する事業年度の損金の額に算入している場合には、これを認める。（昭55年直法2-8「七」により追加）

（注）　この取扱いにより損金の額に算入する金額が製品の製造等のために要する費用としての性質を有する場合には、当該金額は製造原価に算入するのであるから留意する。

営業費用・販売費及び一般管理費

販売手数料

JAや市場の販売手数料

――― 解 説 ―――

　農畜産物など製品や商品の販売に伴う手数料です。

　販売手数料は、振込手数料とともに支払手数料勘定に一括されることが多いようですが、販売手数料は販売費の性格、他の手数料は一般管理費の性格になりますので、販売手数料は他の手数料とは区分して計上します。

　委託販売の販売手数料については、その課税期間中の委託販売のすべてに適用することを条件に、販売金額から委託販売手数料を控除した残額を課税売上げとすることが認められています（消基通10-1-12）。消費税の簡易課税制度を選択している場合、委託販売手数料を控除する経理によって課税売上げが少なくなると、消費税の納税額が少なくなって有利になります。

　したがって、委託販売手数料を明確に区分できるよう、販売手数料勘定に補助科目を設けて処理しておくとよいでしょう。

　なお、支払先へ振り込む際の振込手数料を当方で負担する場合は、販売手数料ではなく、事務通信費に含めて処理します。一方、得意先から売掛金が入金する際に振込手数料が差し引かれることがありますが、簡易課税制度を選択している場合にこれを追認するときは、振込手数料相当額を売上値引として処理すると消費税の納税額が少なくなって有利になります。

法人税の留意事項

肉用牛売却所得の課税の特例

　肉用牛売却所得の課税の特例では、免税対象飼育牛に係る収益の額から当該収益に係る原価の額と当該売却に係る経費の額との合計額を控除した金額を免税対象飼育牛の売却による利益の額とし、これを損金算入することができます。この場合の売却に係る経費とは、売却をした免税対象飼育牛のその売却に係る経費であり、免税対象飼育牛1頭ごとの売却に直接対応する市場の販売手数料のほか市場までの輸送運賃などに限定されます。したがって、販売費であっても広告宣伝費など売却した免税対象飼育牛に直接対応しない経費は、売却に係る経費には含めません。

消費税の留意事項

　委託販売等に係る委託者については、その課税期間中に行った委託販売等のすべてについ

て、課税売上げの金額からその受託者に支払う委託販売手数料を控除した残額を委託者における課税売上げの金額としているときは、これを認めることとなっています。

> **消費税法基本通達 10-1-12（委託販売等に係る手数料）**
>
> 委託販売その他業務代行等（以下 10-1-12 において「委託販売等」という。）に係る資産の譲渡等を行った場合の取扱いは、次による。（平 23 課消 1-35 により改正）
> (1) 委託販売等に係る委託者については、受託者が委託商品を譲渡等したことに伴い収受した又は収受すべき金額が委託者における資産の譲渡等の金額となるのであるが、その課税期間中に行った委託販売等の全てについて、当該資産の譲渡等の金額から当該受託者に支払う委託販売手数料を控除した残額を委託者における資産の譲渡等の金額としているときは、これを認める。
> (2) 委託販売等に係る受託者については、委託者から受ける委託販売手数料が役務の提供の対価となる。
>
> なお、委託者から課税資産の譲渡等のみを行うことを委託されている場合の委託販売等に係る受託者については、委託された商品の譲渡等に伴い収受した又は収受すべき金額を課税資産の譲渡等の金額とし、委託者に支払う金額を課税仕入れに係る金額としても差し支えないものとする。

会計の方法

課税売上げの金額からその受託者に支払う委託販売手数料を控除する場合の経理方法について、消費税法基本通達 10-1-12（委託販売等に係る手数料）では経理要件を条件としていません。このため、販売金額から委託販売手数料を控除した残額をもって販売金額に計上する、いわゆる相殺経理をする必要はありませんので、会計上は総額主義により両建てで売上高（販売金額）と委託販売手数料をそれぞれ計上します。ただし、「その課税期間中に行った委託販売等のすべてについて」委託販売手数料を控除することが条件となっていることから、控除もれがないよう、売上計上と同一の伝票において（同じ日付で）委託販売手数料を計上するようにしてください。

消費税申告書の記載

簡易課税による消費税の確定申告、あるいは免税点や簡易課税制度の適用上限の判定において、課税売上高の計算上、委託販売手数料を控除します。

営業費用・販売費及び一般管理費

広告宣伝費

不特定多数への宣伝効果を意図して支出する費用

--- 解 説 ---

不特定多数への宣伝効果を意図して支出する費用です。イベントなどの協賛金について広告宣伝効果を期待して支出したときは、広告宣伝費として処理します。この際、寄付金に認定されないよう、社名や取扱商品の入ったチラシ等を保存しておくことが税務のポイントです。一般の農場見学者等に製品の試飲、試食をさせる費用も交際費でなく広告宣伝費になります。

会計の方法

自社製品を試飲、試食させた場合は、品名、数量、顧客名を記録しておきます。なお、価格は、生産原価（税抜き）とするのが一般的です。

仕訳例：自社製品 1,000 円相当額を農場視察の顧客に試食させた。

借方科目	税	金額	貸方科目	税	金額
広告宣伝費	不	1,000	事業消費高	不	1,000

この場合は内部取引で、資産の譲渡等に該当しないため消費税の不課税取引となります。

交際費

取引先の接待、供応、慰安、贈答のため支出する費用

--- 解 説 ---

交際費とは、得意先、仕入先その他事業関係者等に対する接待、供応、慰安、贈答その他類似行為のために支出する費用です。

平成 25 年度税制改正により、定額控除限度額が 800 万円に引き上げられ、定額控除限度額までの金額が損金算入されることになりましたが、引き続き、交際費に該当しないものは、他の勘定科目として経理することが基本です。

また、平成 18 年度税制改正により、交際費等の範囲から 1 人当たり 5,000 円以下の飲食費が除外され、令和 6 年度税制改正により、損金不算入となる交際費等の範囲から除外さ

れる一定の飲食費に係る金額基準が1人当たり1万円以下に引き上げられました。このため、飲食費を支出したときは、会合の相手方（接待・会議のメンバー）と人数（自社分を含む）、支出先（店名）などを記録しておきましょう。具体的には、帳簿等に「〇〇会社□□部、△△◇◇（氏名）部長他10名、卸売先」といった形で記録しておき、1人当りの金額を計算できるようにしておきます。なお、飲食費とは、飲食その他これに類する行為のために要する費用で、専らその法人の役員や従業員、これらの親族に対する接待等のために支出するものを除きます。

法人税の留意事項

中小企業者（期末資本金の額が1億円以下である法人）は、定額控除限度額（年800万円）までの金額が損金算入されます。

> **租税特別措置法　第61条の4（交際費等の損金不算入）**
>
> 　法人が平成二十六年四月一日から令和九年三月三十一日までの間に開始する各事業年度（以下この条において「適用年度」という。）において支出する交際費等の額（当該適用年度終了の日における資本金の額又は出資金の額（資本又は出資を有しない法人その他政令で定める法人にあつては、政令で定める金額。以下この項及び次項において同じ。）が百億円以下である法人（通算法人の当該適用年度終了の日において当該通算法人との間に通算完全支配関係がある他の通算法人のうちいずれかの法人の同日における資本金の額又は出資金の額が百億円を超える場合における当該通算法人を除く。）については、当該交際費等の額のうち接待飲食費の額の百分の五十に相当する金額を超える部分の金額）は、当該適用年度の所得の金額の計算上、損金の額に算入しない。
>
> 2　前項の場合において、法人（投資信託及び投資法人に関する法律第二条第十二項に規定する投資法人及び資産の流動化に関する法律第二条第三項に規定する特定目的会社を除く。）のうち当該適用年度終了の日における資本金の額又は出資金の額が一億円以下であるもの（次に掲げる法人を除く。）については、前項の交際費等の額のうち定額控除限度額（八百万円に当該適用年度の月数を乗じてこれを十二で除して計算した金額をいう。）を超える部分の金額をもつて、同項に規定する超える部分の金額とすることができる。
>
> 　一　普通法人のうち当該適用年度終了の日において法人税法第六十六条第五項第二号又は第三号に掲げる法人に該当するもの
>
> 　二　通算法人の当該適用年度終了の日において当該通算法人との間に通算完全支配関係がある他の通算法人のうちいずれかの法人が次に掲げる法人である場合における当該通算法人
>
> 　　　イ　当該適用年度終了の日における資本金の額又は出資金の額が一億円を超える法人

　　　　ロ　前号に掲げる法人
3　（略）
4　前二項の月数は、暦に従つて計算し、一月に満たない端数を生じたときは、これを一月とする。
5　第三項の通算法人の適用年度終了の日において当該通算法人との間に通算完全支配関係がある他の通算法人（以下この項において「他の通算法人」という。）の同日に終了する事業年度において支出する交際費等の額がある場合における当該適用年度に係る第二項の規定は、第七項の規定にかかわらず、当該交際費等の額を支出する他の通算法人の全てにつき、それぞれ同日に終了する事業年度の確定申告書等、修正申告書又は更正請求書に通算定額控除限度分配額の計算に関する明細書の添付がある場合で、かつ、当該適用年度の確定申告書等、修正申告書又は更正請求書に通算定額控除限度分配額の計算に関する明細書の添付がある場合に限り、適用する。
6　第一項、第三項及び前項に規定する交際費等とは、交際費、接待費、機密費その他の費用で、法人が、その得意先、仕入先その他事業に関係のある者等に対する接待、供応、慰安、贈答その他これらに類する行為（以下この項において「接待等」という。）のために支出するもの（次に掲げる費用のいずれかに該当するものを除く。）をいい、第一項に規定する接待飲食費とは、同項の交際費等のうち飲食その他これに類する行為のために要する費用（専ら当該法人の法人税法第二条第十五号に規定する役員若しくは従業員又はこれらの親族に対する接待等のために支出するものを除く。第二号において「飲食費」という。）であつて、その旨につき財務省令で定めるところにより明らかにされているものをいう。
　一　専ら従業員の慰安のために行われる運動会、演芸会、旅行等のために通常要する費用
　二　飲食費であつて、その支出する金額を基礎として政令で定めるところにより計算した金額が政令で定める金額以下の費用
　三　前二号に掲げる費用のほか政令で定める費用
7　第二項の規定は、確定申告書等、修正申告書又は更正請求書に同項に規定する定額控除限度額の計算に関する明細書の添付がある場合に限り、適用する。
8　第六項第二号の規定は、財務省令で定める書類を保存している場合に限り、適用する。

交際費等

　交際費等とは、交際費、接待費、機密費その他の費用で、法人が、その得意先、仕入先その他事業に関係のある者等に対する接待、供応、慰安、贈答その他これらに類する行為のために支出するものですが、次の費用は交際費に該当しませんので、それぞれの勘定科目で適切に処理する必要があります。

① 専ら従業員の慰安のために行われる運動会、演芸会、旅行等のための費用
　→福利厚生費
② カレンダー、手帳、扇子、うちわ、手ぬぐい等の物品を贈与するための費用
　→広告宣伝費
③ 会議に関連して、茶菓、弁当その他これらに類する飲食物を供与するための費用
　→会議費

また、1人当たり1万円以下の飲食費は、一定の要件の下（「会計の方法」の項参照）に交際費等から除外されます。

飲食費

飲食費には、自己の従業員等が取引先を接待して飲食するための飲食代のほか、取引先の業務の遂行や行事の開催に際して、弁当の差し入れを行なうための弁当代などが対象となります。なお、飲食物の詰め合わせの贈答については、いわゆる中元・歳暮と変わらないため、原則として交際費等に該当することになります。ただし、飲食店等での飲食後のお土産代については、飲食費とすることができます。一方、取引先との飲食等を行なう飲食店等へ送迎費用は、交際費等に該当します。

なお、社内飲食費は1人当たり1万円以下であっても交際費に該当します。社内飲食費とは、専らその法人の役員・従業員、これらの親族に対する接待等のために支出する飲食費をいいます。

飲食費について、1人当たり1万円以下の場合には、交際費等から除外されますが、1人当たりの金額が1万円を超えた場合には、その費用のすべてが交際費等に該当することになります。例えば、2以上の法人が飲食費を分担して支出した場合には、その飲食費の総額をその飲食等に参加した者の数で除して計算した金額が1万円以下であるときに、交際費等から除外されることになります。ただし、分担した法人側に飲食費の総額の通知がなく、かつ、その飲食等に要する1人当たりの費用の金額がおおむね1万円程度に止まると想定される場合には、その分担した金額をもって判定して差し支えありません。

飲食等が2次会等の複数の飲食店等で行われた場合には、それぞれの飲食店等ごとに1人当たり1万円以下であるかどうかを判定して差し支えありません。また、飲食費が1人当たり1万円以下であるかどうかは、その法人の適用している消費税の経理方式によります。具体的には、税抜経理方式であれば税抜金額により、税込経理方式であれば税込金額により判定します。

交際費等から除外される飲食費について、財務諸表や申告書別表において独自に表示する必要はありません。このため、別に勘定科目を設けて処理するのではなく、交際費勘定に含めて処理することになります。この場合には、法人税申告書別表15において、「交際費等の額から控除される費用の額6」に含めて記載します。

営業費用・販売費及び一般管理費

会計の方法

次の事項を伝票または「交際費支出明細」等の様式に記載します。

① 飲食等の日付
② その飲食等に参加した取引先の氏名名称・関係
③ 飲食等に参加した人数
④ 費用の金額、飲食店・料理店等の名称・所在地

法人税申告書の記載

別表4：［加算］「交際費等の損金算入額 8」

明細書：別表15「交際費等の損金算入に関する明細書」

交際費等の損金算入に関する明細書			事業年度	： ：	法人名		別表十五 令六・四・一以後終了事業年度分
支出交際費等の額 (8の計)	1	円	損金算入限度額 (2)又は(3)	4	円		
支出接待飲食費損金算入基準額 (9の計)×50/100	2						
中小法人等の定額控除限度額 ((1)と((800万円×—/12)又は(別表十五付表「5」))のうち少ない金額)	3		損金不算入額 (1)-(4)	5			
支出交際費等の額の明細							
科　　目	支　出　額 6	交際費等の額から控除される費用の額 7		差引交際費等の額 8	(8)のうち接待飲食費の額 9		
交　際　費	円	円		円	円		

会議費

会議・打合せ等の費用

解　説

会議・打合せ等の費用です。会議に関連して、茶菓、弁当などの飲食物を供与するために通常要する費用は交際費から除いて、会議費とします。飲食費を支出したときは、会合の相手方（接待・会議のメンバー）と人数（自社分を含む）、支出先（店名）などを記録してお

きます。なお、打合せにふさわしくない場所など、会合場所によってはたとえ金額が少額であっても交際費と考えるべきででしょう。

旅費交通費

出張旅費、宿泊費、日当等の費用

解　説

出張旅費、宿泊費、日当等の費用です。

出張旅費については「旅費規程」を設けましょう。旅費規程がある場合、宿泊費及び日当の支払を概算払によることができます。ただし、旅費規程は、①支給の基準が、役員・使用人のすべてを通じて適正なバランスが保たれている、②支給額が、同業種・同規模の他社が一般的に支給している金額に照らして相当である――ことが必要です。

一方、運賃などの交通費は、実費により精算することが原則です。面倒でも旅費精算書を作成して支出の内訳を明確にしておく必要があります。そこで出張の際、記録が残るようにすると交通費の精算に便利です。具体的には、①航空運賃や遠距離鉄道運賃などはクレジットカード払いとする、②近距離鉄道運賃は、Suica、PASMO、ICOKAなど交通系カードなどを用いる――方法があります。ただし、法人名義のクレジットカードや交通系カードで従業員等の旅費交通費を支払った場合は、旅費精算書において従業員等に対する精算額からクレジットカードなどでの支払額を控除する必要があります。

プリペイドカードを法人で購入した場合は、貯蔵品に計上し、未使用分は資産となります。

所得税基本通達　9-3（非課税とされる旅費の範囲）

　法第9条第1項第4号の規定により非課税とされる金品は、同号に規定する旅行をした者に対して使用者等からその旅行に必要な運賃、宿泊料、移転料等の支出に充てるものとして支給される金品のうち、その旅行の目的、目的地、行路若しくは期間の長短、宿泊の要否、旅行者の職務内容及び地位等からみて、その旅行に通常必要とされる費用の支出に充てられると認められる範囲内の金品をいうのであるが、当該範囲内の金品に該当するかどうかの判定に当たっては、次に掲げる事項を勘案するものとする。（平23課個2-33、課法9-9、課審4-46改正）
(1)　その支給額が、その支給をする使用者等の役員及び使用人の全てを通じて適正なバランスが保たれている基準によって計算されたものであるかどうか。

営業費用・販売費及び一般管理費

(2) その支給額が、その支給をする使用者等と同業種、同規模の他の使用者等が一般的に支給している金額に照らして相当と認められるものであるかどうか。

会計の方法

仕訳例：東京出張の際の交通費として、Suicaカードを購入した。このうち、210円を使用して旅費精算を行った。

借方科目	税	金額	貸方科目	税	金額
貯蔵品	不	1,000	未払金（従業者）	不	1,000
旅費交通費	課	210	貯蔵品	不	210

◉ インボイス制度対応のポイント──出張旅費等特例

インボイス制度の仕入税額控除では、原則として、帳簿と請求書等の両方の保存が要件ですが、出張旅費、宿泊費、日当等（以下「出張旅費等」）のうち従業員等に支給するものは、特例により、帳簿のみの保存で仕入税額控除が認められます。一方、従業員等以外に支払う場合、仕入税額控除の適用のため、立替金精算書や支払明細書の作成が必要になります。

出張旅費等特例とは

従業員等に支給する出張旅費等のうち、その旅行に通常必要であると認められる部分の金額は、一定の事項を記載した帳簿のみの保存で仕入税額控除が認められます。これを「出張旅費等特例」（以下「特例」）といいます。特例の適用では、補助簿として旅費精算書の作成をお勧めします。特例の対象となる出張旅費等や交通費等（以下「旅費交通費等」）には、概算払のほか、実費精算のものも含まれます。「その旅行に通常必要であると認められる部分」とは、所得税基本通達9-3に基づき所得税が非課税となる範囲です。

出張旅費等特例の対象者

特例の対象の従業員等とは、法人税法に規定する役員・使用人と就職・退職者・死亡退職者の遺族です。派遣社員や出向社員（以下「派遣社員等」）、内定者や採用面接者（以下「内定者等」）に支払う出張旅費等は原則として、特例の対象となりません。

ただし、派遣社員等に支払う出張旅費等を派遣元企業等が預かってそのまま派遣社員等に支払われることが派遣契約や出向契約等で明らかな場合、派遣先企業等で特例の対象にできます。また、内定者のうち、企業との間で労働契約が成立していると認められる場合、特例の対象にできます。労働契約が成立していると認められるか否かは、採用内定通知を受け、入社誓約書等を提出している等の状況を踏まえて判断します。一方、採用面接者は通常、従業員等に該当しませんので、支給する交通費等は特

例の対象になりません。

立替金精算書による旅費交通費等の支払

　特例の対象外の派遣社員・内定者等に対する旅費交通費等について仕入税額控除の適用を受けるには、派遣社員・内定者等が交付を受けた旅費交通費等に係る適格請求書（以下「インボイス」）又は適格簡易請求書（以下「簡易インボイス」）を保存する必要がありますが、宛名として派遣社員や内定者等の氏名が記載されている場合、立替金精算書の保存も必要です。派遣社員・内定者等は、通常、適格請求書発行事業者（以下「インボイス事業者」）ではありませんが、立替金精算書による場合、立替払を行う者がインボイス事業者以外であっても、旅行会社・航空会社・宿泊施設（以下「旅行会社等」）がインボイス事業者であれば、仕入税額控除を行うことができます。

　そこで、「旅費精算書（兼立替金精算書）（以下「旅費精算書」）」などの様式により、立替金精算書を用意し、内定者等に作成してもらう方法が考えられます。旅費精算書には、金額を記載し、航空機利用の場合の領収書や搭乗証明書を添付して保存します。

　従業員等も同一の旅費精算書の様式で旅費精算を行ってかまいません。従業員等の場合、特例により、航空機の領収書や搭乗証明書の保存は不要ですが、出張の事実証明として、一律に保存するルールとしても良いでしょう。

支払明細書による旅費交通費等の支払

　一方、社内研修の講師やコンサルタントなどの事業者に報酬と合わせて支払う旅費交通費等は、受給者からインボイスを交付してもらうほか、支払明細書を作成して相手方の確認を受ける方法があります。旅費交通費等支給の際の書類の比較が次表になります。

営業費用・販売費及び一般管理費

表7. 出張旅費等の仕入税額控除に必要な書類

		旅費精算書	立替金精算書	支払明細書
対象者		従業員等	内定者等・事業者等	事業者等
書類の作成者		受給者本人（社内）	受給者本人（社外）	支給者（会社等）
消費税額等の記載		記載不要 （割戻し計算）	旅行会社等の簡易インボイスに記載された消費税額等（又は適用税率）及び登録番号でOK	受給者がインボイス事業者の場合は要記載（端数処理1回）
登録番号の記載		記載不要		受給者（インボイス事業者）の登録番号
書類の位置付け		帳簿（補助簿）	請求書等（インボイスの保存として取扱い）	請求書等（仕入明細書等）
受給者	経理処理	―	立替金	雑収入
	所得税等	所得税非課税	所得税・法人税非課税	所得税・法人税課税
	消費税	不課税	不課税	課税売上げ
支給者	仕入税額控除	すべて対象	旅行会社等がインボイス事業者の場合	受給者がインボイス事業者の場合
	経過措置	―	上記以外	上記以外
	帳簿への記載例	「出張旅費等」	鉄道の場合「3万円未満の鉄道料金」	（支払明細書保存のため、帳簿への記載不要）

ETC利用の高速道路料金

ETCシステムで支払う高速道路料金をETCクレジットカードで精算した場合、仕入税額控除の適用を受けるには、通行料金確定後、ETC利用照会サービスから利用証明書をダウンロードして保存する必要があります。ただし、高速道路の利用が多頻度の場合、個々の利用内容が判るクレジットカード利用明細書と、利用した高速道路会社等ごとに一つだけ利用証明書をダウンロードして保存すれば認められます。

高速道路料金等の精算

高速道路料金や駐車場代、ガソリン代も「その旅行に通常必要とされる費用の支出に充てられると認められる範囲内の金品」（所得税基本通達9-3）に該当するものであれば、特例の対象にできます。したがって、従業者等が作成する旅費精算書に高速道路料金等を記載して補助簿として保存すれば、インボイス又は簡易インボイスの保存は不要となります。ただし、高速道路料金などを法人名義のクレジットカードで精算した場合、旅費精算書において従業員等に対する精算額からクレジットカード支払額を控除する必要があります。

事務通信費

事務用消耗品費、通信費、一般管理用の水道光熱費

― 解　説 ―

　農業法人では、一般管理費が商工業に比べて少額になるのが通例です。そこで、管理関係の通信費、水道光熱費、事務用消耗品費は一括して「事務通信費」とします。重要性の原則は財務諸表の表示に関しても適用されますが、少額の残高の勘定科目がいくつもあるよりも、同様の性格の勘定科目をまとめて過去の支出との増減を比較することが管理会計上、重要です。

　支払先へ振り込む際の振込手数料を当方で負担する場合は、事務通信費に含めて処理します。また、一般課税の事業者において得意先から売掛金が入金する際に振込手数料が差し引かれる場合にも事務通信費で処理します。

● インボイス制度対応のポイント――売手が負担する振込手数料相当額

売手負担の振込手数料の取扱い

　売手が負担する振込手数料相当額については、振込手数料相当額を売上値引きとして処理する方法が一般的です。「少額な返還インボイスの交付義務免除」により、税込1万円未満の場合には返還インボイスの交付義務が免除されるからです。しかしながら、売手が買手に対して売上げに係る対価の返還等を行った場合の適用税率は、売上げに係る対価の返還等の基となる課税資産の譲渡等の適用税率に従います。そのため、食用農産物など軽減税率8％対象の課税資産の譲渡等を対象とした振込手数料相当額の売上値引きには、軽減税率8％が適用されます。

　本来、標準税率10％が適用される振込手数料を軽減税率8％対象の売上値引として処理することは、適正な会計処理と言えません。また、標準税率10％の振込手数料相当額を売上値引きとして処理すると、売上税額から控除されるのは8％相当額となり、売手が一般課税の場合は消費税の納税負担が増えます。

　このため、振込手数料相当額を売手負担とする場合において売手の費用（課税仕入れ）として処理するときは、買手において適格請求書または立替金精算請求書の発行が必要になります。

振込手数料を買手の役務提供（課税売上げ）とする場合の仕入明細書

　買手が仕入明細書等を作成している場合には、仕入明細書等に振込手数料に係る適格請求書または立替金精算書の記載事項を記載して、合わせて1枚の書類で交付する方法で対応できます。

　これは、売手が振込による決済という支払方法の指定に係る便宜を受けたと考え、

営業費用・販売費及び一般管理費

振込手数料相当額について、売手が買手から代金決済上の役務提供を受けた対価と整理するものです。この場合、仕入明細書の控除金額欄（＝適格請求書）に「振込手数料」と表示します。

図２．農産物の仕入明細書の記載例（振込手数料控除の場合）

```
                    仕入明細書
                            令和5年10月31日
  ○○　○○　殿
  登録番号 T1234567890123
                         △△米穀㈱
                         登録番号 T9876543210987
  お支払金額 1,268,120 円
```

日付	品名	金額
10/1	コシヒカリ ※100袋	675,000 円
10/1	ひとめぼれ ※100袋	594,000 円
仕入金額合計（税込み）		1,269,000 円
8％対象	1,269,000 円	（消費税 94,000 円）
控除金額 （10％対象）	振込手数料	880 円 （消費税 80 円）
支払金額合計		1,268,120 円

※印は軽減税率対象商品
送付後一定期間内に連絡がない場合、確認あったものといたします。

財務省主税局に確認したところ、振込手数料相当額の税率を10％と記載しても売手においては食用農産物の売上値引き（8％）として処理できるとのことです。このため、買手が支払明細書に振込手数料相当額を記載したうえで、簡易課税制度または2割特例を選択した売手は①の売上値引き、一般課税の売手は②の課税仕入れとすると有利です。

表８．食料品取引の仕入明細書等における振込手数料の処理方法の比較

処理方法	メリット	デメリット	備考
売上値引	返還インボイス等の交付不要、売手が簡易課税等なら納税額減	振込手数料（標準税率10％）相当であっても税額控除は軽減税率8％のみ	少額な返還インボイスの交付義務免除は恒久措置
立替金	買手の課税売上げに影響なし	少額特例終了後は仕入明細書への金融機関の登録番号の記載が必要	少額特例は6年間の経過措置
買手の役務提供	仕入明細書への金融機関の登録番号の記載が不要	買手の課税売上げに加算、少額特例終了後は買手の登録番号の記載が必要	同上

振込手数料相当額のインボイスの交付義務

　買手が適格請求書発行事業者の場合、適格請求書発行事業者には、相手方から求められたときは適格請求書を交付する義務がありますので、インボイスの発行を拒むことはできません。また、買手から売手に対して「少額な返還インボイスの交付義務免除」を理由に、一方的に振込手数料相当額を減額した場合は、優越的地位の濫用として、独占禁止法上問題となります。

　なお、少額特例（一定規模以下の事業者に対する事務負担の軽減措置）により、基準期間における課税売上高が1億円以下の事業者であれば、税込1万円未満の課税仕入れについて、インボイスの保存がなくとも一定の事項を記載した帳簿の保存のみで仕入税額控除ができます。しかしながら、少額特例は基準期間における課税売上高が1億円を超える事業者には適用されず、また、適用対象者であっても少額特例が適用される期間は、令和5年10月1日から令和11年9月30日までに限定されます。このため、振込手数料相当額を売手負担とする場合は、基本的には、買手がインボイスを発行する必要があります。

図書研修費

新聞図書費、研修費

― 解　説 ―

　新聞図書費、研修費です。農業法人では、一般管理費が商工業に比べて少額になるため、事務通信費と同様の趣旨から新聞図書費、研修費を一括して「図書研修費」とします。

車両費

自動車燃料代、車検費用等販売管理用車両の維持費用

― 解　説 ―

　自動車燃料代、車検費用等販売管理用車両の維持費用です。販売管理業務に自動車は欠かせませんが、車両に関係する費用は「車両費」にまとめて計上するのが現実的です。ガソリン代など燃料費のほか、車両に関する消耗品や修繕費、車検の諸費用などがあります。なお、10万円未満の中古車両を購入した場合も「車両費」に含めます。

営業費用・販売費及び一般管理費

消費税の留意事項

自賠責保険料や任意保険料は消費税の非課税仕入れになります。このため、車両費でなく、支払保険料に含める方法もあります。また、パーキング・メーター利用料金は非課税仕入れになります。

一方、自動車税や軽自動車税、自動車重量税は、消費税不課税です。このため、租税公課に含める方法もあります。

地代家賃

販売管理用土地・建物の賃借料

解 説

販売管理用土地・建物の賃借料です。不動産の使用料等の支払については暦年分をまとめて「法定調書合計表」を作成し、翌年1月31日までに源泉徴収票・支払調書を添付して税務署に提出します。対象の支出を拾い出すため、地代家賃は独立した勘定科目を設定します。

給与を1ヵ所から受けていて年末調整した人で、給与所得や退職所得以外の各種の所得金額の合計額が20万円以下のときは、確定申告をしなくて良いことになっています。ただし、同族会社の役員やその親族などでその同族会社から給与のほかに地代家賃、貸付金の利息を受け取っている人は、確定申告をする必要があります。

支払報酬

税理士、司法書士等の報酬

解 説

税理士、司法書士等の報酬です。税理士などの報酬についても「法定調書合計表」を作成し、翌年1月31日までに源泉徴収票・支払調書を添付して税務署に提出します。対象の支出を拾い出すため支払報酬は独立した勘定科目を設定します。

専門家への報酬の支払には基本的に源泉徴収が必要ですが、源泉徴収の方法が職種によって異なる点に留意してください。また、行政書士報酬のように源泉徴収が不要のものもあり

ます。

支払保険料

販売管理用固定資産の保険料

― 解　説 ―

販売管理用固定資産の保険料です。販売管理用固定資産に関わる損害保険料のほか、法人が契約者で役員を被保険者とする生命保険料などを計上します。役員を被保険者とする保険契約により役員退職金の原資を積み立てることができるが、法人の収益性が十分でない場合には経営体力を弱めることにもなるので注意が必要です。また、保険料の一部を資産計上しなければならない場合もあるので、保険契約を十分検討のうえ税務上の取扱いを確認しましょう。

租税公課

印紙税、税込経理方式の場合の消費税など

― 解　説 ―

印紙税、税込経理方式の場合の消費税などです。固定資産に係る固定資産税や自動車税などの租税は、生産用と販売管理用に区分します。このほか、販売費及び一般管理費の租税公課に計上するものとしては、領収書や契約書、借用証書などの印紙税のほか、税込み経理方式による場合の消費税があります。なお、事業税については、外形標準課税による資本割、付加価値割を除いて、税引前当期利益の次に「法人税、住民税及び事業税」として計上するのが一般的です。

営業費用・販売費及び一般管理費

諸会費
同業者団体等の会費

---- 解　説 ----

個人事業ではJAの賦課金なども租税公課に含めますが、法人では「諸会費」として処理するのが一般的です。

法人税の留意事項

農業法人協会の会費など同業者団体の通常会費は、その支出の際に損金になります。ただし、その同業団体等において通常会費につき不相当に多額の剰余金が生じている場合は、前払費用と認定されて損金算入されないことがあります。

なお、会費という名目であっても、会員相互の共済（支払保険料）、会員相互又は業界の関係先等との懇親等（交際費）、政治献金その他の寄附（寄付金）に充てられるものは、それぞれの勘定科目により計上し、交際費等や寄付金は一部損金不算入となります。

消費税の留意事項

同業者団体の会費は、構成員に対して行う役務の提供等との間に明白な対価関係がない限り、消費税不課税として認められますが、課税対象かどうかの判定が困難な会費については、領収書等に「消費税不課税」と記載するなど、その旨をその構成員に通知することになっています。

消費税法基本通達5-5-3（会費、組合費等）

同業者団体、組合等がその構成員から受ける会費、組合費等については、当該同業者団体、組合等がその構成員に対して行う役務の提供等との間に明白な対価関係があるかどうかによって資産の譲渡等の対価であるかどうかを判定するのであるが、その判定が困難なものについて、継続して、同業者団体、組合等が資産の譲渡等の対価に該当しないものとし、かつ、その会費等を支払う事業者側がその支払を課税仕入れに該当しないこととしている場合には、これを認める。

（注）
1　同業者団体、組合等がその団体としての通常の業務運営のために経常的に要する費用をその構成員に分担させ、その団体の存立を図るというようないわゆる通常会費については、資産の譲渡等の対価に該当しないものとして取り扱って差し支えない。

2 名目が会費等とされている場合であっても、それが実質的に出版物の購読料、映画・演劇等の入場料、職員研修の受講料又は施設の利用料等と認められるときは、その会費等は、資産の譲渡等の対価に該当する。
3 資産の譲渡等の対価に該当するかどうかの判定が困難な会費、組合費等について、この通達を適用して資産の譲渡等の対価に該当しないものとする場合には、同業者団体、組合等は、その旨をその構成員に通知するものとする。

寄付金

事業に直接、関連の無い者への金品の贈与

――― 解 説 ―――

事業に直接、関連の無い者への金品の贈与です。社会福祉協議会など社会事業団体、政党など政治団体に対する拠出金、神社の祭礼などの寄贈金は、交際費ではなく寄付金となります。

法人税の留意事項

法人の場合、税法上、寄付金を・国などに対する寄付金および指定寄付金、・特定公益増進法人に対する寄付金、・その他の寄付金、の3つの種類に分類して取扱いを定めています。まず、国などに対する寄付金や指定寄付金は全額損金算入されます。一般の寄付金についても資本基準額（0.25％）と所得基準額（2.5％）の平均値による損金算入限度額が設けられています。特定公益増進法人に対する寄付金については、損金算入額が別枠で設けられています。

国や地方自治体に対する寄付金が、常に全額損金算入になるわけではなく、役員の出身校（公立）などに対する個人的な寄付金は、役員に対する臨時的な給与（役員賞与）と認定され、損金不算入となりますので注意が必要です。

また、寄付金の損金算入については現金主義的な考え方をとっており、未払いに計上した寄付金や手形払いの寄付金は、現実に払っていないので損金の額に算入されません（法令78、法基通9-4-2の4）。

消費税の留意事項

寄附金は原則として資産の譲渡等に係る対価に該当しないため、消費税不課税となりま

営業費用・販売費及び一般管理費

す。ただし、物品を購入して寄付する場合には、物品の購入費は課税仕入れとなります。

法人税申告書の記載

別表4：(仮計下・加算)「寄附金の損金不算入額27」

「寄附金の損金不算入額」（仮計の下）として当期利益に加算（社外流出）して課税所得を計算します。

明細書：別表14（2）「寄附金の損金算入に関する明細書」

寄附金の損金算入に関する明細書

別表十四(二) 令六・四・一以後終了事業年度分

	公益法人等以外の法人の場合		
一般寄附金の損金算入限度額の計算	支出した寄附金の額	指定寄附金等の金額 (41の計)	1	円
		特定公益増進法人等に対する寄附金額 (42の計)	2	
		その他の寄附金額	3	
		計 (1)＋(2)＋(3)	4	
		完全支配関係がある法人に対する寄附金額	5	
		計 (4)＋(5)	6	
	所得金額仮計 (別表四「26の①」)		7	
	寄附金支出前所得金額 (6)＋(7) (マイナスの場合は0)		8	
	同上の $\frac{2.5又は1.25}{100}$ 相当額		9	
	期末の資本金の額及び資本準備金の額の合計額又は出資金の額 (別表五(一)「32の④」＋「33の④」)		10	
	同上の月数換算額 (10)×$\frac{}{12}$		11	
	同上の $\frac{2.5}{1,000}$ 相当額		12	
	一般寄附金の損金算入限度額 ((9)＋(12))×$\frac{1}{4}$		13	

	公益法人等の場合		
損金算入限度額の	支出した寄附金の額	長期給付事業への繰入利子額	25	円
		同上以外のみなし寄附金額	26	
		その他の寄附金額	27	
		計 (25)＋(26)＋(27)	28	
	所得金額仮計 (別表四「26の①」)		29	
	寄附金支出前所得金額 (28)＋(29) (マイナスの場合は0)		30	
	同上の $\frac{20又は50}{100}$ 相当額〔$\frac{50}{100}$ 相当額が年200万円に満たない場合 (当該法人が公益社団法人又は公益財団法人である場合を除く。) は、年200万円〕		31	
	公益社団法人又は公益財団法人の公益法人特別限度額 (別表十四(二)付表「3」)		32	

98

営業外収益

― 解　説 ―

　金融上の収益のほか、営業収益以外で経常的に発生する収益です。営業収益には、商品及び製品の売上高及び営業上の役務収益のみを表示することになっていますので、売上高や営業上の役務収益に該当しない経常的な収益は、営業外収益に表示します。

　売上高は、商品等の販売又は役務の給付によって実現したものに限ります（企業会計原則損益3B）ので、その会計期間の農産物の販売に伴って実現する価格補填収入は営業収益に表示します。

　一方、毎期経常的に発生する作付助成収入、一般助成収入については、農業に係る収益であっても農産物の販売に伴って実現するものではないので営業外収益に表示することになります。作付助成収入、一般助成収入を営業外収益に表示するのは、会計上、営業収益としての性格を持っていないからであって、農業に係る収益でないことを意味しているわけではありませんので、この点に留意する必要があります。

受取利息

預貯金および貸付金に対して受け取る利息

― 解　説 ―

　預貯金および貸付金に対して受け取る利息です。制度資金の利子補給金は、受取利息でなく、支払利息（営業外費用）から控除します。

　なお、預貯金の利子から控除される源泉所得税は、法人税の計算上、控除することができます。

会計の方法

　預貯金の利子から控除される源泉所得税は、法人税の前払いと考え、納付額から控除することができます。法人税から源泉所得税を控除する処理は申告書上だけで行うこともできますが、会計上、利息受取時に次のような仕訳をした方が望ましいでしょう。なお、「仮払法人税等」勘定科目には、あらかじめ、「源泉所得税等」、「中間法人税等」の2つの補助科目を作成しておきます。

仕訳例：定期預金の利息688円から源泉所得税105円が控除されて普通預金に入金された。

営業外収益

借方科目	税	金額	貸方科目	税	金額
普通預金	不	583	受取利息	非	688
仮払法人税等－源泉所得税	不	105			

　定期預金や定期積金の利息については、満期の通知が郵送されてくるので、これに記載されている国税の額を源泉所得税等の額として仕訳します。一方、普通預金の利息については、通常、最初から税金が引かれた残りの金額だけ記帳されるだけで、明細書が送付されないこともあり、この場合には、自分で税金の額を計算しなければなりません。

　この場合、次の通り計算します。

① **受取利息（源泉前）の額の暫定計算**

　　振込額（例：202円）÷84.685％

　　＝計算額（例：238.53…円）（1円未満切捨て）⇒　受取利息（例：238円）

② **源泉所得税等の計算**

　　受取利息（例：238円）×15.315％

　　＝計算額（例：36.4497円）（1円未満切捨て）⇒　源泉所得税等（例：36円）

③ **受取利息（源泉前）の額の確定計算**

　　振込額（例：202円）＋源泉所得税等（例：36円）

　　＝受取利息（例：238円）

　確定計算の受取利息の額が暫定計算の値（①）よりも1円少なくなることがあります。

　源泉税は損金経理することもできますが、損金経理した場合、受取利息1,000円から153円の源泉税を引いた残りの847円に対して実効税率25％とすると211円の法人税等がかかり、手元に残るのは636円になります。これに対して、源泉税を仮払経理して法人税等の前払いとして申告すると、受取利息1,000円に対して25％の250円の法人税等がかかるだけで、750円が手元に残り、源泉分の211円を引いた残りの39円を申告納付することになります。

法人税申告書の記載

明細書：別表6（1）「所得税額の控除に関する明細書」

　預貯金の利子の合計額は「預貯金の利子及び合同運用信託の収益の分配1」に記載します。

所得税額の控除に関する明細書

別表六(一) 令六・四・一以後終了事業年度分

| 事業年度 | : : | 法人名 | |

区　　　分		収　入　金　額 ①	①について課される所得税額 ②	②のうち控除を受ける所得税額 ③
公社債及び預貯金の利子、合同運用信託、公社債投資信託及び公社債等運用投資信託（特定公社債等運用投資信託を除く。）の収益の分配並びに特定公社債等運用投資信託の受益権及び特定目的信託の社債的受益権に係る剰余金の配当	1	円	円	円
剰余金の配当（特定公社債等運用投資信託の受益権及び特定目的信託の社債的受益権に係るものを除く。）、利益の配当、剰余金の分配及び金銭の分配（みなし配当等を除く。）	2			
集団投資信託（合同運用信託、公社債投資信託及び公社債等運用投資信託（特定公社債等運用投資信託を除く。）を除く。）の収益の分配	3			
割　引　債　の　償　還　差　益	4			
そ　　　　の　　　　他	5			
計	6			

消費税の留意事項

預貯金の利子は、消費税は非課税となるため、受取利息は非課税売上げになります。

> **消費税法　6条**（非課税）
>
> 1　国内において行われる資産の譲渡等のうち、別表第1に掲げるものには、消費税を課さない。
> 2　保税地域から引き取られる外国貨物のうち、別表第2に掲げるものには、消費税を課さない。

> **消費税法　別表第1**（6条関係）
>
> 一・二　（略）
> 三　利子を対価とする貸付金その他の政令で定める資産の貸付け、信用の保証としての役務の提供、所得税法第2条第12項第10号（定義）に規定する合同運用信託、同項第15号に規定する公社債投資信託又は同項第15号の2に規定する公社債等運用投資信託に係る信託報酬を対価とする役務の提供及び保険料を対価とする役務の提供（当該保険料が当該役務の提供に係る事務に要する費用の額とその他の部分とに区分して支払われることとされている契約で政令で定めるものに係る保険料（当該費用の額に相当する部分の金額に限る。）を対価とする役務の

営業外収益

提供を除く。）その他これらに類するものとして政令で定めるもの
（以下略）

受取配当金
株式や出資金などに対して受け取る配当金

―― 解　説 ――

　株式や出資金などに対して受け取る配当金です。生命・損害保険契約の契約者配当金は、受取配当金ではく、保険料を処理する勘定科目（福利厚生費、支払保険料、共済掛金）から控除します。

　法人税法上、受取配当金は、一部、益金不算入になります。JAの出資配当金も受取配当等の益金不算入の対象となります。受取配当金からは負債の利子が控除されるため、有利子負債が多い場合は、計算をしても益金不算入額が生じないことがあります。

　なお、上場株式等の配当以外の配当からは20.42％の源泉所得税（復興特別所得税込み、住民税はなし）が控除されていますが、受取利息の場合と同様、受取配当金から控除される源泉所得税は、法人税の計算上、控除することができます。

法人税の留意事項

<u>受取配当等の益金不算入</u>

　法人が配当等の額を受ける場合には、配当等の額ののうち、株式保有割合による区分に応じ、それぞれ次に掲げる益金不算入割合に相当する金額（関連法人株式等にあっては負債利子を控除した金額）は益金の額に算入しません。

表9．株式保有割合と受取配当等の益金不算入

保有割合	区分	益金不算入割合	負債利子控除
100％	完全子法人株式等	100％	なし
1/3超100％未満	関連法人株式等	100％	あり（注）
5％超1/3以下	その他株式等	50％	なし
5％以下	被支配目的株式等	20％	

注．負債の利子の額のうち関係法人株式等に係る部分

配当等の意義

次に掲げる金額をいいます。

① 剰余金の配当（株式会社、農業協同組合等）・利益の配当（持分会社）・剰余金の分配（出資に係るものに限る。）

② 投資信託の金銭の分配

法人税申告書の記載

別表4：［減算］「受取配当等の益金不算入額14」

明細書：別表6（1）「所得税額の控除に関する明細書」

銘柄（配当を支払った法人名）ごとに、「剰余金の配当、利益の配当、剰余金の分配及び金銭の分配（中略）に係る控除を受ける所得税額の計算」欄の「収入金額7」欄と「所得税額8」欄を記載します。「収入金額7」欄と「所得税額8」欄のそれぞれの合計額を「剰余金の配当、利益の配当及び剰余金の分配及び金銭の分配（みなし配当等を除く。）2」の「収入金額①」欄と「①について課される所得税額②」欄に転記します。

所得税額の控除に関する明細書

区分	収入金額 ①	①について課される所得税額 ②	②のうち控除を受ける所得税額 ③
公社債及び預貯金の利子、合同運用信託、公社債投資信託及び公社債等運用投資信託（特定公社債等運用投資信託を除く。）の収益の分配並びに特定公社債等運用投資信託の受益権及び特定目的信託の社債的受益権に係る剰余金の配当 1	円	円	円
剰余金の配当（特定公社債等運用投資信託の受益権及び特定目的信託の社債的受益権に係るものを除く。）、利益の配当、剰余金の分配及び金銭の分配（みなし配当等を除く。） 2			
集団投資信託（合同運用信託、公社債投資信託及び公社債等運用投資信託（特定公社債等運用投資信託を除く。）を除く。）の収益の分配 3			
割引債の償還差益 4			
その他 5			
計 6			

剰余金の配当（特定公社債等運用投資信託の受益権及び特定目的信託の社債的受益権に係るものを除く。）、利益の配当、剰余金の分配及び金銭の分配（みなし配当等を除く。）、集団投資信託（合同運用信託、公社債投資信託及び公社債等運用投資信託（特定公社債等運用投資信託を除く。）を除く。）の収益の分配又は割引債の償還差益に係る控除を受ける所得税額の計算

個別法によ	銘柄	収入金額 7	所得税額 8	配当等の計算期間 9	(9)のうち元本所有期間 10	所有期間割合 (10)/(9) 小数点以下3位未満切上げ 11	控除を受ける所得税額 (8)×(11) 12
		円	円	月	月		円

別表六(一) 令六・四・一以後終了事業年度分

明細書：別表8（1）「受取配当等の益金不算入に関する明細書」

農業協同組合等からの剰余金の配当については、「非支配目的株式等」欄に配当を支払っ

営業外収益

た法人名、本店所在地とともに、受取配当等の額を記載します。

受取配当等の益金不算入に関する明細書　別表八(一)　令六・四・一以後

項目	番号	金額	項目	番号	金額
完全子法人株式等に係る受取配当等の額（9の計）	1	円	非支配目的株式等に係る受取配当等の額（33の計）	4	円
関連法人株式等に係る受取配当等の額（16の計）	2		受取配当等の益金不算入額 (1)＋((2)－(20の計))＋(3)×50％＋(4)×(20％又は40％)	5	
その他株式等に係る受取配当等の額（26の計）	3				

受取配当等の額の明細

非支配目的株式等

項目	番号					計
法人名又は銘柄	27					
本店の所在地	28					
基準日等	29	・・	・・	・・	・・	
保有割合	30					
受取配当等の額	31	円	円	円	円	円
同上のうち益金の額に算入される金額	32					
益金不算入の対象となる金額 (31)－(32)	33					

法人税法　第23条（受取配当等の益金不算入）

　内国法人が次に掲げる金額（第一号に掲げる金額にあつては、外国法人若しくは公益法人等又は人格のない社団等から受けるもの及び適格現物分配に係るものを除く。以下この条において「配当等の額」という。）を受けるときは、その配当等の額（関連法人株式等に係る配当等の額にあつては当該配当等の額から当該配当等の額に係る利子の額に相当するものとして政令で定めるところにより計算した金額を控除した金額とし、完全子法人株式等、関連法人株式等及び非支配目的株式等のいずれにも該当しない株式等（株式又は出資をいう。以下この条において同じ。）に係る配当等の額にあつては当該配当等の額の百分の五十に相当する金額とし、非支配目的株式等に係る配当等の額にあつては当該配当等の額の百分の二十に相当する金額とする。）は、その内国法人の各事業年度の所得の金額の計算上、益金の額に算入しない。

　　一　剰余金の配当（株式等に係るものに限るものとし、資本剰余金の額の減少に伴うもの並びに分割型分割によるもの及び株式分配を除く。）若しくは利益の配当（分割型分割によるもの及び株式分配を除く。）又は剰余金の分配（出資に係るものに限る。）の額

　　二　投資信託及び投資法人に関する法律第百三十七条（金銭の分配）の金銭の分配（出資総額等の減少に伴う金銭の分配として財務省令で定めるもの（第二十四条第一項第四号（配当等の額とみなす金額）において「出資等減少分配」という。）を除く。）の額

　　三　資産の流動化に関する法律第百十五条第一項（中間配当）に規定する金銭の分

配の額

（以下略）

消費税の留意事項

受取配当金は、出資に対する配当又は分配として受けるもので資産の譲渡等の対価に該当しないため、消費税の不課税収入になります。

消費税法基本通達5-2-8（剰余金の配当等）

剰余金の配当若しくは利益の配当又は剰余金の分配（出資に係るものに限る。以下5-2-8において同じ。）は、株主又は出資者たる地位に基づき、出資に対する配当又は分配として受けるものであるから、資産の譲渡等の対価に該当しないことに留意する。（平18課消1-16により改正）

（注）事業者が、法法第60条の2第1項第1号《協同組合等の事業分量配当等の損金算入》に掲げる事業分量配当（当該事業者が協同組合等から行った課税仕入れに係るものに限る。）を受けた場合には、法第32条《仕入れに係る対価の返還等を受けた場合の仕入れに係る消費税額の控除の特例》の規定が適用されることになる。

一般助成収入

経常的に交付される助成金

―― 解　説 ――

経常的に交付される助成金のうち、作付助成収入に該当しないものです。農業の場合、経常的に発生する助成金が多いため、「一般助成収入」として雑収入と区分して計上します。具体的には、農の雇用事業助成金、中山間地域等直接支払交付金などです。水田活用の直接支払交付金など作付面積を基準に交付される交付金は重要性が高いので「作付助成収入」として別科目表示します。また、固定資産の取得に充てるために交付される補助金は「国庫補助金収入」として特別利益の区分に記載します。

営業外収益

勘定科目内訳明細書の記載

勘定科目内訳書⑯「雑益、雑損失等の内訳書」に記載します。一般助成収入に含まれる交付金等は、すべて消費税の不課税収入になりますが、内訳書に助成金等の名称を記載することによって不課税に該当するものであることを明示するためです。一般助成収入は不課税収入になりますので、「登録番号（法人番号）」欄には登録番号を記載せず、「名称（氏名）」欄及び「所在地（住所）」欄を記載します。

⑯

雑益、雑損失等の内訳書

科　目	取引の内容	登録番号（法人番号）	相手先 名称（氏名）	相手先 所在地（住所）	金　額 百万　千　円
雑益					

作付助成収入

作付面積を基準に交付される面積払交付金等

― 解　説 ―

農産物の作付けを条件として、作付面積を基準に交付される面積払交付金・助成金であり、毎期、経常的に交付されることが予定されているものです。

水田活用の直接支払交付金などが該当します。水田活用の直接支払交付金は、農業経営基盤強化準備金の対象となる交付金等に該当します。

表10. 農業経営基盤強化準備金の対象交付金等

区分	勘定科目	名称	交付条件等	入金時期	備考
営業収益	価格補填収入	畑作物の直接支払交付金［ゲタ対策］	対象作物（注1）を生産した認定農業者・集落営農・認定新規就農者	8・9月、11～翌3月	面積払と数量払
営業外収益	作付助成収入	水田活用の直接支払交付金	水田転作作物の生産	8月～翌3月	
特別利益	経営安定補填収入	収入減少影響緩和交付金（収入減少補填）［ナラシ対策］	積立金を拠出して対象作物（注2）を生産した認定農業者・集落営農・認定新規就農者	翌5～6月	標準的収入を下回った減収額の9割を補てん

注．1）麦、大豆、てん菜、でん粉原料用ばれいしょ、そば、なたね
　　2）米、麦、大豆、てん菜、でん粉原料用ばれいしょ

財務諸表における表示

　水田活用の直接支払交付金などの作付助成収入は、毎期経常的に発生するものであるものの、販売代金に付随するものではないので営業収益とすることは適切ではありません。このため、損益計算書の営業外収益の部に表示します。

法人税の留意事項

　作付助成収入の収益の計上時期については、支払の通知を受けた日または交付を受けるべき日の属する事業年度の収益に計上するのが原則です。

勘定科目内訳明細書の記載

　勘定科目内訳書⑯「雑益、雑損失等の内訳書」に記載します。作付助成収入に含まれる交付金等は、すべて消費税の不課税収入になりますが、内訳書に交付金等の名称を記載することによって不課税に該当するものであることを明示するためです。作付助成収入は不課税収入になりますので、「登録番号（法人番号）」欄には登録番号を記載せず、「名称（氏名）」欄及び「所在地（住所）」欄を記載します。

営業外収益

雑益、雑損失等の内訳書

科　目	取引の内容	登録番号 (法人番号)	相手先		金　額
			名称（氏名）	所在地（住所）	百万　千　円
雑益					

雑収入
その他の営業外収益

解　説

　その他の営業外収益です。営業外収益のうち、金額的に重要性に乏しいもの、他の営業外収益の勘定科目に含めることが適当でないものを「雑収入」に一括して表示します。

　具体的には、飼料袋など生産資材容器の売却代金などです。堆肥など副産物の販売代金は営業収益（売上高）とします。このほか雑収入として、法人税等の還付加算金、消費税の簡易課税や端数処理による差額、現金過（不足）額の振替額などがあります。なお、臨時利益や過年度損益修正益など特別利益に属する項目であっても、金額の僅少なもの又は毎期経常的に発生するものは、雑収入に含めることができます。

　仕入割引は金融上の収益として営業外収益（重要性に乏しいときは雑収入）に含めますが、仕入値引・割戻は対象取引を支出した際の勘定科目（飼料費等）から控除します。

営業外費用

--- 解 説 ---

金融上の費用のほか、営業費用以外で経常的に発生する費用です。支払利息その他の金融上の費用、創立費償却、開業費償却などをいいます。

支払利息

借入金の支払利息

--- 解 説 ---

短期借入金や長期借入金として計上した証書貸付や営農貸越（当座貸越）による借入金の利息のほか、保証料も区分表示しないで支払利息に含めます。

短期借入金は、手形貸付によることが多く、一般に利息を前払いしますが、期限前に元金を返済したことにより還付される戻し利息は受取利息ではなく、支払利息勘定から控除します。また、制度資金の利子補給金は、支払利息勘定から控除します。

支払保証料について、保証（返済）期間が翌期以降に及ぶ場合には、いったん長期前払費用に計上し、当期に属する費用を支払利息勘定に振り替えて費用とします。

法人税の留意事項

受取配当等の益金不算入額を計算する際に、当期に支払う負債の利子等の額のうち配当の対象となった株式及び出資金の総資産に占める割合に応じた額を、受取配当等から控除します。（法法23④）。

利子税および納期限延長に係る地方税の延滞金については、支払利息の性格を持つものですが、受取配当等の益金不算入額を計算する際に「負債の利子」に含めないことが認められていますので、支払利息ではなく、租税公課（販売費及び一般管理費）として経理します。

法人税基本通達3-2-2（利子税又は延滞金）

利子税又は地方税の延滞金については、法人がこれらを法第23条第4項《負債利子の控除》に規定する「支払う負債の利子」に含めないで計算した場合には、これを認める。（平15年課法2-7「十二」により改正）

営業外費用

　また、金融機関や信用保証協会等に支払う信用保証料は、受取配当等の益金不算入額を計算する際における「負債の利子」に含まれませんので、支払利息勘定に補助科目等を設けて保証料と一般の利息を区分しておくとよいでしょう。

消費税の留意事項
　消費税において貸付金の利子及び信用保証料は非課税とされていますので、支払利息は非課税仕入れとなります。なお、利子補給金は、補助金の一種ですので、不課税支出になります。

勘定科目内訳明細書の記載
勘定科目内訳書：⑪「借入金及び支払利子の内訳書」に借入金の種別ごとに、期中の支払利子額、利率を記載します。保証料、利子補給金は、別行に記載し、利子補給金は金額にマイナスを付けます。

⑪

借入金及び支払利子の内訳書

借入先			期末現在高	期中の支払利子額	利率	担保の内容
名称(氏名)	所在地(住所)	法人・代表者との関係	百万　千　円	円	％	(物件の種類、数量、所在地等)

創立費償却
繰延資産に計上した創立費の償却額

―― 解　説 ――

　繰延資産として計上した創立費の償却による費用です。中小企業の会計に関する指針では、創立費は会社成立後5年内に原則として月割計算により相当の償却をしなければならないとされていますが、税法上は、創立費は任意償却であり、いつでも償却することができます。

企業会計原則・会社計算規則・中小企業会計指針では

中小企業の会計に関する指針では、創立費の償却期間は、会社成立後5年内としています。また、創立費など、会社法上の繰延資産については償却期間内に原則として月割計算により相当の償却をしなければならないとしています。

中小企業の会計に関する指針　繰延資産　42. 償却額・償却期間

繰延資産として資産に計上したものについては、その支出又は発生の効果が発現するものと期待される期限内に原則として月割計算により相当の償却をしなければならない。償却期間は、創立費は会社成立後、開業費は開業後、開発費はその支出後、それぞれ5年内、株式交付費及び新株予約権発行費は発行後3年内、社債発行費は社債償還期間とする。

なお、税法固有の繰延資産については、法人税法上、償却限度額の規定があることに留意する必要がある。また、金額が少額のものは、発生時において費用処理する。

法人税の留意事項

創立費の償却限度額は、その事業年度における未償却残高であり、創立費の償却費の計算については、任意償却（一時償却）の方法によることとされています（法令64①一）。任意償却（一時償却）が可能な繰延資産の未償却残高はいつでも償却費として損金に算入することができます。

任意償却（一時償却）は、繰延資産の額の範囲内の金額を償却費として認めるもので、その下限が設けられていないことから、支出の事業年度に全額償却してもよく、全く償却しなくてもよいと解されます。

また、会社の成立の後5年を経過した場合に償却費を損金に算入できないとする特段の規定はないことから、創立費の未償却残高はいつでも償却費として損金に算入することができます。

法人税法施行令　第64条（繰延資産の償却限度額）

法第三十二条第一項（繰延資産の償却費の計算及びその償却の方法）に規定する政令で定めるところにより計算した金額は、次の各号に掲げる繰延資産の区分に応じ当該各号に定める金額とする。
一　第十四条第一項第一号から第五号まで（繰延資産の範囲）に掲げる繰延資産
その繰延資産の額（既にした償却の額で各事業年度の所得の金額又は各連結事業年度の連結所得の金額の計算上損金の額に算入されたもの（当該繰延資産が

営業外費用

> 適格合併、適格分割、適格現物出資又は適格現物分配により被合併法人、分割法人、現物出資法人又は現物分配法人から引継ぎを受けたものである場合にあつては、これらの法人の各事業年度の所得の金額又は各連結事業年度の連結所得の金額の計算上損金の額に算入されたものを含む。）がある場合には、当該金額を控除した金額）
>
> （以下略）

消費税の留意事項

創立費償却は、創立費の償却額であり、対価を得て行われる資産の譲渡及び貸付け並びに役務の提供に該当しないため、消費税は不課税になります。

法人税申告書の記載

明細書：別表16（6）「繰延資産の償却額の計算に関する明細書」

「Ⅱ　一時償却が認められる繰延資産の償却額の計算に関する明細書」の「繰延資産の種類23」欄に「創立費」と、「当期償却額26」欄に創立費償却の額を記載します。

繰延資産の償却額の計算に関する明細書	事業年度	： ：	法人名		別表十六(六)
Ⅰ　均等償却を行う繰延資産の償却額の計算に関する明細書						

Ⅱ　一時償却が認められる繰延資産の償却額の計算に関する明細書					
繰延資産の種類 23					
支出した金額 24	円	円	円	円	円
前期までに償却した金額 25					
当期償却額 26					
期末現在の帳簿価額 27					

廃畜処分損

生物又は棚卸資産とした家畜の除却による損失

解　説

　生物又は棚卸資産とした家畜の除却により生じた損失です。

　採卵養鶏業の場合、以前は廃鶏の譲渡の際に収入がありましたが、昨今においては逆に処理費用がかかるのが一般的です。廃鶏などについて売却収入がない場合、発生する除却損や処理費用は原価になりませんが、廃畜の除却損は毎期経常的に発生するものであることから、「廃畜処分損」として営業外費用に計上します。

　養豚業などの場合は、廃畜の売却収入が反復継続して発生するものであることから「生物売却収入」として営業収益（売上高）に計上し、費用収益対応により廃畜の帳簿価額を売上原価として計上します。しかしながら、養豚経営や酪農の場合においても、事故により処分した家畜の除却損については廃畜処分損として計上します。

企業会計原則・会社計算規則・中小企業会計指針では

　「原価計算基準」（企業会計審議会）では、固定資産売却損および除却損を、「異常な状態を原因とする価値の減少」としての非原価項目としています。原価は、製品原価と期間原価とに区分されますが、通常、製造原価が製品原価、販売費及び一般管理費が期間原価となります。したがって、除却損は営業外費用または特別損失として処理することになりますが、廃畜の除却損は毎期経常的に発生するものであることから、「廃畜処分損」として営業外費用に計上します。

勘定科目内訳明細書の記載

勘定科目内訳書：⑯「雑益、雑損失等の内訳書」

廃畜処理費

廃畜処分損に付随して発生する廃畜の処理費用

解　説

　廃畜処分損に付随して発生する廃畜の処理費用です。ただし、採卵養鶏について購入時に

営業外費用

費用処理している場合には除却損が発生しないことから、廃畜処理費のみが計上されます。

雑損失
その他の営業外費用

―― 解　説 ――

その他の営業外費用です。営業外費用のうち、金額的に重要性に乏しいもの、他の営業外費用の勘定科目に含めることが適当でないものを「雑損失」に一括して表示します。

具体的には、消費税の簡易課税による差額、現金（過）不足額の振替額などがあります。また、加算税など損金算入できない租税公課を「租税公課」勘定と区分して雑損失に計上することもあります。

なお、売上割引は金融上の費用として営業外費用となりますので、重要性に乏しいときは雑損失に含めますが、売上値引・割戻は売上高から控除します。

勘定科目内訳明細書の記載
勘定科目内訳書：⑯「雑益、雑損失等の内訳書」

雑損失						

特別利益

---- 解　説 ----

　前期損益修正益、固定資産売却益などの臨時利益です。

　経営安定補填収入については農業に係る収益ですが、過年度の農業の減収分の収益を補填するものであり、臨時利益の性格を持つもものであることから特別利益に表示します。

固定資産売却益
固定資産の売却による利益

---- 解　説 ----

　固定資産の売却による利益です。

企業会計原則・会社計算規則・中小企業会計指針では

　企業会計原則・損益1B（総額主義の原則）では、「費用及び収益は、総額によって記載することを原則」としていますが、固定資産売却益は売却収入と帳簿価額とを相殺して売却益の額を純額により表示します。これは「重要性の乏しいものについては、本来の厳密な会計処理によらないで他の簡便な方法によること」を認めた「重要性の原則」を財務諸表の表示に関して適用したものと考えられます。ただし、固定資産であっても繁殖用の牛や豚、種付用の豚などの反復継続した売却は営業目的によるものであるから、重要性の原則に照らし、収入金額を総額により「生物売却収入」として売上高の内訳科目として計上します。

消費税の留意事項

　固定資産の売却益ではなく売却収入が課税売上げとります。簡易課税制度において固定資産の売却収入は第4種事業となります。

特別利益

資産受贈益

資産の無償・低額譲受けによる利益

解　説

資産の無償・低額譲受けによる利益です。

法人税の留意事項

　法人税の課税対象となる益金には、無償による資産の譲受けも対象として含まれます。

　農業法人の場合、前身となる任意組織や個人から、圧縮記帳をした補助事業資産を引き継ぐことがありますが、これを無償または帳簿価額で譲り受けた場合には、資産の無償または低額譲受けに該当します。このように、資産を無償または低額により譲り受けた場合は、資産受贈益により益金として経理したうえで、別途、農業経営基盤強化準備金の積立てによる損金算入などによって、益金を相殺するのが無難です。

> **法人税法　第22条**（各事業年度の所得の金額の計算）
>
> 1　（略）
> 2　内国法人の各事業年度の所得の金額の計算上当該事業年度の益金の額に算入すべき金額は、別段の定めがあるものを除き、資産の販売、有償又は無償による資産の譲渡又は役務の提供、無償による資産の譲受けその他の取引で資本等取引以外のものに係る当該事業年度の収益の額とする。

消費税の留意事項

　資産受贈益、すなわち、無償により資産を譲り受けた部分は、対価を得て行われる資産の譲渡に該当しないため、消費税は不課税になります。

会計の方法

仕訳例：前身となる任意組織から鉄骨ハウスを帳簿価額の500万円で譲り受けた。この鉄骨ハウスの圧縮前の取得価額に基づいて定率法により計算した帳簿価額は1,000万円であり、この額を時価相当額と考える。

借方科目	税	金額	貸方科目	税	金額
構築物	課	5,000,000	未払金	不	5,000,000
構築物	不	5,000,000	資産受贈益	不	5,000,000

受取共済金

収穫共済など棚卸資産に対する共済金・保険金

― 解　説 ―

　収穫共済など棚卸資産に対する共済金・保険金です。家畜共済のうち肉畜を対象にした農業共済など、棚卸資産の滅失等により受ける共済金等については、全額を「受取共済金」勘定で処理します。なお、家畜の受取共済金については、経常的に発生するもであることから、営業外収益の区分に表示することもあります。

　なお、法人の場合、固定資産の滅失等により受ける保険金等については、圧縮記帳の対象となることから、受け取った保険金と滅失した固定資産の帳簿価額とを相殺し、差額を保険差益勘定とします。

消費税の留意事項

　保険金又は共済金は、保険事故の発生に伴い受けるものであるから、消費税の課税売上げに該当しません。

消費税法基本通達5-2-4（保険金、共済金等）

　保険金又は共済金（これらに準ずるものを含む。）は、保険事故の発生に伴い受けるものであるから、資産の譲渡等の対価に該当しないことに留意する。

特別利益

経営安定補填収入

経営安定対策の補填金のうち生産者拠出以外の部分

――― 解　説 ―――

　水田・畑作経営安定対策の収入減少影響緩和交付金（収入減少補填）については、あらかじめ生産者1：国3の割合で積立金を拠出し、当年産の販売収入が標準的収入を下回った場合に、減収額の9割を補填する仕組みになっています。当年産の販売収入は事後的に算出されるため、交付金が確定するのは翌年6月頃になります。したがって、経営安定対策の補填金は、会計的には臨時利益または前期損益修正益の性格を持つものであることから、特別利益の区分に「経営安定補填収入」として計上します。ただし、積立時に生産者拠出分を資産計上しているため、補填金のうち生産者拠出相当分を負担割合（原則として1/4）から計算して、資産となっている「経営保険積立金」勘定を取り崩し、残額を経営安定補填収入として計上します。

　加工原料乳経営安定対策の補填金については、当該年産価格が補填基準価格を下回った場合に、原則として差額の80％相当額を交付する仕組みになっています。当該年産価格は事後的に算出されるため、補填金が確定するのは翌年以降になります。したがって、経営安定対策の補填金は、特別利益の区分に「経営安定補填収入」として計上します。ただし、拠出時に生産者拠出分を資産計上しているため、補填金のうち生産者拠出相当分を負担割合（原則として1/4）から計算して、資産となっている「経営保険積立金」勘定を取り崩し、残額を経営安定補填収入として計上します。

企業会計原則・会社計算規則・中小企業会計指針では

　経営安定補填収入は、臨時損益又は前期損益修正益としての性格を持つと考えられますが、企業会計原則では、これらは特別損益に属するものとされています。

> **企業会計原則　注12　特別損益項目　特別損益項目について**（損益計算書原則6）
>
> 特別損益に属する項目としては次のようなものがある。
> 　（1）臨時損益
> 　　イ　固定資産売却損益
> 　　ロ　転売以外の目的で取得した有価証券の売却損益
> 　　ハ　災害による損失
> 　（2）前期損益修正
> 　　イ　過年度における引当金の過不足修正額

ロ　過年度における減価償却の過不足修正額
　　ハ　過年度におけるたな卸資産評価の訂正額
　　ニ　過年度償却済債権の取立額
　なお、特別損益に属する項目であっても、金額の僅少なもの又は毎期経常的に発生するものは、経常損益計算に含めることができる。

消費税の留意事項

　経営安定対策は保険に準ずるものであることから、経営安定補填収入は消費税の課税売上げではなく、不課税収入になります。

会計の方法

　補填金の受領日の日付で仕訳を行ないます。補填金のうち4分の1相当額は、生産者拠出分ですので、同額の経営保険積立金（資産）を取り崩し、残額を経営安定補填収入（特別利益）とします。

仕訳例：収入減少影響緩和交付金の交付金額759,000円と交付金の交付に伴う積立金の返納額253,000円の合計1,012,000円が振り込まれた。

借方科目	税	金額	貸方科目	税	金額
普通預金	不	1,012,000	経営保険積立金	不	253,000
			経営安定補填収入	不	759,000

財務諸表における表示

　経営安定補填収入は、前期の農産物価格の下落による収入減少の補填であり、臨時利益または前期損益修正益の性格を持つものであることから、損益計算書の特別利益の部に表示します。

勘定科目内訳明細書の記載

　勘定科目内訳書⑯「雑益、雑損失等の内訳書」に記載します。経営安定補填収入に含まれる補填金等は、すべて消費税の不課税収入になりますが、内訳書に補填金等の名称を記載することによって不課税に該当するものであることを明示するためです。経営安定補填収入は不課税収入になりますので、「登録番号（法人番号）」欄には登録番号を記載せず、「名称（氏名）」欄及び「所在地（住所）」欄を記載します。

特別利益

収入保険補填収入

収入保険の保険金及び特約補填金のうち国庫補助相当分の見積額

---- 解　説 ----

消費税の留意事項

収入保険の保険金は、消費税の不課税収入になります。

> **消費税法基本通達 5-2-4（保険金、共済金等）**
>
> 保険金又は共済金（これらに準ずるものを含む。）は、保険事故の発生に伴い受けるものであるから、資産の譲渡等の対価に該当しないことに留意する。

会計の方法

翌年の特約補填金の交付の時ではなく当年の決算整理において見積計上します。

仕訳例：基準収入1億円に対して30％の減収となったため、保険金等を見積もり計上する。

900万円（特約補填金）×75％（国庫補助相当分）+900万円（保険金）＝1,575万円

借方科目	税	金額	貸方科目	税	金額
未　決　算	不	15,750,000	収入保険補填収入	不	15,750,000

国庫補助金収入

固定資産の取得のため交付された補助金

---- 解　説 ----

固定資産の取得・改良に充てるために交付された補助金などです。

国・地方公共団体から交付された補助金については、圧縮記帳が認められています。法人が固定資産の取得又は改良に充てるための国庫補助金等の交付を受け、その国庫補助金等をもってその交付の目的に適合した固定資産の取得や改良をした場合には、その固定資産につ

いて圧縮限度額の範囲内で帳簿価額を「固定資産圧縮損」として損金経理により減額するなど一定の方法で経理したときは、その減額した金額を損金の額に算入します。

法人税の留意事項

圧縮記帳の対象となる国庫補助金等には、国又は地方公共団体の補助金・給付金のほか、農業関係では、次に掲げる補助金・助成金も対象として含まれます。

① 独立行政法人農畜産業振興機構（alic）の補助金
② 日本たばこ産業㈱（JT）が交付する葉たばこの生産基盤の強化のための助成金

> **法人税法施行令　第79条（国庫補助金等の範囲）**
>
> 　法第四十二条第一項（国庫補助金等で取得した固定資産等の圧縮額の損金算入）に規定する国庫補助金等は、国又は地方公共団体の補助金又は給付金のほか、次に掲げる助成金又は補助金とする。
> 　一～四　（略）
> 　五　独立行政法人農畜産業振興機構法（平成十四年法律第百二十六号）第十条第二号（業務の範囲）に基づく独立行政法人農畜産業振興機構の補助金
> 　六・七　（略）
> 　八　日本たばこ産業株式会社が日本たばこ産業株式会社法（昭和五十九年法律第六十九号）第九条（事業計画）の規定による認可を受けた事業計画に定めるところに従つて交付するたばこ事業法（昭和五十九年法律第六十八号）第二条第二号（定義）に規定する葉たばこの生産基盤の強化のための助成金

消費税の留意事項

国庫補助金収入は、国等から受ける特定の政策目的の実現を図るための給付金であり、資産の譲渡等の対価に該当しないため、消費税の不課税収入になります。

> **消費税法基本通達5-2-15（補助金、奨励金、助成金等）**
>
> 　事業者が国又は地方公共団体等から受ける奨励金若しくは助成金等又は補助金等に係る予算の執行の適正化に関する法律第2条第1項《定義》に掲げる補助金等のように、特定の政策目的の実現を図るための給付金は、資産の譲渡等の対価に該当しないことに留意する。（平23課消1-35により改正）
> （注）雇用保険法の規定による雇用調整助成金、雇用対策法の規定による職業転換給付金又は障害者の雇用の促進等に関する法律の規定による身体障害者等能力開発助成金のように、その給付原因となる休業手当、賃金、職業訓練費等の経費

特別利益

の支出に当たり、あらかじめこれらの雇用調整助成金等による補填を前提として所定の手続をとり、その手続のもとにこれらの経費の支出がされることになるものであっても、これらの雇用調整助成金等は、資産の譲渡等の対価に該当しない。

法人税申告書の記載

明細書：別表13（1）「国庫補助金等（中略）で取得した固定資産等の圧縮額等の損金算入に関する明細書」

補助金等の名称、補助金等を交付した者、交付を受けた年月日、交付を受けた補助金等の額を記載します。

また、所得税法・法人税法の圧縮記帳と租税特別措置法の特別償却・税額控除は併用できますので、補助金相当額控除後の取得価額が160万円以上の機械装置を取得した場合、農業経営基盤強化準備金制度による圧縮記帳をしなければ、中小企業投資促進税制や中小企業経営強化税制を活用できます。

一般に税額控除の方が有利ですが、農業経営基盤強化準備金の積立てができない法人では特別償却の適用も選択肢です。税額控除の場合、補助金相当額を控除した取得価額を基に税

額控除限度額を計算します。一方、特別償却の場合、補助金相当額を控除しない取得価額を基に特別償却限度額を計算します。

貸倒引当金戻入額
前期繰入れ貸倒引当金の当期の戻入額

― 解　説 ―

前期繰入れ貸倒引当金の当期の戻入額です。損金算入した貸倒引当金勘定の金額は、翌事業年度に益金算入します。

消費税の留意事項
貸倒引当金の戻入れは、資産の譲渡等には該当しないため、課税売上げとはなりません。

圧縮特別勘定戻入額
前期に損金経理で繰り入れた圧縮特別勘定の当期経理の戻入額

― 解　説 ―

損金経理によって繰り入れた圧縮特別勘定の戻入額です。

農業経営基盤強化準備金戻入額

― 解　説 ―

損金経理によって引き当てた農業経営基盤強化準備金の戻入額です。農業経営基盤強化準備金を取り崩した場合には、その取崩額が益金に算入されます。ただし、農業経営基盤強化準備金を取り崩して、または受領した交付金等をもって、農用地や農業用機械等（農業用固定資産）を取得して農業の用に供した場合は、その農業用固定資産について圧縮記帳をする

特別利益

ことができ、準備金取崩額や交付金の額などを基礎として計算した限度額以下の金額を損金に算入できます。

法人税の留意事項

農業経営基盤強化準備金の強制取崩し

農業経営基盤強化準備金は、農業用固定資産の取得に充てる（圧縮記帳する）などのために任意に取り崩す場合のほか、次に該当する場合には次に掲げる額の農業経営基盤強化準備金を取り崩して益金に算入しなければなりません。

① 積立てた事業年度の翌期首から5年を経過した場合─5年を経過した金額
② 認定農業者に該当しないこととなった場合─全額
③ 農地所有適格法人に該当しないこととなった場合（法人）─全額
④ 被合併法人となる合併（適格合併を除く。）が行われ又は解散した場合（法人）─全額
⑤ 農業経営改善計画等の定めるところにより農業用固定資産※の取得等をした場合─取得価額相当額

※農用地又は特定農業機械等（農業用の機械装置・建物等・構築物、器具備品、ソフトウェア）

⑥ 農業経営改善計画等に記載のない農業用固定資産（器具備品、ソフトウェアを除く。）の取得等をした場合（「計画外取崩」）─取得価額相当額
⑦ 任意に農業経営基盤強化準備金の金額を取り崩した場合─取り崩した金額

平成30年度税制改正により、準備金の取崩し事由に上記の⑤・⑥が追加されました。

なお、農業経営基盤強化準備金を積み立てている法人が被合併法人となる適格合併が行われた場合において、その適格合併の日を含む事業年度について青色申告できるときは、農業経営基盤強化準備金の金額を合併法人に引き継ぐことができます。

租税特別措置法　第61条の2（農業経営基盤強化準備金）

1　（略）
2　前項の規定の適用を受けた法人の各事業年度終了の日において、前事業年度から繰り越された農業経営基盤強化準備金の金額（その日までに次項の規定により益金の額に算入された、若しくは算入されるべきこととなつた金額又は前事業年度終了の日までにこの項の規定により益金の額に算入された金額がある場合には、これらの金額を控除した金額。以下この条において同じ。）のうちにその積み立てられた事業年度（次項において「積立事業年度」という。）終了の日の翌日から五年を経過したものがある場合には、その五年を経過した農業経営基盤強化準備金の金額は、その五年を経過した日を含む事業年度の所得の金額の計算上、益金の額に算入する。

3　第一項の農業経営基盤強化準備金を積み立てている法人が次の各号に掲げる場合（当該法人が被合併法人となる適格合併が行われた場合を除く。）に該当することとなつた場合には、当該各号に定める金額に相当する金額は、その該当することとなつた日を含む事業年度（第三号に掲げる場合にあつては、合併の日の前日を含む事業年度）の所得の金額の計算上、益金の額に算入する。この場合において、第二号又は第五号に掲げる場合に該当するときは、第二号イ若しくはロ又は第五号に規定する農業経営基盤強化準備金の金額をその積み立てられた積立事業年度別に区分した各金額のうち、その積み立てられた積立事業年度が最も古いものから順次益金の額に算入されるものとする。

一　認定農地所有適格法人に該当しないこととなつた場合　その該当しないこととなつた日における農業経営基盤強化準備金の金額

二　農用地等（次条第一項に規定する農用地等をいう。イ及びロにおいて同じ。）の取得（同項に規定する取得をいい、同項に規定する特定農業用機械等にあつてはその製作又は建設の後事業の用に供されたことのないものの取得に限る。）又は製作若しくは建設（イ及びロにおいて「取得等」という。）をした場合　次に掲げる場合の区分に応じそれぞれ次に定める金額

　　イ　認定計画の定めるところにより農用地等の取得等をした場合　その取得等をした日における農業経営基盤強化準備金の金額のうちその取得等をした農用地等の取得価額に相当する金額

　　ロ　農用地等（農業用の器具及び備品並びにソフトウエアを除く。ロにおいて同じ。）の取得等をした場合（イに掲げる場合を除く。）　その取得等をした日における農業経営基盤強化準備金の金額のうちその取得等をした農用地等の取得価額に相当する金額

三　当該法人が被合併法人となる合併が行われた場合　その合併直前における農業経営基盤強化準備金の金額

四　解散した場合（合併により解散した場合を除く。）　その解散の日における農業経営基盤強化準備金の金額

五　前項、前各号及び次項の場合以外の場合において農業経営基盤強化準備金の金額を取り崩した場合　その取り崩した日における農業経営基盤強化準備金の金額のうちその取り崩した金額に相当する金額

4　第一項の農業経営基盤強化準備金を積み立てている法人が青色申告書の提出の承認を取り消され、又は青色申告書による申告をやめる旨の届出書の提出をした場合には、その承認の取消しの基因となつた事実のあつた日（次の各号に掲げる場合に該当する場合には、当該各号に定める日）又はその届出書の提出をした日（その届出書の提出をした日が青色申告書による申告をやめた事業年度終了の日後である場合には、同日）における農業経営基盤強化準備金の金額は、その日を含む事業年度の所得の金額の計算上、益金の額に算入する。この場合においては、前二項及び第六項の規定は、適用しない。

特別利益

　一　通算法人がその取消しの処分に係る法人税法第百二十七条第二項の通知を受けた場合　その通知を受けた日の前日（当該前日が当該通算法人に係る通算親法人の事業年度終了の日であるときは、当該通知を受けた日）

　二　通算法人であつた法人がその取消しの処分に係る法人税法第百二十七条第二項の通知を受けた場合　その承認の取消しの基因となつた事実のあつた日又は同法第六十四条の九第一項の規定による承認の効力を失つた日の前日（当該前日が当該法人に係る通算親法人の事業年度終了の日であるときは、当該効力を失つた日）のいずれか遅い日

5　第五十六条第六項の規定は、第一項の規定を適用する場合について準用する。

6　第五十五条第十項、第十一項及び第十二項前段の規定は、第一項の農業経営基盤強化準備金を積み立てている法人が被合併法人となる適格合併が行われた場合について準用する。この場合において、同条第十一項中「者でないとき」とあるのは「者又は第六十一条の二第一項に規定する認定農地所有適格法人でないとき」と、同条第十二項前段中「第三項」とあるのは「第六十一条の二第二項」と読み替えるものとする。

7　第五項に定めるもののほか、第一項から第四項まで及び前項の規定の適用に関し必要な事項は、政令で定める。

法人税申告書の記載

　農業経営基盤強化準備金の取崩しには地方農政局等による証明書は不要です。

明細書：別表12（13）農業経営基盤強化準備金の損金算入及び認定計画等に定めるところに従い取得した農用地等の圧縮額の損金算入に関する明細書

積立事業年度	当初の積立額のうち損金算入額	期首現在の準備金額	当期益金算入額 5年を経過した場合	任意取崩し等の場合	(25)及び(26)以外の場合	翌期繰越額 (24)-(25)-(26)-(27)
	23	24	25	26	27	28
・・	円	円	円	円	円	円
・・					計画外取崩額を記載	
・・						
・・						
・・						
・・						
当期分						
計						

別表4：所得の金額の計算に関する明細書

（記載なし）

別表5（1）：利益積立金額及び資本金等の額の計算に関する明細書

（記載なし）

特別損失

―― 解 説 ――

前期損益修正損、固定資産売却損、災害損失などの臨時損失です。

役員退職慰労金

役員に対する退職金

―― 解 説 ――

役員に対する退職給与です。

法人税の留意事項

役員退職給与のうち、不相当に高額、すなわち過大な部分は、損金算入されません（法法34②）。役員給与が過大であるかどうかは、次の基準により判定します。

① 法人の業務に従事した期間
② 退職の事情
③ 同種・同規模の類似法人の役員に対する退職給与の支給状況

> **法人税法施行令　第70条**（過大な役員給与の額）
>
> 　法第三十四条第二項（役員給与の損金不算入）に規定する政令で定める金額は、次に掲げる金額の合計額とする。
> 　一　（略）
> 　二　内国法人が各事業年度においてその退職した役員に対して支給した退職給与の額が、当該役員のその内国法人の業務に従事した期間、その退職の事情、その内国法人と同種の事業を営む法人でその事業規模が類似するものの役員に対する退職給与の支給の状況等に照らし、その退職した役員に対する退職給与として相当であると認められる金額を超える場合におけるその超える部分の金額
> 　三　（略）

役員退職給与の適正額の計算方法について、税法には明文の規定はありませんが、過去の判例や採決例により功績倍率法や1年当たり平均額法が採用されています。

特別損失

① 功績倍率法
　退職直前の報酬月額、勤続年数と功績倍率の3つの要素から役員退職給与の適正額を求める方法です。一般の企業で多く採用されています。

役員退職給与の適正額の計算＝最終報酬月額×勤続年数×類似法人の功績倍率

　この場合、類似法人の功績倍率は、次により計算します。

$$功績倍率＝\frac{退職給与の額}{最終報酬月額×勤続年数}$$

　業績不振等の理由により、役員の報酬月額を大幅に引下げていた場合には、引下げをしなかった場合の金額や在職期間中の報酬月額の平均値により最終報酬月額を再評価することもあります。

　なお、業種にかかわらず、功績倍率が3倍程度であれば、役員退職給与として過大でないと考えられています。

② 1年当たり平均額法
　類似法人の平均的な1年当たり退職給与額を基に役員退職給与の適正額を求める方法です。この方法は、会社の創立者が退職時には非常勤取締役として減額した報酬しか受け取っていない場合や、退職時の報酬月額がその役員の在職期間中の職務内容等からみて著しく低額であるような場合など、退職役員の最終報酬月額が適正でなく、「功績倍率法」では合理性に欠ける場合に採用されるものです。

役員退職給与の適正額の計算＝類似法人の1年当たり退職給与平均額×勤続年数

　従事分量配当制を採っている農事組合法人の場合、役員報酬を支給していないことが多いのですが、役員退職給与の支給及び損金算入を考慮すれば、役員報酬を支給した方が有利になります。なお、役員報酬を現金で支給するのではなく、死亡保険金（共済金）の受取人が役員（被保険者）の遺族で、生存保険金（共済金）の受取人がその法人である保険や共済に加入しておくのも一つの方法です。この場合、生存保険金（共済金）の満期を定年など退職予定日に合わせておくことによって、退職慰労金の原資の積立てを兼ねることができます。

勘定科目内訳明細書の記載
勘定科目内訳書：⑭「役員報酬手当等及び人件費の内訳書」
　退職した役員の行に退職給与の額を記載します。

役員給与等の内訳書

役職名	氏名	代表者との関係	常勤・非常勤の別	役員給与計	左の内訳					退職給与
担当業務	住所				使用人職務分	使用人職務分以外				
						定期同額給与	事前確定届出給与	業績連動給与	その他	
			常・非							
			常・非							

固定資産売却損

固定資産の売却により生じた損失

解説

　固定資産の売却により生じた損失です。固定資産売却収入が帳簿価額を下回る場合の損失になります。固定資産売却損は売却収入と帳簿価額とを相殺して売却損の額を純額により表示します。

消費税の留意事項

　固定資産の売却収入が課税売上げとなります。簡易課税制度においては固定資産の売却収入は第4種事業となります。

固定資産除却損

固定資産の除却により生じた損失

解説

　固定資産について除却、廃棄したことによる損失です。帳簿価額相当額が固定資産除却損となります。

特別損失

法人税の留意事項

使用を廃止し、今後通常の方法により事業の用に供する可能性がないと認められる固定資産については、廃棄等をしていない場合でも帳簿価額から処分見込み価額を控除した金額を固定資産除却損として損金算入できます（法基通7-7-2）。これを有姿除却といいます。

法人税基本通達7-7-2（有姿除却）

次に掲げるような固定資産については、たとえ当該資産につき解撤、破砕、廃棄等をしていない場合であっても、当該資産の帳簿価額からその処分見込価額を控除した金額を除却損として損金の額に算入することができるものとする。（昭55年直法2-8「二十五」により追加）

(1) その使用を廃止し、今後通常の方法により事業の用に供する可能性がないと認められる固定資産
(2) 特定の製品の生産のために専用されていた金型等で、当該製品の生産を中止したことにより将来使用される可能性のほとんどないことがその後の状況等からみて明らかなもの

消費税の留意事項

固定資産除却損は、資産の譲渡等に該当しないため、消費税の課税対象となりません。

会計の方法

除却の日までの減価償却費を月割りで按分して計上し、固定資産の帳簿価額（未償却残高）相当額を「固定資産除却損」勘定で処理します。

仕訳例：12月決算法人で7年前の1月に取得した取得価額5,000,000円（税抜き）のトラクターを6月に除却した。

減価償却費：（改定取得価額1,299,461円×改定償却率0.334）×6/12＝217,010円
固定資産除却損：期首簿価431,421円－減価償却費217,010円＝214,411円

借方科目	税	金額	貸方科目	税	金額
減価償却費	不	217,010	減価償却累計額	不	217,010
固定資産除却損	不	214,411	機械　装置	不	5,000,000
減価償却累計額	不	4,785,589			

災害損失

災害による固定資産の損失（保険金等で補填された額を除く）

― 解　説 ―

　災害により固定資産が滅失、損壊したことによる損失です。ただし、帳簿価額相当額に滅失経費を加算し、固定資産の滅失等により受ける保険金等の収入金額を控除します。なお、受け取った保険金等が災害損失を上回る場合は、保険差益となります。滅失経費とは、固定資産の滅失または損壊により支出する経費をいい、固定資産の取壊費、焼跡の整理費、消防費などです。ただし、類焼者に対する賠償金、けが人への見舞金、被災者への弔慰金等のように滅失等に直接関連しない経費は、滅失経費に含まれません。

消費税の留意事項
　災害損失のうち、帳簿価額相当額は課税対象となりませんが、滅失経費には消費税の課税仕入れとなるものがあります。

　具体的な経理方法としては、災害の日までの減価償却費を月割りで按分して計上し、固定資産の帳簿価額（未償却残高）相当額を災害損失勘定で処理します。保険金・共済金等によって災害損失が補填される場合には、災害損失勘定から控除します。

特別償却費

租税特別措置法による特別償却費

― 解　説 ―

　租税特別措置法による特別償却費です。租税特別措置法に定める特別償却費の額は、税務上、製造原価に算入しないことができることになっていますが（法人税基本通達5-1-4）、この場合、特別損失の区分に表示することになります。ただし、特別償却費が少額のときは、重要性の原則により、製造原価又は販売費及び一般管理費の減価償却費に含めることもできます。

特別損失

固定資産圧縮損

圧縮記帳により固定資産を直接減額した額

---- 解　説 ----

　圧縮記帳により固定資産を直接減額した額です。国庫補助金や農業経営基盤強化準備金をもって一定の固定資産の取得等をした場合には、圧縮限度額の範囲内で圧縮記帳した金額が損金算入されます。圧縮記帳には、利益処分による方法もありますが、損金経理により直接減額し、または、圧縮調整勘定に繰り入れた金額を処理する勘定が「固定資産圧縮損」です。

法人税の留意事項

　国庫補助金で固定資産を取得した場合や、農業経営基盤強化準備金を取り崩してまたは直接に経営所得安定対策などの交付金等をもって農業用固定資産を取得した場合には、その固定資産の帳簿価額を減額して損金算入することができます。

表11．圧縮記帳制度

制度名	条文	対象資産	適用期限	備考
国庫補助金等	法法42	国庫補助金等をもって取得した交付目的適合資産	恒久	
農業経営基盤強化準備金	措法61の3	農用地、特定農業用機械等（別表7の減価償却資産のみ、中古不可）	期限未定	対象交付金による圧縮記帳も可

（1）　国庫補助金等で取得した固定資産の圧縮記帳

　国・地方公共団体から交付された、固定資産の取得又は改良に充てるための補助金等で取得したものが対象になります。

> **法人税法　第42条**（国庫補助金等で取得した固定資産等の圧縮額の損金算入）
>
> 　内国法人（清算中のものを除く。以下この条において同じ。）が、各事業年度において固定資産の取得又は改良に充てるための国又は地方公共団体の補助金又は給付金その他政令で定めるこれらに準ずるもの（第四十四条までにおいて「国庫補助金等」という。）の交付を受け、当該事業年度においてその国庫補助金等をもつてその交付の目的に適合した固定資産の取得又は改良をした場合（その国庫補助金等の返還を要しないことが当該事業年度終了の時までに確定した場合に限る。）において、その固

定資産につき、その取得又は改良に充てた国庫補助金等の額に相当する金額（以下この項において「圧縮限度額」という。）の範囲内でその帳簿価額を損金経理により減額し、又はその圧縮限度額以下の金額を当該事業年度の確定した決算において積立金として積み立てる方法（政令で定める方法を含む。）により経理したときは、その減額し又は経理した金額に相当する金額は、当該事業年度の所得の金額の計算上、損金の額に算入する。

（以下略）

（2） 農業経営基盤強化準備金制度の圧縮記帳

圧縮記帳の対象資産

　農業経営基盤強化準備金の取崩額及び受領した対象交付金のうち準備金として積み立てなかった金額をもって、農業用固定資産について圧縮記帳することができます。対象となる農業用固定資産は、農用地と特定農業用機械等です。ただし、贈与、交換、出資、現物分配、代物弁済、合併、分割、所有権移転外リース取引により取得したものは対象となる農業用固定資産から除かれます。

　なお、法人税法及び租税特別措置法において、圧縮記帳についてはダブル適用を禁止している条文がないことから、国庫補助金と農業経営基盤強化準備金を併用して、同一事業年度において、2以上の資産のみならず、1つの資産であっても圧縮記帳することができます。

① 農用地

　農用地とは、農業経営基盤強化促進法第4条第1項第1号に規定する農用地で、農地のほか、採草放牧地が含まれます。また、農用地に係る賃借権も圧縮記帳の対象資産となります。借地において作業効率を高める目的で畦畔を除去して田の区画を広くするため、工事費を支払った場合、賃借した土地の改良のための整地に要した費用の額であるため、原則として借地権の取得価額になります。

農業経営基盤強化促進法　第4条（定義）

　この法律において「農用地等」とは、次に掲げる土地をいう。
一　農地（耕作（農地法（昭和二十七年法律第二百二十九号）第四十三条第一項の規定により耕作に該当するものとみなされる農作物の栽培を含む。以下同じ。）の目的に供される土地をいう。以下同じ。）又は農地以外の土地で主として耕作若しくは養畜の事業のための採草若しくは家畜の放牧の目的に供される土地（以下「農用地」と総称する。）
二　木竹の生育に供され、併せて耕作又は養畜の事業のための採草又は家畜の放牧の目的に供される土地

特別損失

　三　農業用施設の用に供される土地（第一号に掲げる土地を除く。）
　四　開発して農用地又は農業用施設の用に供される土地とすることが適当な土地

法人税基本通達7-3-8（借地権の取得価額）

　借地権の取得価額には、土地の賃貸借契約又は転貸借契約（これらの契約の更新及び更改を含む。以下7-3-8において「借地契約」という。）に当たり借地権の対価として土地所有者又は借地権者に支払った金額のほか、次に掲げるような金額を含むものとする。ただし、(1)に掲げる金額が建物等の購入代価のおおむね10％以下の金額であるときは、強いてこれを区分しないで建物等の取得価額に含めることができる。（昭55年直法2-8「二十一」により改正）
(1)　土地の上に存する建物等を取得した場合におけるその建物等の購入代価のうち借地権の対価と認められる部分の金額
(2)　賃借した土地の改良のためにした地盛り、地ならし、埋立て等の整地に要した費用の額
(3)　借地契約に当たり支出した手数料その他の費用の額
(4)　建物等を増改築するに当たりその土地の所有者等に対して支出した費用の額

② **特定農業用機械等**

　特定農業用機械等とは、「農業用の機械その他の減価償却資産」をいいますが、減価償却資産の耐用年数等に関する省令旧別表7「農林業用減価償却資産の耐用年数表」に掲げるものが対象となります。

農業経営基盤強化準備金制度対象資産例

Ⅰ　農用地	
田、畑、樹園地、採草放牧地	
Ⅱ　機械及び装置	
1. 電動機、内燃機関、ボイラー、ポンプ	2. トラクター
ガソリン機関、ディーゼル機関、発電機、ポンプ　など	乗用トラクター、歩行用トラクター　など
3. 耕うん整地用機具、耕土造成改良機具	4. 防除用機具
プラウ、レベラー、ロータリー、ハロー、あぜ塗機、代掻き機、ブルドーザー、パワーショベル、ショベルローダー　など	散粉機、噴霧機、土壌消毒機、自動防除システム、農業用無人ヘリコプター、農業用ドローン　など
5. 栽培用機具	6. 収穫調整用機具
〈播種・施肥関係〉 播種機、施肥機、散布機、播種プラント　など 〈育苗関係〉 田植機、移植機、育苗器　など 〈その他〉 乗用管理機、マルチャー、かん水装置、養液栽培装置　など	〈穀類〉 コンバイン、乾燥機、石抜機、荷受ホッパー　など 〈飼料作物〉 モアー、テッダー、レーキ、ハーベスター　など 〈野菜、花き、果樹〉 収穫機、洗浄機、計量・結束・包装機　など 〈その他〉 自動計量装置、種子貯蔵設備　など
7. 農産物処理加工用機具	8. 家畜飼養管理用機具
選果機、選別機、ワックス処理機　など	自動給じ機、搾乳機、ふ卵機、保温機、飼料配合機　など
9. 運搬用機具	10. その他の機具
運搬機、トレーラー、リフター、コンテナローダー　など	鳥獣害防止用威嚇機、ガード、ネット、発光機、忌避機　など
Ⅲ　器具及び備品	
ビニールハウス（構築物でないもの）、農作業管理等用電子計算機、農業用測定機器、低温貯蔵庫　など	
Ⅳ　建物及び附属設備	
1. 建物	2. 建物附属設備
農産物集出荷調整施設、農機具収納施設、畜舎　など	電気・照明設備、給排水設備、ガス設備、消化設備　など ※建物と同時取得の場合に対象。
Ⅴ　構築物	
温室、ビニールハウス（器具及び備品でないもの）、果樹棚、用水路、暗きょ、農用井戸、野生動物用防御柵　など	
Ⅵ　ソフトウエア	
農作業管理ソフト、残留農薬測定用解析ソフト、圃場管理用システム　など	

※トラックやフォークリフトなどの車両は対象外です。

特別損失

　このうち、実際に圧縮記帳の対象となるのは、農業経営改善計画に記載されている農業用固定資産です。原則として農業経営改善計画に記載されている農業用固定資産と異なる資産を圧縮記帳の対象となる資産とすることは認められません。ただし、別表7「農林業用減価償却資産の耐用年数表」の種類が同一のものであれば、変更が認められます。

　また、農業経営基盤強化準備金制度では、圧縮記帳の対象となる資産について「製作若しくは建設の後事業の用に供されたことのない」という条件が付いており、新品の資産に限られています。

　リース資産であっても所有権移転ファイナンス・リース取引によるものは対象に含まれますが、所有権移転外ファイナンス・リース取引によるものは、対象資産から除外されています。所有権移転外ファイナンス・リース取引が特例の対象から除かれているのは、その減価償却が、法定耐用年数ではなくリース期間で償却するなど、一般的な減価償却方法のルールと異なることから、圧縮記帳において一般の資産の取得と同様に取扱うことが不適切であるためと考えられます。このため、リース資産について、農業経営基盤強化準備金制度による圧縮記帳の対象としたい場合には、所有権移転ファイナンス・リース取引に該当するようにリース契約を締結する必要があります。具体的には、①リース期間終了時にリース資産を無償で賃借人に譲渡する（譲渡条件付きリース）、②リース期間を法定耐用年数の70％未満とする③リース契約ではなくローン（借入金）とする――などの契約内容とすることが考えられます。

　ただし、農林水産省では、農業用固定資産の取得資金の全額について長期運転資金としてではなくその農業用固定資産の取得のための制度資金等の資金をもって取得したことが明らかな場合には「農用地等を取得した場合の証明書」を発行しないとしていますので注意が必要です。なお、農業経営基盤強化準備金制度の圧縮記帳では、確定申告書に「農用地等を取得した場合の証明書」の添付がある場合に限って適用されることになっています。

租税特別措置法　第61条の3（農用地等を取得した場合の課税の特例）

　前条第一項の農業経営基盤強化準備金の金額（同条第四項の規定の適用を受けるものを除く。）を有する法人（同条第一項の規定の適用を受けることができる法人を含む。）が、各事業年度において、同項に規定する認定計画の定めるところにより、農業経営基盤強化促進法第四条第一項第一号に規定する農用地（当該農用地に係る賃借権を含む。以下この項において同じ。）の取得（贈与、交換、出資又は法人税法第二条第十二号の五の二に規定する現物分配によるもの、所有権移転外リース取引によるものその他政令で定めるものを除く。以下この項において同じ。）をし、又は農業用の機械及び装置、器具及び備品、建物及びその附属設備、構築物並びにソフトウエア（政令で定める規模のものに限るものとし、建物及びその附属設備にあつては農業振興地域の整備に関する法律第八条第四項に規定する農用地利用計画において同法第三

条第四号に掲げる土地としてその用途が指定された土地に建設される同号に規定する農業用施設のうち当該法人の農業の用に直接供される建物として財務省令で定める建物及びその附属設備に限る。以下この項及び第四項において「特定農業用機械等」という。）でその製作若しくは建設の後事業の用に供されたことのないものの取得をし、若しくは特定農業用機械等の製作若しくは建設をして、当該農用地又は特定農業用機械等（以下この項及び第五項において「農用地等」という。）を当該法人の農業の用に供した場合には、当該農用地等につき、次に掲げる金額のうちいずれか少ない金額以下の金額（以下この項において「圧縮限度額」という。）の範囲内でその帳簿価額を損金経理により減額し、又はその帳簿価額を減額することに代えてその圧縮限度額以下の金額を当該事業年度の確定した決算（法人税法第七十二条第一項第一号又は第百四十四条の四第一項第一号若しくは第二号若しくは第二項第一号に掲げる金額を計算する場合にあつては、同法第七十二条第一項又は第百四十四条の四第一項若しくは第二項に規定する期間（通算子法人にあつては、同法第七十二条第五項第一号に規定する期間）に係る決算。以下この章において同じ。）において積立金として積み立てる方法（当該事業年度の決算の確定の日までに剰余金の処分により積立金として積み立てる方法を含む。）により経理したときは、その減額し、又は経理した金額に相当する金額は、当該事業年度の所得の金額の計算上、損金の額に算入する。

（以下略）

租税特別措置法施行令　第37条の3（農用地等を取得した場合の課税の特例）

法第六十一条の三第一項に規定する政令で定める取得は、代物弁済としての取得及び合併又は分割による取得とする。

（以下略）

圧縮限度額

農用地等を取得した場合の課税の特例による圧縮限度額は、次のいずれか少ない金額となります。

① 「農業経営基盤強化準備金の取崩額」と「農用地等を取得した場合の証明書」（別記様式第4号）の金額の合計額
② その年分の事業所得の金額（個人）・事業年度における所得の金額（法人）
③ 圧縮対象資産の取得価額

法人の場合、②の「その事業年度の所得の金額」は、農用地等を取得した場合の課税の特例（措法61の3）の規定、積立て後5年を経過した農業経営基盤強化準備金の取崩し（期限切れ取崩し）による益金算入を適用せず、支出した寄附金の全額を損金算入して計算した

特別損失

場合の事業年度の所得の金額とされています（措令37の3②）。

図3．農業経営基盤強化準備金制度による圧縮限度額

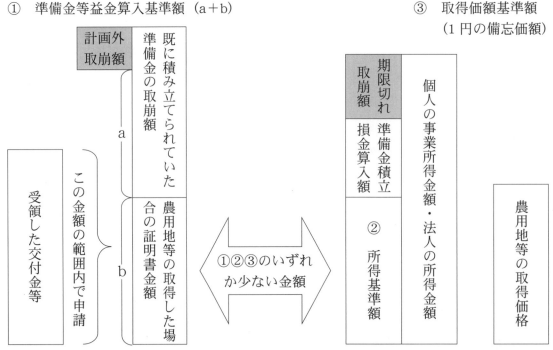

令和3年度税制改正により、期限切れの準備金の取崩しによる益金算入額は、その所得の金額を構成しないものとして計算します。その結果、税制改正後は圧縮記帳に充てるには6年目までに取崩す必要があり、準備金の積立期間が実質的に短縮されます。

対象資産の取得時期

農用地等を取得した場合の課税の特例では、農業経営基盤強化準備金を取り崩した場合だけでなく、受領した交付金等を準備金として積み立てずに受領した事業年度に用いて農用地又は農業用減価償却資産を圧縮記帳することができます。この場合、交付金等を受領する前に取得した農業用固定資産についても、同一事業年度であれば、圧縮記帳の対象となります。

準備金の取崩額だけでなく、交付金等を直接、圧縮記帳に充てられる点では、水田農業構造改革交付金をもって直接、圧縮記帳をすることができた「米の臨特法」と同様の取扱いになっています。なお、農用地利用集積準備金制度では、圧縮記帳ができるのは準備金を取り崩した場合に限られていました。

特定農業用機械等の減価償却

農用地等を取得した場合の課税の特例の適用を受けた特定農業用機械等については、圧縮後の取得価額を基礎として減価償却を行ないます。また、この特例の適用を受けた特定農業用機械等については、特別償却や割増償却の規定は適用されません。したがって、この特例の適用を受けた特定農業用機械等については、圧縮後の取得価額が160万円以上であって

も、中小企業者等が機械等を取得した場合の特別償却又は法人税額の特別控除（措法42の6）の規定の適用を受けることはできません。

> **租税特別措置法　第61条の3**（農用地等を取得した場合の課税の特例）
>
> 1～3　（略）
> 4　第一項の規定の適用を受けた特定農業用機械等については、第五十三条第一項各号に掲げる規定は、適用しない。
>
> （以下略）

> **租税特別措置法施行令　第37条の3**（農用地等を取得した場合の課税の特例）
>
> 1～4　（略）
> 5　法第六十一条の三第一項の規定の適用を受けた農用地等について法人税に関する法令の規定を適用する場合には、同項の規定により各事業年度の所得の金額の計算上損金の額に算入された金額は、当該農用地等の取得価額に算入しない。
> 6　適格合併、適格分割、適格現物出資又は適格現物分配（以下この項において「適格合併等」という。）により法第六十一条の三第一項の規定の適用を受けた農用地等の移転を受けた合併法人、分割承継法人、被現物出資法人又は被現物分配法人が当該農用地等について法人税に関する法令の規定を適用する場合には、当該適格合併等に係る被合併法人、分割法人、現物出資法人又は現物分配法人において当該農用地等の取得価額に算入されなかつた金額は、当該農用地等の取得価額に算入しない。
> 7　法第六十一条の三第一項の規定の適用を受ける農用地等については、同項の規定によりその帳簿価額が一円未満となるべき場合においても、その帳簿価額として一円以上の金額を付するものとする。
>
> （以下略）

会計の方法

〈農業用固定資産の取得〉

取得した農用地（登記日）や特定農業用機械等を取得日（納品日等）で資産に計上します。取得した資産が複数の場合には、土地、構築物、機械装置など、資産の種類ごとに計上します。

特別損失

[取得日]

借方科目	税	金額	貸方科目	税	金額
機械装置	課	4,000,000	未払金	不	4,000,000

〈圧縮記帳〉

　法人の場合、圧縮記帳は、直接減額方式（損金経理）または積立金経理方式（剰余金処分経理）のいずれかを選択できます。ただし、法人の場合、直接減額方式では帳簿価格として1円以上の金額を備忘価額としなければなりません。農業経営基盤強化準備金の積立てで採用した経理方式にかかわらず、圧縮記帳については、損金経理、剰余金処分経理のいずれも選択できます。

① 直接減額方式（損金経理）

[取得日]

借方科目	税	金額	貸方科目	税	金額
固定資産圧縮損	課	3,999,999	機械装置	不	3,999,999

　複数の減価償却資産として計上される場合には、それぞれの資産ごとに最低でも1円の帳簿価額とする必要があるので、資産の種類が多いほどその分、固定資産圧縮損（＝圧縮限度額）の金額が減ることになります。

② 積立金経理方式（剰余金処分経理）

　一方、剰余金処分経理による場合は、取得価額と同額の圧縮積立金（＝圧縮限度額）を積み立てることができます。

[期末日または決算確定日（総会日）]

借方科目	税	金額	貸方科目	税	金額
繰越利益剰余金	不	4,000,000	圧縮積立金	不	4,000,000

　剰余金処分経理方式による場合、法人税申告書別表4において、当期利益に、農業経営基盤強化準備金の取崩額の額を加算、圧縮額（圧縮積立金の積立額）を減算しますが、これらは同額のため差引き調整額はゼロになります。

〈農業経営基盤強化準備金の取崩し〉

　圧縮額と同額以上の農業経営基盤強化準備金を取り崩します。準備金についての経理方式は、準備金を積み立てたときと同じ経理方式となります。

① 準備金の積立てについて引当金経理方式（損金経理）によった場合
[期末日]

借方科目	税	金額	貸方科目	税	金額
農業経営基盤強化準備金	不	4,000,000	農業経営基盤強化準備金戻入額	不	4,000,000

　ここでは、〈圧縮記帳〉の直接減額方式に対応した金額で示しましたが、積立金経理方式による場合は、取得価額と同額になります。また、その年（事業年度）の交付金等をもって圧縮記帳する場合には、その分、取崩額が減ることになります。

② 準備金の積立てについて積立金経理方式（剰余金処分経理）によった場合
[期末日または決算確定日（総会日）]

借方科目	税	金額	貸方科目	税	金額
農業経営基盤強化準備金	不	4,000,000	繰越利益剰余金	不	4,000,000

　ここでは、〈圧縮記帳〉の積立金経理方式に対応した金額で示しましたが、直接減額方式による場合は、取得価額から1円を控除した金額になります。また、その年（事業年度）の交付金等をもって圧縮記帳する場合には、その分、取崩額が減ることになります。

法人税申告書の記載

別表12（13）：農業経営基盤強化準備金の損金算入及び認定計画等に定めるところに従い取得した農用地等の圧縮額の損金算入に関する明細書

特別損失

別表4：所得の金額の計算に関する明細書

［減算］（総計下）農用地等を取得した場合の圧縮額の損金算入額 48

① **直接減額方式（損金経理）によった場合**

別表4：所得の金額の計算に関する明細書

［加算］損金経理をした農用地等の圧縮額 10・次葉［加算］

② **積立金経理方式（剰余金処分経理）の場合**

別表5（1）：利益積立金額及び資本金等の額の計算に関する明細書

圧縮積立金「当期中の増減・増③」欄

圧縮積立金積立額「当期中の増減・増③」欄（△表示＝マイナス）

（圧縮積立金積立額「当期中の増減・減②」欄にプラスで記載する方法もある。）

圧縮特別勘定繰入額

翌年度以降の圧縮記帳のため特別勘定に費用として経理した額

―― 解 説 ――

　国庫補助金について、交付決定日の属する事業年度中に確定通知を受けていない場合には、返還を要しないことが事業年度終了の時までに確定していませんので、交付決定日の属する事業年度において圧縮記帳をすることはできません。この場合の交付を受ける国庫補助金は交付決定日の属する事業年度に収益として計上しますが、その交付決定日の属する事業年度において補助金相当額の圧縮特別勘定を設けて費用として経理することにより、確定通知日の属する事業年度まで収益を繰り延べ、確定通知日の属する事業年度において助成金相当額の収益計上と圧縮記帳による費用計上ができます。

会計の方法

　固定資産の取得をした年において補助金の確定通知がない場合は、固定資産の取得に要した金額に基づき減価償却費を計算します。一方で、その年の翌年に補助金の確定通知を受けた場合、翌年の減価償却費の計算については、その国庫補助金等相当額を控除した取得価額を基礎として行います。

〈固定資産の取得〉

仕訳例：税抜き 3,000,000 円の機械装置を取得して事業の用に供した（税抜経理方式）。

借方科目	税	金額	貸方科目	税	金額
機械　装置	課	3,000,000	未　払　金	不	3,300,000
仮払消費税等	課	300,000			

　農業経営基盤強化準備金を積み立てている農業者が国庫補助金を活用して農業用機械等を取得して圧縮記帳した場合には、農業用機械等の取得価額から補助金額を差し引いた額を取り崩す必要があります。ただし、圧縮記帳しない場合には、取得価額から補助金額を差し引くことができませんので、取得価額相当額（上記の仕訳例の場合300万円、農業経営基盤強化準備金の残高が下回る場合は残高の全額）を取り崩さなければなりません。

　なお、取得した農業用機械等が農業経営改善計画に記載されている場合には、農業経営基盤強化準備金制度による圧縮記帳（農用地等を取得した場合の課税の特例）を適用できます。

特別損失

〈国庫補助金の未収計上〉

仕訳例：固定資産の取得に係る国庫補助金1,000,000円の交付決定通知を受けた（補助金の入金は翌期）。

借方科目	税	金額	貸方科目	税	金額
未収入金	不	1,000,000	国庫補助金収入	不	1,000,000

　補助金は交付決定日の属する事業年度に交付決定額を収益として計上します。交付決定日とは、交付決定通知書の日付になります。

〈特別勘定経理〉

　交付決定日の属する事業年度中に補助金の確定通知を受けていない場合には、返還を要しないことが事業年度終了の時までに確定していませんので、交付決定日の属する事業年度において圧縮記帳をすることはできません。

　この場合の交付を受ける補助金は交付決定日の属する事業年度に収益として計上することとなりますが、その交付決定日の属する事業年度において補助金相当額の特別勘定を設けて費用等として経理することにより、確定通知日の属する事業年度まで収益を繰り延べ、確定通知日の属する事業年度において補助金相当額の収益計上と圧縮記帳による費用計上をすることができます。

仕訳例：翌期の圧縮限度基礎額相当額を損金経理より圧縮特別勘定に繰り入れた。

借方科目	税	金額	貸方科目	税	金額
圧縮特別勘定繰入額	不	928,500	圧縮特別勘定	不	※928,500

※繰入限度額相当額の1,000,000円としても可

〈減価償却費の計上〉

　補助金の確定通知を受領していない場合には圧縮記帳はできません。このため、当期においては国庫補助金等の圧縮記帳をする前の取得価額を基に減価償却費の計算をします。

仕訳例：国庫補助金の確定通知を受けていない機械装置について通常どおりの減価償却費を計上した。

計算式：取得価額3,000,000円×償却率0.143［定額法7年］×償却月数6/12
＝減価償却費214,500円

（取得価額3,000,000円－減価償却費214,500円＝期末未償却残高2,785,500円）

借方科目	税	金額	貸方科目	税	金額
減価償却費	不	214,500	機械　装置	不	214,500

〈圧縮記帳〉

仕訳例：翌期に固定資産の取得に係る国庫補助金の確定通知を受けた。

計算式：帳簿価額 2,785,500 円×補助金 1,000,000 円／取得価額 3,000,000 円
＝圧縮限度基礎額 928,500 円

借方科目	税	金額	貸方科目	税	金額
圧縮特別勘定	不	※928,500	圧縮特別勘定戻入額	不	928,500
固定資産圧縮損	不	928,500	機械　装置	不	928,500

〈補助金の入金〉

仕訳例：確定通知を受けた国庫補助金 1,000,000 円が入金した。

借方科目	税	金額	貸方科目	税	金額
普通　預金	不	1,000,000	未収入金	不	1,000,000

法人税申告書の記載

明細書：別表 13（1）「国庫補助金等（中略）で取得した固定資産等の圧縮額等の損金算入に関する明細書」

「交付を受けた年月日 3」欄に交付決定日を、「交付を受けた補助金等の額 4」欄に交付決定額を記載します。交付決定日の属する事業年度中に補助金の確定通知を受けていない場合においてその交付決定日の属する事業年度において補助金相当額の特別勘定を設けて費用等として経理したときは、「特別勘定に経理した場合（条件付の場合）」の「特別勘定に経理した金額 16」欄に圧縮特別勘定繰入額の金額を記載します。

特別損失

国庫補助金等、工事負担金及び賦課金で取得した固定資産等の圧縮額等の損金算入に関する明細書

別表十三(一) 令六・四・一以後終了事業年度分

| 事業年度 | ： ： | 法人名 | |

I 国庫補助金等で取得した固定資産等の圧縮額等の損金算入に関する明細書

区分	項目	番号	金額		区分	項目	番号	金額
	補 助 金 等 の 名 称	1			帳簿価額を減額した場合又は積立金として経理した場合（返還条件のない合併等の場合）	圧 縮 限 度 超 過 額 (6)－(12)	13	円
	補 助 金 等 を 交 付 し た 者	2				前期以前に取得をした減価償却資産の既償却額に係る取得価額調整額 (既償却額)×(10)	14	
	交 付 を 受 け た 年 月 日	3	． ．			取得価額に算入しない金額 ((6)と(12)のうち少ない金額)＋(14)	15	
	交 付 を 受 け た 補 助 金 等 の 額	4	円		特別勘定に経理した場合（条件付の場合）の繰越額の計算	特 別 勘 定 に 経 理 し た 金 額	16	
	交 付 を 受 け た 資 産 の 価 額	5				繰 入 限 度 額 ((4)のうち条件付の金額)	17	
帳簿価額を減額等をした場合（無条件の場合）又は返還を要しないこととなった減額等をした場合	固定資産の帳簿価額を減額し、又は積立金に経理した金額	6				繰 入 限 度 超 過 額 (16)－(17)	18	
	(4)のうち返還を要しない又は要しないこととなった金額	7			翌期繰越額の計算	当初特別勘定に経理した金額 (繰入事業年度の(16)－(18))	19	
	圧縮限度額の計算	前期以前の償却資産で取得である場合した減価	(4)の全部又は一部の返還を要しないこととなった日における固定資産の帳簿価額	8		同上のうち前期末までに益金の額に算入された金額	20	
		固定資産の取得等に要した金額	9		当期中に益金に算入すべき金額	返 還 し た 金 額	21	
		補 助 割 合 (7)/(9)	10			返還を要しないこととなった金額	22	
		圧 縮 限 度 基 礎 額 (8)×(10)	11	円		(21)及び(22)以外の取崩額	23	
		圧 縮 限 度 額 (5)、(7)若しくは(11)又は(((5)、(7)若しくは(11))－1円)	12		期 末 特 別 勘 定 残 額 (19)－(20)－(21)－(22)－(23)	24	

法人税、住民税及び事業税

当期の法人税、住民税、事業税の見積計上額

解　説

　当期の負担に属する法人税、住民税、事業税の見積計上額です。事業税について外形標準課税の適用を受ける場合を除いて、法人税申告書別表4の「損金経理をした納税充当金」に一致します。なお、外形標準課税による事業税について、所得割は、「法人税、住民税及び事業税」に含めますが、付加価値割・資本割は、損益計算書の「販売費及び一般管理費」に租税公課として計上することになります。

企業会計原則・会社計算規則・中小企業会計指針では

　中小企業の会計に関する指針では、発生基準により当期で負担すべき金額に相当する金額を、損益計算書において「税引前当期純利益（損失）」の次に「法人税、住民税及び事業税」として計上することとしています。

> **中小企業の会計に関する指針　税金費用・税金債務　59. 法人税、住民税及び事業税**
>
> 　当期の利益に関連する金額を課税標準として課される法人税、住民税及び事業税は、発生基準により当期で負担すべき金額に相当する金額を損益計算書において、「税引前当期純利益（損失）」の次に「法人税、住民税及び事業税」として計上する。また、事業年度の末日時点における未納付の税額は、その金額に相当する額を「未払法人税等」として貸借対照表の流動負債に計上し、還付を受けるべき税額は、その金額に相当する額を「未収還付法人税等」として貸借対照表の流動資産に計上する。
>
> 　なお、「法人税、住民税及び事業税」を算定するための課税標準は、税引前の当期純利益に対し、税法特有の調整項目を加算・減算することによって算定される。
>
> 　更正、決定等により追徴税額及び還付税額が生じた場合で、その金額に重要性がある場合には、「法人税、住民税及び事業税」の次に、その内容を示す適当な名称で計上しなければならない。

法人税の留意事項

　「法人税、住民税及び事業税」として計上した金額は、損金不算入になります。そもそも法人税や住民税は損金不算入ですが、たとえ事業税のように損金算入のものであっても、「法人税、住民税及び事業税」として計上した金額は見積計上額であり、その事業年度終了の日までに債務の確定しないものですので、損金算入されません。

法人税申告書・勘定科目内訳書の記載

別表5（2）：納税充当金の計算

　「法人税、住民税及び事業税」の額を別表5（2）の「納税充当金の計算」の「損金経理をした納税充当金31」欄に記載します。

別表4：所得の金額の計算に関する明細書

［加算］損金経理をした納税充当金4

　別表5（2）の「損金経理をした納税充当31」欄の金額を「損金経理をした納税充当金4」欄に転記します。］

特別損失

所得の金額の計算に関する明細書

事業年度　：　：　法人名

別表四　令六・四・一以後終了事業年度分

区　分		総　額①	処　分	
			留　保②	社外流出③
当期利益又は当期欠損の額	1	円	円	配当　円 その他
加算	損金経理をした法人税及び地方法人税（附帯税を除く。）	2			
	損金経理をした道府県民税及び市町村民税	3			
	損金経理をした納税充当金	4			
	損金経理をした附帯税(利子税を除く。)、加算金、延滞金(延納分を除く。)及び過怠税	5			その他
	減価償却の償却超過額	6			
	役員給与の損金不算入額	7			その他
	交際費等の損金不算入額	8			その他
	通算法人に係る加算額（別表四付表「5」）	9			外※
		10			
	小　計	11			外※
減	減価償却超過額の当期認容額	12			
	納税充当金から支出した事業税等の金額	13			
	受取配当等の益金不算入額（別表八(一)「5」）	14			※

御注意　「52」の「①」欄の金額は、「②」欄の金額に

資産の部・流動資産

II 貸借対照表の留意事項

資産の部・流動資産

当座資産

棚卸資産

解　説

　自己が生産した農産物や加工品は「製品」、他から仕入れたものは「商品」と区分して表示します。野菜や花などの未収穫農産物、肥育中の肉豚や肉用牛など販売用動物は「仕掛品」として表示します。一方、育成中の繁殖・種付豚、搾乳牛などは、有形固定資産の区分に「育成仮勘定」として計上します。飼料、薬剤の棚卸は「原材料」、包装材料な燃料などは「貯蔵品」とします。ただし、包装材料で毎期おおむね一定数量を取得して経常的に消費するものは、毎期継続して適用することを条件に、棚卸を省略して損金算入することが認められます。

　稲作など年1作の経営の場合はある程度の仕掛品や製品の在庫の保有が必要ですが、商品や原材料、貯蔵品は適宜の仕入れにより、在庫水準の圧縮が可能です。

法人税の留意事項

　選定することができる評価方法は次の方法です（法令28①）。
① 原価法（個別法・先入先出法・後入先出法・総平均法・移動平均法・単純平均法・最終仕入原価法・売価還元法）
② 低価法

資産の部・流動資産

棚卸資産の取得価額

棚卸資産の評価額の計算の基礎となる棚卸資産の取得価額は、次の額に「その資産を消費し又は販売の用に供するために直接要した費用の額」を加算した金額となります（法令32）。

① 購入した棚卸資産

　　購入代価＋付随費用（引取運賃・荷役費・運送保険料・購入手数料・関税等）

② 自己の栽培等に係る棚卸資産

　　栽培等のために要した原材料費・労務費・経費の額

なお、特別償却の規定を受ける資産の償却費のうち特別償却限度額に係る部分の金額、償却超過額その他税務計算上の否認金の額などは、製造原価に含めないことができます（法基通5-1-4）。また、副産物が生じた場合には、総製造費用の額から副産物等の評価額を控除したところにより製品の製造原価の額を計算しますが、副産物の評価額は合理的に見積もった価額又は通常成立する市場価額により継続して評価します（法基通5-1-8）。

棚卸資産の意義

商品、製品（副産物・作業屑を含む。）、半製品、仕掛品（半成工事を含む）、（主要・補助）原材料、貯蔵品（消耗品で貯蔵中のもの）、その他これらの資産に準ずるものをいいます（法法2二十一、法令10）。ただし、有価証券を除きます。

仕掛品
製品生産のため製造中のもの

―― 解　説 ――

製品生産のため製造中のものです。

法人税の留意事項

麦・大豆の時価

期末時価の算定に当たって、麦・大豆の売却可能価額には畑作物の直接支払交付金相当額を含めません。畑作物の直接支払交付金相当額は、必要に応じて未収入金として計上することになります。具体的には、生畑作物の直接支払交付金相当額は、支払の通知を受けた日の属する事業年度の収益に計上することになります。

家畜の胎児の評価

　家畜の胎児は棚卸資産ではなく、減価償却資産である母畜（搾乳牛の初妊牛を除く。）の一部です。したがって、胎児の育成を目的として減価償却資産である元物の母畜に対して投下された費用は、元物である母畜の固定資産としての価値を高める部分に対応する金額として資本的支出として扱われます。このため、家畜の胎児は、本来、減価償却資産である母畜の価額に含めて評価することになります。

　胎児は、出産した時点で子畜として母畜から分離しますが、会計上は、胎児の育成のために要した費用に相当する額について固定資産の価額を減額して棚卸資産としての子畜の取得価額に振り替えることになります。しかしながら、1回の出産における母畜1頭当たりの胎児の育成に要した費用が20万円に満たない場合には、損金経理することが認められると考えられます（法人税基本通達7-8-3）。

　ただし、胎児を原価により評価して資産計上する場合には、減価償却資産である母畜の取得価額に加算することは経理が煩雑になるため、便宜上、胎児を仕掛品として資産計上する方法が考えられます。

　一方、胎児を時価により評価する場合、家畜の胎児は、減価償却資産である母畜と分離することができず、単体で売却すること自体が不可能なため、税務上は期末時価をゼロとして評価するのが妥当と考えられます。

法人税基本通達7-8-3（少額又は周期の短い費用の損金算入）

　一の計画に基づき同一の固定資産について行う修理、改良等（以下7-8-5までにおいて「一の修理、改良等」という。）が次のいずれかに該当する場合には、その修理、改良等のために要した費用の額については、7-8-1にかかわらず、修繕費として損金経理をすることができるものとする。（昭55年直法2-8「二十六」により追加、平元年直法2-7「五」、平15年課法2-7「二十」、令4年課法2-14「二十二」により改正）

(1) その一の修理、改良等のために要した費用の額（その一の修理、改良等が2以上の事業年度にわたって行われるときは、各事業年度ごとに要した金額。以下7-8-5までにおいて同じ。）が20万円に満たない場合

(2) その修理、改良等がおおむね3年以内の期間を周期として行われることが既往の実績その他の事情からみて明らかである場合

(注) 本文の「同一の固定資産」は、一の設備が2以上の資産によって構成されている場合には当該一の設備を構成する個々の資産とし、送配管、送配電線、伝導装置等のように一定規模でなければその機能を発揮できないものについては、その最小規模として合理的に区分した区分ごととする。以下7-8-5までにおいて同じ。

資産の部・流動資産

法人税基本通達 5-2-11（時価）

棚卸資産について低価法を適用する場合における令第28条第１項第２号《低価法》に規定する「当該事業年度終了の時における価額」は、当該事業年度終了の時においてその棚卸資産を売却するものとした場合に通常付される価額（以下5-2-11において「棚卸資産の期末時価」という。）による。（平19年課法2-17「十一」により追加）

（注）　棚卸資産の期末時価の算定に当たっては、通常、商品又は製品として売却するものとした場合の売却可能価額から見積追加製造原価（未完成品に限る。）及び見積販売直接経費を控除した正味売却価額によることに留意する。

その他の流動資産

仮払配当金
従事分量配当見合いとして支給した金額

―― 解　説 ――

　農事組合法人が従事分量配当制を採る場合において、その事業に従事する組合員に対してその事業年度の剰余金処分によりその従事分量配当金が確定するまでの間、従事分量配当金として確定すべき金額を見合いとして金銭を支給して仮払配当金として経理することが認められています。

　仮払配当金は、従事する作業の種類ごとに事前に決めておいた単価によって支払います。ただし、仮払いの単価と確定単価が異なっても構いませんので、低めの単価で仮払いをしておき、確定単価を上乗せして、剰余金処分の際に追加払いすることもできます。

法人税基本通達 14-2-4（漁業生産組合等のうち協同組合等となるものの判定）

　漁業生産組合、生産組合である森林組合又は農事組合法人で協同組合等として法第60条の２《協同組合等の事業分量配当等の損金算入》の規定の適用があるものは、これらの組合又は法人の事業に従事する組合員に対し、給料、賃金、賞与その他これらの性質を有する給与を支給しないものに限られるのであるが、その判定に当たっては、次に

掲げることについては、次による。(平19年課法2-3「三十九」により改正)
(1) その事業に従事する組合員には、これらの組合の役員又は事務に従事する使用人である組合員を含まないから、これらの役員又は使用人である組合員に対し給与を支給しても、協同組合等に該当するかどうかの判定には関係がない。
(2) その事業に従事する組合員に対し、その事業年度において当該事業年度分に係る従事分量配当金として確定すべき金額を見合いとして金銭を支給し、当該事業年度の剰余金処分によりその従事分量配当金が確定するまでの間仮払金、貸付金等として経理した場合には、当該仮払金等として経理した金額は、給与として支給されたものとはしない。
(3) その事業に従事する組合員に対し、通常の自家消費の程度を超えて生産物等を支給した場合において、その支給が給与の支払に代えてされたものと認められるときは、これらの組合又は法人は、協同組合等に該当しない。

会計の方法

〈期中の仮払時〉

仕訳例：期中において、従事分量配当金の仮払金として600万円を支給した。

借方科目	税	金額	貸方科目	税	金額
仮払配当金	不	6,000,000	普通預金	不	6,000,000

〈総会の決議時〉

仕訳例：農事組合法人において、当期剰余金 1,500万円のうち10分の1に相当する150万円を利益準備金として積み立て、残額のうち従事分量配当金として1,200万円（期中に支給して仮払経理した金額600万円）を配当することした。

借方科目	税	金額	貸方科目	税	金額
繰越利益剰余金	不	13,500,000	利益準備金	不	1,500,000
			仮払配当金	不	6,000,000
			未払配当金	不	6,000,000

資産の部・流動資産

仮払法人税等

法人税等から控除される予定納税額、利子配当の源泉徴収税額

―― 解　説 ――

　法人税等から控除される予定納税額、利子配当の源泉徴収税額です。期末の決算整理において、未払法人税等または未収還付法人税等に振り替えます。

法人税等の留意事項

　中間申告分の法人税、住民税及び事業税は、控除所得税も含めて、仮払経理により仮払法人税等に計上しておくことによって、法人税の計算が簡素化されます。仮払法人税等を未払法人税等（納税充当金）と相殺しても、未収還付法人税等に振り替えても法人税等の額は変わらないからです。

　この場合、中間申告分の法人税、住民税は、控除所得税も含めて、加算と減算が同額になり、課税所得金額に影響しません。一方、中間申告分の事業税については、仮払経理による納付であっても、充当金取崩しによる納付であっても、常に減算になります。

会計の方法

〈控除所得税〉

仕訳例：受取利息 1,000 円から源泉所得税が控除されて支払われた。

借方科目	税	金額	貸方科目	税	金額
普通預金	不	847	受取利息	非	1,000
仮払法人税等―源泉所得税	不	153			

〈決算整理〉

① 　確定納付になる場合

　法人税や住民税法人税割の確定納付額が出ることにより、法人税や県民税から源泉所得税等を税額控除できる場合には、税額控除の確定納付額（＝未払法人税等の額）に税額控除された源泉所得税等の額を加算した金額を「法人税、住民税及び事業税」として計上し、仮払法人税等は、未払法人税等と相殺します。

課税所得金額 100,000 円の場合

法人税額＝100,000 円×15％（＝15,000 円）−153 円＝14,800 円（100 円未満切捨て）
地方法人税額＝15,000 円×10.3％（＝1,545 円）　　＝　1,500 円（100 円未満切捨て）
事業税額＝100,000 円×3.5％　　　　　　　　　　　＝　3,500 円（100 円未満切捨て）
特別法人事業税額＝3,000 円×37％　　　　　　　　 ＝　1,100 円（100 円未満切捨て）
県民税額＝15,000 円×1％（＝150 円）＋20,000 円　＝20,100 円（100 円未満切捨て）
市民税額＝15,000 円×6％（＝900 円）＋50,000 円　＝50,900 円（100 円未満切捨て）
　　　計（＝未払法人税等（相殺後））　　　　　　　　91,900 円
　　仮払法人税等　　　　　　　　　　　　　　　　　　　153 円
　　　合　　　　計（＝法人税、住民税及び事業税）　　92,053 円

仕訳例：課税所得金額 100,000 円に対して控除所得税 153 円の分も含めて納税充当金を計上した。

借方科目	税	金額	貸方科目	税	金額
法人税、住民税及び事業税	不	92,053	未払法人税等	不	92,053
未払法人税等	不	153	仮払法人税等−源泉所得税	不	153

② 還付になる場合

　課税所得金額がマイナスで、納付が住民税均等割のみになり、源泉所得税が還付になる場合には、仮払法人税等は、未収還付法人税等に振り替えます。

法人税申告書の記載

明細書：別表 6（1）「所得税額の控除に関する明細書」

　受取利息、受取配当金から控除された所得税額について、それぞれ「預貯金の利子及び合同運用信託の収益の分配」(1)、「剰余金の配当、利益の配当及び剰余金の分配（みなし配当等を除く。）」(3) の「①についてかされる所得税額」②に記載します。「②のうち控除を受ける所得税額」③も、原則として②と同額になります。

資産の部・流動資産

未収還付法人税等

法人税等から控除される予定納税額、利子配当の源泉徴収税額

―― 解　説 ――

法人税等から控除される予定納税額、利子配当の源泉徴収税額です。

企業会計原則・会社計算規則・中小企業会計指針では

　法人税、住民税及び事業税について還付を受けるべき税額は、その金額に相当する額を「未収還付法人税等」として貸借対照表の流動資産に計上することとしています。

> **中小企業の会計に関する指針　税金費用・税金債務　59.　法人税、住民税及び事業税**
>
> 　当期の利益に関連する金額を課税標準として課される法人税、住民税及び事業税は、発生基準により当期で負担すべき金額に相当する金額を損益計算書において、「税引前当期純利益（損失）」の次に「法人税、住民税及び事業税」として計上する。また、事業年度の末日時点における未納付の税額は、その金額に相当する額を「未払法人税等」として貸借対照表の流動負債に計上し、還付を受けるべき税額は、その金額に相当する額を「未収還付法人税等」として貸借対照表の流動資産に計上する。
> （以下略）

法人税等の留意事項

　中間申告分の法人税・住民税・事業税や控除所得税について、仮払法人税等に計上した金額のうち、還付を受けるべき税額を未収還付法人税等に振り替えます。未収還付法人税等に振り替えても仮払経理として取り扱われるため、「仮払税金認定損」として減算されます。

　事業税の額は損金に算入されますので、未収還付法人税等に計上した中間申告分の事業税は、減算になります。一方、法人税、住民税については、控除所得税も含めて、「損金の額に計上した法人税」などとして加算されますので、加算の額と減算の額が同額になり、課税所得金額に影響しません。

会計の方法

〈決算整理〉

　課税所得金額がゼロまたはマイナスで、納付が住民税均等割のみになり、源泉所得税や還付になる場合には、仮払法人税等は、未収還付法人税等に振り替えます。

仕訳例：課税所得がマイナスのため、法人住民税均等割だけ納税充当金を計上し、控除所得税153円を未収還付法人税等に振り替えた。

借方科目	税	金額	貸方科目	税	金額
法人税、住民税及び事業税	不	70,000	未払法人税等	不	70,000
未収還付法人税等	不	153	仮払法人税等−源泉所得税	不	153

中間分の法人税や住民税、事業税が還付になる場合も同様に、未収還付法人税等に振り替えます。

法人税申告書の記載

別表5（2）：「仮払経理による納付」

未収還付法人税等として計上した法人税、住民税（道府県民税・市町村民税）、事業税、源泉所得税については、それぞれの税目ごとに、別表5（2）の「仮払経理による納付」④に記載します。

別表4：所得の金額の計算に関する明細書

［減算］仮払税金認定損 21・次葉

［減算］の空欄に「仮払税金認定損」と記載のうえ、別表5（2）の「仮払経理による納付④」の金額の合計額を「総額①」と「留保②」に転記します。

別表4：所得の金額の計算に関する明細書

［加算］損金経理をした法人税及び地方法人税（附帯税を除く。）2

［加算］損金経理をした道府県民税及び市町村民税 3

［加算］法人税額から控除される所得税額 29

別表5（2）の「仮払経理による納付④」の金額から、法人税（中間申告分）を「損金経理をした法人税及び地方法人税（附帯税を除く。）2」に、住民税（道府県民税・市町村民税、中間申告分）を「損金経理をした道府県民税及び市町村民税3」に、それぞれ転記します。また、「法人税額から控除される所得税額29」欄に、別表6（1）の「②のうち控除を受ける所得税額」（③）の計（6）の金額を転記します。

これらの加算した項目については、同額が「仮払税金認定損」として減算されますので、法人税の計算に影響を与えません。

資産の部・固定資産

―― 解　説 ――

　固定資産とは、会計上は、有形固定資産、無形固定資産、投資その他の資産の総称です。また、税務上は、①土地（土地の上に存する権利を含む。）、②減価償却資産、③電話加入権、④①～③に準ずるもの、をいいます。

　なお、税法上の繰延資産は、会計上は無形固定資産の区分に表示することが多くなっています。

有形固定資産
物としての実体をもつ固定資産

―― 解　説 ――

　有形固定資産とは、物としての実体をもつ固定資産です。一般には、建物、建物付属設備、構築物、機械装置、船舶、航空機、車両運搬具、工具、器具備品、土地、建設仮勘定があります。農業の場合、これらに生物、繰延生物、育成仮勘定が加わります。生物は、税法上は有形固定資産と区分されていますが、会計上は、有形固定資産に含めます。

税務上の留意事項

取得価額

　取得価額の計算については、その資産の購入の代価、いわゆる本体価格だけではなく、引取運賃や荷役費、購入手数料その他の付随費用があればこれを加算します。また、その資産を業務の用に供するために直接要した費用がある場合には、その額を合計した金額が取得価額になります。具体的には、例えばライスセンターを建設した場合、当然据付費や試運転費といったものがかかりますが、これらの経費も取得価額に含めて資産計上しなければなりません。

　平成10年度税制改正により、業務の用に供した時に取得価額相当額を損金に算入する少額減価償却資産の取得価額基準が以前の20万円未満から10万円未満に引き下げられました。少額減価償却資産に該当するかどうかの判定において、取得価額が10万円未満であるかどうかは、通常1単位として取引きされるその単位ごとに判定し、単体で機能を発揮できないものについては一つの工事等ごとに判定します（法基通7－1－11）。

　一方、平成15年度税制改正により、中小企業が30万円未満の減価償却資産を取得した

場合に、取得価額全額の即時償却を認める制度（「中小企業者等の少額減価償却資産の取得価額の損金算入の特例」）が創設され、平成22年3月31日まで継続されています。ただし、その後の税制改正により、損金算入額に制限が設けられ、少額減価償却資産の取得価額の合計額が300万円を超えるときは、その取得価額の合計額のうち300万円に達するまでが限度となっています。

消費税との関連において取得価額の判定については、事業者が適用している消費税の経理方式に応じて行います。つまり、税抜経理方式では税抜きの取得価額により、税込経理方式では税込みの取得価額によります（平元直所3-8）。具体的には、例えば本体価格98,000円のパソコンを買ったとすると、税率が10％なら税込価格では107,800円で10万円を超えます。この場合、税抜経理方式を採用している法人の場合には税抜きの価格が998,000円ですから、損金に算入することができます。ただし、法人の場合、資産計上することもできます。これに対して、個人事業者の場合には必要経費に算入しなければなりません。一方、税込経理方式を採用している場合には、税込みの価格が107,800円になるので、法人、個人事業者を問わず、通常の減価償却資産としてまたは一括減価償却資産として、資産計上しなければならないことになります。このように、減価償却資産の取得価額の判定については、取得した年または事業年度の損金算入額が大きい税抜経理方式の方が有利になります。ただし、消費税の免税事業者は消費税の処理について税抜経理方式は認められません。

耐用年数

減価償却資産のうち鉱業権及び坑道以外のものの耐用年数は、別表第1から別表第4までに定めるところによりますが（耐令1①）、従来、農業、畜産農業又は林業の用に供されている減価償却資産で別表第7（農林業用減価償却資産の耐用年数表）に掲げるものは、これに定めるところによることになっていました（旧耐令2三）。畜産農業とは、家畜、家禽、毛皮獣若しくは蜂の育成、肥育、採卵、採乳又はみつの採取を行う事業をいいます（耐通2-23-2）。

平成20年度税制改正によって、減価償却制度について、法定耐用年数の見直しが行なわれました。機械装置を中心に、実態に即した使用年数を基に資産区分を整理するとともに、法定耐用年数を見直されました。農業用の構築物、機械装置、車両運搬具、器具備品は、かつては別表第7によっていましたが、別表第7が廃止され、機械装置を除き、別表第1に統合された。一方、建物、建物付属設備は、従来どおり別表第1によります。

具体的には、機械装置のうち農業用設備についてはすべて7年になります。このほか、繁殖用の肉用牛（繁殖雌牛）については改正前の5年から6年に耐用年数が延長され、鉄骨造の畜舎や堆肥舎など「主として金属造の構築物」に該当するものは、耐用年数が15年から14年に短縮になりました。

資産の部・固定資産

建　物

土地に定着する工作物で周壁、屋根を有するもの

―― 解　説 ――

　建物とは、土地に定着して建設された工作物で周壁、屋根を有し、住居、工場、貯蔵またはこれらに準ずる用に供されるものをいいます。

法人税等の留意事項

構築物との区分

　畜舎でも周壁があるものは建物となりますが、周壁のないものは構築物となります。例えば、鶏舎の場合、鶏舎の内部と外部が隔壁により遮断されている構造で社会通念上建物とみなされるものは建物として、「と畜場用のもの」の耐用年数を適用します。周壁のないものは構築物として、別表第1「機械及び装置以外の有形減価償却資産の耐用年数表」の構造・用途「農林業用のもの」細目「主として金属造のもの」の耐用年数14年を適用することになります。

　構築物に該当する場合には耐用年数が短くなります。例えば、重量鉄骨造りの畜舎の耐用年数は、建物では31年ですが、構築物では14年となります。また、平成10年4月1日以後に取得した場合、建物の償却方法は定額法のみ適用となりますが、構築物であれば定率法も選択できます。畜舎などを建築する場合、節税を考慮するならば、設計の段階から検討する必要があります。ただし、融資を受けて畜舎を取得する場合において、融資対象物件を担保に供するため、畜舎を登記することがありますが、登記した場合には構造上構築物に該当する場合であっても家屋として固定資産税が賦課され、建物として取り扱われることになります。

　温室も一般には構築物に該当しますが、「家屋」として固定資産税を賦課されているものは、建物の耐用年数を適用します。

　畜舎や温室で構築物に該当するものは、固定資産税においても家屋でなく償却資産として課税されますので、償却資産としての申告をしておきましょう。

建物付属設備・構築物との区分

　建物付属設備や構築物は、一般に建物より耐用年数が短く、また、定率法が適用できるため、早期償却の観点から区分して計上します。建物の取得時に計上される建物付属設備としては、電気設備、給排水設備、ガス設備などがあります。また、構築物としては、舗装路面、サイロ、下水道、へいなどがあげられます。建物の請負契約における見積書などによって建物と建物付属設備、構築物の内訳を明示しておきます。

表12. 建物の耐用年数表

構造又は用途		細目	事務所用	住宅用	店舗用	車庫用、飼育用	倉庫用、作業場用（一般用）	木製主要柱が一〇cm角以下のもの（注）	掘立造、仮設のもの
一般用	鉄骨鉄筋、鉄筋コンクリート造		50	47	39	38	38		
	れんが、石、ブロック造		41	38	38	34	34		
	金属造	骨格材の肉厚 4mm 超	38	34	34	31	31		
		〃 3mm 超 4mm 以下	30	27	27	25	24		
		〃 3mm 以下	22	19	19	19	17		
	木造又は合成樹脂造		24	22	22	17	15		
	木骨モルタル造		22	20	20	15	14		
	簡易建物							10	7

注） 土居ぶき、杉皮ぶき、ルーフィングぶき又はトタンぶきのもの

建物付属設備

建物に固着して使用価値を増加させるもの又は維持管理上必要なもの

──── 解　説 ────

　建物付属設備とは建物に固着されたもので、①その建物の使用価値を増加させるもの、②その建物の維持管理上必要なものをいい、具体的には電気設備、給排水・衛生・ガス設備、冷暖房・通風・ボイラー設備などをいいます。

表13. 建物付属設備の耐用年数表（抄）

構造又は用途		細目	耐用年数
一般用	電気設備（照明設備を含む。）	蓄電池電源設備	6
		その他のもの	15
	給排水又は衛生設備及びガス設備		15

機械装置に係る配電設備は当該機械装置に含まれます。

構築物

建物以外の土地に定着した工作物、土木設備

―― 解　説 ――

　構築物とは、土地に定着して建設された工作物で周壁、屋根を有しないものをいいます。

　ガラス温室は、一般に、設置された後、基礎として定着しているので、構築物として取り扱われます。したがって、骨格材が金属製の場合、別表第1「機械及び装置以外の有形減価償却資産の耐用年数表」の構造・用途「農林業用のもの」細目「主として金属造のもの」の耐用年数14年になります。ただし、家屋として固定資産税が賦課されるものは建物となります。

　ビニールハウスは、移設可能なものであれば、器具備品として取り扱われます。

表14. 構築物の耐用年数表

構造又は用途		細目	例示	耐用年数 改正前	耐用年数 21年以降
農林業用	主としてコンクリート造、れんが造、石造又はブロック造のもの	果樹又はホップだな			14
		斜降索道設備及び牧さく（電気牧さくを含む。）	（21年分より「その他のもの」）	17	17
		その他のもの	頭首工、堰堤、ひ門、用水路、灌漑用配管、農用井戸、貯水槽、肥料溜め、堆肥盤、温床枠、サイロ、畦	20	
	主として金属造のもの	斜降索道設備	（21年分より「その他のもの」）	13	14
		その他のもの	農用井戸、潅水用又は散水用配管	15	
	主として木造のもの		果樹又はホップ棚、斜降索道設備、稲架、牧さく（電気牧さくを含む。）	5	5
	土管を主としたもの		暗渠、農用井戸、灌漑用配管	10	10
	その他のもの		薬剤散布及び灌漑用塩化ビニール配管	8	8
汚水処理用（注）	鉄骨鉄筋コンクリート造、鉄筋コンクリート造又は石造のもの	槽、塔、水路、貯水池その他のもの		30	18
	れんが造のもの			20	
	コンクリート造、金属造又は土造のもの			15	
	木造又は合成樹脂造のもの			10	
一般用	舗装道路及び舗装路面	コンクリート敷、ブロック敷、れんが敷又は石敷のもの			15
		アスファルト敷又は木れんが敷のもの			10
		ビチューマルス敷のもの			3

注．平成21年以降、「公害防止用」に名称変更。

資産の部・固定資産

機械装置

運動機能をもつ機具又は工場等の設備

---- 解　説 ----

機械とは、次の3つの要素を充足するもので、航空機、車両などに該当するものを除くものをいいます。

① 剛性のある物体から構成されている。
② 一定の相対運動をする機能をもっている
③ それ自体が仕事をする

農林業用の機具のうち、動力により作動するもの及びトラクターに装着し又はけん引させて作業をするものは、機械装置に該当します。

装置とは、機械の機能のうち②または③が欠如したもので、機械とともに、または補助用具として工場などの設備を形成し、総合設備の一部として用役の提供を行うもので、工具に該当するものは除きます。

法人税等の留意事項

中小企業者等が機械等を取得した場合の特別償却又は法人税額の特別控除

中小企業者である青色申告者が、指定期間内に取得価額1台160万円以上の新品の特定機械装置等を取得して農業などの指定事業の用に供した場合に、取得価額の30％相当額の特別償却または取得価額の7％相当額の税額の特別控除をすることができます。

農業用の減価償却資産が機械装置に該当するかどうかは、個々の減価償却資産の属性に基づき判定しますが、過去の通達を参考に判定すれば、制度の適用上、次の表の「中小企業者」欄に掲げるものは機械装置に該当するものとして取り扱われます。

旧・租税特別措置法関係通達　42の6-1の2（農林業用の機械及び装置）

農業用又は林業用の減価償却資産が機械及び装置に該当するかどうかは個々の減価償却資産の属性に基づき判定するのであるが、措置法第42条の6の規定の適用上、耐用年数省令別表第七（以下42の6-1の2において「別表第七」という。）に掲げる減価償却資産のうち次の表に掲げるものは機械及び装置に該当するものとする。（平16年課法2-14「二」により追加）

表 15. 機械装置の耐用年数表

種類	細目	例示	耐用年数 改正前	21年以降	中小企業者
農林業用 / 電動機			10		全部
内燃機関、ボイラー、ポンプ			8		
トラクター	歩行型トラクター		5		
	その他のもの	乗用型トラクター	8		動力により作動するもの及びトラクターに装着し又は牽引させて作業するもの
耕うん整地用機具		プラウ、ロータリ、ハロー、代掻機、鎮圧機、均平機、畝立機、ブルドーザ	5		
耕土造成改良機具		抜根機、芯土破砕機、溝掘機、穴掘機、パワーショベル	5		
栽培管理用機具		堆肥散布機（マニアスプレッダ）、石灰散布機（ライムソーア）、播種機、施肥播種機（含：ブロードキャスタ）、田植機、移植機、育苗機、中耕除草機、マルチャ、動力剪定機、温室自動天窓開閉装置、温室自動換気装置、温室用施肥潅水装置（除：槽及びポンプ）、剪枝機	5	7	
防除用機具		スピードスプレーヤ、散粉機、噴霧機、ミスト機、煙霧機、土壌消毒機	5		
穀類収穫調製用機具	自脱型コンバイン、刈取機（除：ウィンドロウア、含：バインダ）、稲藁収集機※及び藁処理カッタ		5		
	その他のもの	普通型コンバイン、ウィンドロウア、脱穀機、籾摺機、穀物乾燥機	8		
飼料作物収穫調製用機具	モーア、ヘーコンディショナ※、ヘーレーキ、ヘーテッダ、ヘーテッダレーキ、フォレージハーベスタ※、ヘーベーラ※、ヘープレス、ヘーローダ、ヘードライヤ※、ヘーエレベータ、フォレーシブロア、サイレージディストリビュータ、サイレージアンローダ、飼料細断機		5		
	その他のもの	自走式フォレージハーベスタ、自走式ヘーコンディショナ、自走式モアコンディショナ、自走式ヘーベーラ、連続式自動ドライヤ、飼料成形機	8		
果樹・野菜・花卉収穫調製用機具	野菜洗浄機、清浄機及び掘取機		5		
	その他のもの	しいたけ乾燥機	8		
その他の農産物収穫調製用機具	い苗分割機、い草刈取機、い草選別機、い割機、粒選機、掘取機、つる切機、茶摘機		5		
	その他のもの	ラミー剥皮機、煙草乾燥機、蒟蒻乾燥機	8		
農産物処理加工用機具（除：精米・精麦機）	花莚織機及び畳表織機		5		動力により作動するもの
	その他のもの	選果機、選別機、ワックス処理機、自動製函機、自動封緘機、洗卵選別機、藁打機、縄綯機、縄仕上機、製莚機、干瓢製造機、蒸煮機、剥皮精製機、荒茶製造機、仕上茶製造機、芋切機	8		
家畜飼養管理用機具	自動給餌機、自動給水機、搾乳機、牛乳冷却機、畜舎清掃機、糞尿散布機、糞尿乾燥機及び糞焼却機		5		
	その他のもの	飼料粉砕機、飼料配合機	8		
養蚕用機具	条桑刈取機、		5		
	その他のもの	蚕自動飼育装置、稚蚕飼育用温湿度自動調整装置、到桑機、動力条払機、自動収繭機、繭毛羽取機、自動選繭機	8		
その他の機具	主として金属製のもの	精米機、精麦機	10		精米機及び精麦機
種苗花卉園芸設備			10		
汚水処理用（注）			7	5	

注．平成21年以降、「公害防止用」に名称変更。
※＝自走式のものを除く

車両運搬具

人、物の運搬を主目的とする機具

解　説

　車両運搬具とは、自走能力の有無を問わず、人または物の運搬を主目的とするものをいいます。例えば、乗用車、貨物自動車、フォークリフトおよび自転車などが該当します。

　トラクターやコンバイン、田植機などの作業機械については、自らの動力により移動できるものであっても、車両運搬具ではなく、機械に該当します。

表16．車両運搬具の耐用年数表

細目		例示	自動車登録番号	耐用年数 改正前	21年以降
農林業用	運搬機具	牛馬車、荷車、そり、トレーラー、リヤカー、ワゴン、孤輪車、モノレールカー、動力運搬車（一輪又は二輪）、農用舟		4	4[注]
一般用	自動車	小型車（総排気量0.66リットル以下）	4・5、40・50番台、		4
		普通車のダンプ式貨物自動車	1、10番台		4
		普通車の一般貨物自動車			5
		普通乗用車	3、30番台		6
	二輪又は三輪自動車				3
	自転車				2
	フォークリフト				4
	その他のもの	自走能力を有するもの			7
		その他のもの			4

注．一般用（別表第1）の「その他のもの」の「その他のもの」（自走能力を有するもの以外）に統合。

器具備品

移設容易な家具、電気・事務機器等の機具

解　説

　移設容易な家具、電気・事務機器等の機具で、機械装置、航空機、車両運搬具のいずれにも該当しないものです。耐用年数省令旧別表第7の農林業用減価償却資産の耐用年数表に掲げる機具のうち、機械装置に該当しないものは、運搬用機具を除いて、原則として器具備品に該当します。

　ビニールハウスは、移設可能なものについては構築物ではなく器具備品に該当しますが、耐用年数は、別表第1の構造・用途「11 前掲のもの以外のもの」の細目「その他のもの」を適用し、骨格部分が主として金属製であれば「主として金属製のもの」で10年、骨格が木材等のものであれば「その他のもの」で5年となります。

　パソコン（耐用年数4年）、コピー機（同5年）、ファクシミリ（同5年）などの事務機器も器具備品なります。

資産の部・固定資産

表17. 器具備品の耐用年数表

	種類	細目	例示	耐用年数 改正前	耐用年数 21年以降
農林業用	栽培管理用機具		スプリンクラ、暖房機、歩行式作業台	5	注
農林業用	農産物処理加工用機具	その他のもの	蒸煮機他	8	注
農林業用	家畜飼養管理用機具	牛乳成分検定用機具、人工授精用機具、ケージ、電牧器、カウトレーナ、マット他		5	注
農林業用	養蚕用機具	簡易保温用暖房機、天幕及び回転まぶし他		5	注
農林業用	養蚕用機具	その他のもの	蚕架、条桑育台他	8	注
農林業用	その他の機具 ↓ (21年分以降) 11前掲のもの以外のもの	ほだ木 きのこ栽培用	生しいたけ栽培用ほだ木	2	3
農林業用	その他の機具	ほだ木 きのこ栽培用	その他きのこ栽培用ほだ木	4	3
農林業用	その他の機具	乾燥用バーナー		5	注
農林業用	その他の機具	その他のもの 主として金属製のもの	ビニールハウス(骨格材が金属製のもの)	10	10
農林業用	その他の機具	その他のもの その他のもの	ビニールハウス(骨格材が木製のもの)	5	5
一般用	家具、電気機器、ガス機器及び家庭用品	冷房用又は暖房用機器	エアコン		6
一般用	事務機器及び通信機器	電子計算機	パソコン、プリンタなどの周辺機器		4
一般用	事務機器及び通信機器	複写機			5
一般用	事務機器及び通信機器	ファクシミリ			5

注.「11前掲のもの以外のもの」へ統合。「主として金属製のもの」か「その他のもの」に分類。

生 物

農業用の減価償却資産である生物

―― 解 説 ――

　農業用の減価償却資産である生物です。乳牛、繁殖用和牛、種豚などの牛馬や、ミカン、カキ、茶といった果樹などの永年作物をいいます。

　税法上、減価償却資産となるものは限定列挙されており、その具体的な種類は耐用年数表のとおりです。

表 18．生物の耐用年数表（付．残存割合、成熟年齢・樹齢）

種類	細目	耐用年数 改正前	耐用年数 21年以降	残存割合※	成熟年齢
牛	農業使役用	6 年	6	50%	満2歳
牛	小運搬使役用	5		40 注	満2歳
牛	繁殖用 役肉牛	5	6	50	
牛	繁殖用 乳用牛	4	4	20 注	
牛	種付用		4		
牛	種付用 役肉牛	4		20	
牛	種付用 乳用牛	4		10	
牛	その他用	6		50	
馬	農業使役用	8	8	30 注	2
馬	小運搬使役用	6		20	4
馬	繁殖用	7	6	20	3
馬	種付用	6	6	10 注	4
馬	競走用	4	4	20	2
馬	その他	8	8	30	2
豚	種付用	3	3	30	2
豚	繁殖用	3			1
綿羊及びやぎ	種付用	3	4	5	2（綿羊）
綿羊及びやぎ	その他	5	6	5	

種類	細目	耐用年数 改正前	耐用年数 21年以降	残存割合	成熟年齢
かんきつ樹	温州みかん	40 年	28		満8〜13年
かんきつ樹	その他	35	30		15
りんご樹	わい化りんご	20	20		10
りんご樹	その他	29	29		10
ぶどう樹	温室ぶどう	10	12		6
ぶどう樹	甲州ぶどう	15	15		6
ぶどう樹	その他	12	15		6
なし樹		20	26		8
桃樹		12	15		5
桜桃樹		20	21		8
びわ樹		30	30		8
くり樹		25	25		8
梅樹		25	25		7
かき樹		35	36		10
あんず樹		20	25		7
すもも樹		15	16		7
いちじく樹		10	11	5%	5
キウイフルーツ樹		—	22		
ブルーベリー樹		—	25		
パイナップル		3	3		—
茶樹		35	34		8
オリーブ樹		25	25		8
つばき樹		25	25		—
桑樹	立て通し	18	18		7
桑樹	根刈り、中刈り、高刈り	13	9		3
こりやなぎ		10	10		3
みつまた		9	5		4
こうぞ		9	9		3
もう宗竹		20	20		—
アスパラガス		10	11		—
ラミー		8	8		3
ホップ		8	9		3
まおらん		10	10		—

注．旧定額法において、牛及び馬の残存価額は、減価償却資産の残存割合表による残存割合を取得価額に乗じて計算した金額と10万円とのいずれか少ない金額となる。

繰延生物

税法固有の繰延資産として経理する農業用の生物

―― 解　説 ――

　税法固有の繰延資産として経理する農業用の生物です。税法上、減価償却資産となる生物は限定列挙されているため、それ以外のものは税法上、繰延資産として取り扱うことになります。具体的には、バラの親株などが挙げられます。

　なお、従来、繰延生物として経理してきたキウイフルーツ、ブルーベリーについては、減価償却資産としての生物に付け加えられました。

　なお、採卵養鶏の取得費については、①購入時に費用処理、②棚卸資産（貯蔵品）として計上、③税法固有の繰延資産として計上――の方法のいずれかを選択（継続適用が条件）することができます。

採卵用鶏の取得費の取扱いについて（昭和57年8月2日、直所5-7、直法2-5）

（前略）

　採卵業を営む個人又は法人の所得金額の計算上、種卵・ひな・成鶏等を購入するために要した費用、種卵をふ化するために要した費用及びひなを成鶏とするために要した育成費用等については、継続適用を条件としてその購入、育成等をした年分又は事業年度における必要経費又は損金の額に算入することができるものとする。

一括償却資産

括償却を選択した取得価額20万円未満の減価償却資産

―― 解　説 ――

　一括償却資産とは、減価償却資産で取得価額が20万円未満のものをいいます。ただし、少額減価償却資産として損金算入されたものは除きます。減価償却資産には、有形固定資産、生物、無形固定資産が含まれます。

土 地
営業目的で所有する土地

―― 解 説 ――

農地や農業用施設用地など事業目的で所有する土地です。土地改良受益者負担金のうち、永久資産取得費対応部分は、土地として計上します。

建設仮勘定
有形固定資産の建設による支出

―― 解 説 ――

建設中の建物、機械装置など有形固定資産に対する支出を処理します。

消費税の留意事項

事業者が、建設工事などに係る目的物の完成前に行った当該建設工事などのための課税仕入れなどの金額について建設仮勘定として経理した場合においても、当該課税仕入れなどについては、その課税仕入れなどをした日の属する課税期間において仕入税額控除を行うのが原則です。しかしながら、建設仮勘定として経理した課税仕入れなどにつき、当該目的物の完成した日の属する課税期間における課税仕入れなどとすることも認められています（消基通11-3-6）。

育成仮勘定
農業用の生物の育成による支出

―― 解 説 ――

育成中の果樹、牛馬などの生物に対する支出を処理します。

初産前の初妊牛を購入した場合は、いったん育成仮勘定に計上します。その後、現に業務

の用に供するに至った時まで、その成育のために要した飼料費、労務費及び経費の額を加算して、取得価額を計算し、減価償却資産として「生物」勘定に振り替えます。

無形固定資産
物としての実体をもたない固定資産

――― 解　説 ―――

　無形固定資産とは、法律上の権利など物としての実体をもたない無形の固定資産です。無形固定資産には、営業権、借地権、商標権、ソフトウェアなどがあります。また、税法固有の繰延資産で資産性のあるものは、有形の「繰延生物」を除き、会計上は無形固定資産として計上します。たとえば、「土地改良受益者負担金」や「借家権」などです。

　無形固定資産には借地権や電話加入権などの非減価償却資産もあります。非減価償却資産は、取得価額が10万円未満であっても損金算入できず、資産計上しなければなりません。

　無形固定資産のうち減価償却資産は、無形減価償却資産の耐用年数表に掲げる耐用年数により、定額法により償却します。また、無形減価償却資産に対する減価償却累計額は、その無形固定資産の金額から直接控除します（直接法）。したがって、その控除残額が貸借対照表の無形固定資産の金額として表示されることになります。

営業権
有償で譲り受けた超過収益力

――― 解　説 ―――

　有償で譲り受けた超過収益力です。法令の規定、行政官庁の指導等による許可、認可、登録、割当等に係る権利は、営業権に該当するものとされています（所基通2-19）。

　平成10年3月31日以前に取得した営業権については、営業権について任意償却と定額法の選択適用が認められていましたが、平成10年4月1日以後に取得したものについては、耐用年数5年で定額法により償却することとなりました。

　農業においては、酪農経営における生乳の生産枠が割当て等に係る権利と考えられますので、有償で取得したときは営業権として減価償却します。また、生産枠の購入費用に伴う補助金は国庫補助金として取扱うこととなります。

ここでいう、生産枠とは、指定生乳生産団体が各生産者の生産能力に応じて、各生産者に割り当てた生産・出荷の枠のことで、毎年度、（社）中央酪農会議が全国の指定生産団体に割り当てる生乳の計画生産量の範囲内で、各指定生産団体が各生産者へ割り当てることとなっています。なお、この生産枠を有しないものは、指定生乳生産団体に対して、その生産した生乳を出荷することができず、それぞれの生産者はその枠の範囲内での生乳の出荷が可能となっています。

消費税の留意事項

生産枠の購入費用は消費税の課税仕入れとなります。なお、生産枠の購入費用に伴う補助金は、消費税の課税対象外です。

ソフトウェア
ソフトウェアの購入、委託開発費用

― **解　説** ―

ソフトウェアの購入費用や委託開発費用です。

平成12年度の税制改正により、平成12年4月以降に取得したソフトウェアの資産区分が、従来の繰延資産から無形固定資産に変更されました。従来は繰延資産であったため20万円以上のものが資産計上の対象でしたが、資産区分が減価償却資産に変わったことにより、平成12年4月以降は10万円以上のものを資産計上することになりました。

ソフトウェアのうち、取得価額10万円未満のものについては、その全額がその年の損金となります。具体的には事務通信費などの一般管理費の勘定科目に含めて処理します。また、10万円以上20万円未満のソフトウェアについては、一括償却資産として3年で償却することができます。

ソフトウェアのうち購入したものや委託開発したものは、従来と変わらず、耐用年数5年で償却することとなりました。しかしながら、ソフトウェアはどんどん新しいものが登場しており、現実には5年間も同じソフトウェアを使い続けることはまれです。したがって、減価償却資産として資産計上していたソフトウェアが使えなくなって廃棄した場合には、ソフトウェアの未償却残額を必要経費または損金の額に算入します。また、同じソフトウェアを使っている場合でもバージョンアップが頻繁に実施されています。そこで、バージョンアップしたときにはバージョンアップ費用を費用処理するか、もとのソフトウェアの未償却残額を必要経費または損金経理して、バージョンアップ部分を資産計上することになります。

ただし、一括償却資産として資産計上した場合には、除却等が生じても未償却残高を必要経費（損金）算入することはできません（法基通 7-1-13）。

なお、Windows のような基本ソフトは、それだけを買い換えた場合を除き、パソコン本体に合算して減価償却します。なお、プレインストールソフトもパソコン本体との区分が不可能なので本体とともに減価償却します。

投資等
有形固定資産及び無形固定資産以外の固定資産

―― 解　説 ――

資産のうち、流動資産、有形固定資産、無形固定資産、繰延資産のいずれにも属さないものは、投資等（投資その他の資産）に区分します。投資等には、投資有価証券、出資金、長期貸付金、破産等債権、長期前払費用などがあります。

出資の持分について、株式の場合には「投資有価証券」を、有限会社や農事組合法人の出資金の場合には「出資金」を用います。親会社、子会社、関連会社を「関係会社」といいますが、これらに対する投資有価証券などは、別科目表示します。なお、関係会社のうち関連会社とは、持分の 20％以上を所有する場合ですが、持分が 20％未満でも、15％以上を所有し、かつ、その会社に対して役員派遣や融資、技術提供、営業取引などにより重要な影響を与える場合には関連会社となります。

出資金
出資による持分、外部出資

―― 解　説 ――

出資による持分です。農業協同組合の組合員の持分、有限会社の社員の持分などがあります。

農事組合法人が農業協同組合などの組合員の持分を貸借対照表に計上する場合、「出資金」勘定の代りに「外部出資」勘定を用いることがあります。これは、農事組合法人が「資本金」勘定に代えて「出資金」勘定を用いる場合、勘定科目名が重複するのを避けるためです。

保険積立金

積立保険料・共済掛金

解説

保険・共済の保険料・共済掛金のうち、資産計上することとなっている積立保険料・共済掛金です。

経営保険積立金

経営安定対策の積立金

解説

収入保険の積立金、水田・畑作経営所得安定対策、加工原料乳生産者経営安定対策など、資産計上することとなっている経営安定対策の積立金です。

会計の方法

収入保険

仕訳例：基準収入1億円に対して、保険料848,880円（国庫補助後の保険料率1.179％ ※令和5年1月から）、積立金2,250,000円、事務費182,700円（4,500円［1経営体］＋22円［補填金1万円当り］）を支払った。

借方科目	税	金額	貸方科目	税	金額
共済掛金	非	1,031,580	普通預金	不	3,281,580
経営保険積立金	不	2,250,000			

収入保険の事務費は付加保険料として扱われますので、保険料と同様に共済掛金（消費税非課税）に含めます。

水田・畑作経営所得安定対策

積立金を拠出した場合は、拠出日で経営保険積立金として経理します。

仕訳例：収入減少影響緩和交付金の積立金300,000円を拠出した。

借方科目	税	金額	貸方科目	税	金額
経営保険積立金	不	300,0000	普通預金	不	300,0000

補填金を受領したときは、受領日に仕訳を行ないます。水田・畑作経営所得安定対策の場合、補填金のうち4分の1相当額は、生産者拠出分の積立金ですので、同額の経営保険積立金（資産）を取り崩し、残額を経営安定補填収入（特別利益）とします。

仕訳例：収入減少影響緩和交付金の交付金額 759,000 円と交付金の交付に伴う積立金の返納額 253,000 円の合計 1,012,000 円が振り込まれた。

借方科目	税	金額	貸方科目	税	金額
普通預金	不	1,012,000	経営保険積立金	不	253,000
			経営安定補填収入	不	759,000

長期前払費用

1年を超えて費用となる前払費用

― 解　説 ―

前払費用で1年を超えて費用となるものです。借入れに伴う保証協会などの信用保証料の未経過分などがあります。

税法による繰延資産のうち、客土など、会計上、長期前払費用としての性格を有するものもこの勘定科目で処理しますが、「客土」など具体的な名称を勘定科目としても構いません。

資産の部・繰延資産

解　説

支出する費用のうち支出の効果がその支出の日以後1年以上に及ぶものです。

法人税法　2条（定義）

この法律において、次の各号に掲げる用語の意義は、当該各号に定めるところによる。

　一〜二十三　（略）
　二十四　繰延資産　法人が支出する費用のうち支出の効果がその支出の日以後1年以上に及ぶもので政令で定めるものをいう。

（以下略）

法人税法施行令　第14条（繰延資産の範囲）

1　法第2条第24号（繰延資産の意義）に規定する政令で定める費用は、法人が支出する費用（資産の所得に要した金額とされるべき費用及び前払費用を除く。）のうち次に掲げるものとする。

　一　創立費（発起人に支払う報酬、設立登記のために支出する登録免許税その他法人の設立のために支出する費用で、当該法人の負担に帰すべきものをいう。）
　二　開業費（法人の設立後事業を開始するまでの間に開業準備のために特別に支出する費用をいう。）
　三　開発費（新たな技術若しくは新たな経営組織の採用、資源の開発又は市場の開拓のために特別に支出する費用をいう。）
　四　株式交付費（株券等の印刷費、資本金の増加の登記についての登録免許税その他自己の株式（出資を含む。）の交付のために支出する費用をいう。）
　五　社債等発行費（社債券等の印刷費その他債券（新株予約権を含む。）の発行のために支出する費用をいう。）
　六　前各号に掲げるもののほか、次に掲げる費用で支出の効果がその支出の日以後1年以上に及ぶもの
　　イ　自己が便益を受ける公益的施設又は共同的施設の設置又は改良のために支出する費用
　　ロ　資産を賃借し又は使用するために支出する権利金、立ちのき料その他の費用
　　ハ　役務の提供を受けるために支出する権利金その他の費用
　　ニ　製品等の広告宣伝の用に供する資産を贈与したことにより生ずる費用

ホ　イからニまでに掲げる費用のほか、自己が便益を受けるために支出する費用
2　前項に規定する前払費用とは、法人が一定の契約に基づき継続的に役務の提供を受けるため支出する費用のうち、その支出する日の属する事業年度終了の日においてまだ提供を受けていない役務に対応するものをいう。

創立費

法人設立のため特別に支出する費用

―― 解　説 ――

　設立登記のための登録免許税など、法人設立のために支出する費用で法人が負担すべきものです。具体的には、定款の作成料（司法書士・行政書士）、定款の認証料（公証人・消費税非課税）、設立登記の申請書作成料（司法書士）、登録免許税などです。

企業会計原則・会社計算規則・中小企業会計指針では

　中小企業の会計に関する指針では、創立費の範囲を次のように定めています。

中小企業の会計に関する指針　繰延資産　41．繰延資産の範囲

（1）　創立費、開業費、開発費、株式交付費、社債発行費、新株予約権発行費が繰延資産に該当する。
　①　創立費
　　　発起人に支払う報酬、会社の負担すべき設立費用
（以下略）

負債の部・流動負債

未払法人税等

法人税、住民税及び事業税の未払金

解　説

法人税、住民税及び事業税の未払金です。未払法人税等を税務上、「納税充当金」と呼んでいます。

企業会計原則・会社計算規則・中小企業会計指針では

法人税、住民税及び事業税について、事業年度の末日時点における未納付の税額は、その金額に相当する額を「未払法人税等」として貸借対照表の流動負債に計上することとしています。

> **中小企業の会計に関する指針　税金費用・税金債務　59. 法人税、住民税及び事業税**
>
> 　当期の利益に関連する金額を課税標準として課される法人税、住民税及び事業税は、発生基準により当期で負担すべき金額に相当する金額を損益計算書において、「税引前当期純利益（損失）」の次に「法人税、住民税及び事業税」として計上する。また、事業年度の末日時点における未納付の税額は、その金額に相当する額を「未払法人税等」として貸借対照表の流動負債に計上し、還付を受けるべき税額は、その金額に相当する額を「未収還付法人税等」として貸借対照表の流動資産に計上する。
> （以下略）

法人税等について確定税額が生じ、受取配当や利子に関する源泉所得税の税額控除の適用を受ける場合、その分の金額を「法人税、住民税及び事業税」に含めて計上します。

> **中小企業の会計に関する指針　税金費用・税金債務　60. 源泉所得税等の会計処理**
>
> 　受取配当や利子に関する源泉所得税のうち、法人税法等に基づく税額控除の適用を受ける金額については、損益計算書上、「法人税、住民税及び事業税」に含めて計上する。

法人税等の留意事項

　仮払法人税等に計上した金額のうち、受取配当や利子に関する源泉所得税の税額控除の適用を受ける金額については、その分を「法人税、住民税及び事業税」及び「未払法人税等」に含めて計上し、仮払法人税等と「未払法人税等」と相殺します。

　仮払法人税等を未払法人税等と相殺した場合には納税充当金（未払法人税等）から支出したものとして取り扱われます。このため、損金算入される事業税は、「納税充当金から支出した事業税等の額」として減算になります。一方、法人税、住民税は、損金不算入のため、当期利益に対する加算も減算もありません。また、源泉所得税は、加算と減算が同額になり、課税所得金額の計算に影響しません。

法人税申告書の記載

別表5（2）：「充当金取崩しによる納付③」

　仮払法人税等として計上した後、未払法人税等に振り替えた中間分の法人税、住民税（道府県民税・市町村民税）、事業税や受取利息・受取配当金から控除された源泉所得税については、それぞれの税目ごとに、別表5（2）の「充当金取崩しによる納付③」に記載します。

別表4：所得の金額の計算に関する明細書

［減算］納税充当金から支出した事業税等の金額13

　別表5（2）の「事業税36」から「39」までの金額の合計額を転記します。これには、別表5（2）の「損金不算入のもの38」として、源泉所得税が含まれます。

別表4：所得の金額の計算に関する明細書

［加算］法人税額から控除される所得税額29

　「法人税額から控除される所得税額29」欄に、別表6（1）の「②のうち控除を受ける所得税額」（③）の計（6）の金額を転記します。

　「法人税額から控除される所得税額」については、加算になりますが、同額が「納税充当金から支出した事業税等の金額」として減算されますので、源泉所得税は、法人税の計算に影響を与えません。一方、未収還付法人税等として仮払経理した中間申告分の事業税は、減算になります。

負債の部・固定負債

長期未払金

弁済期限が1年を超える未払金

解　説

弁済期限が1年を超える未払金です。リース債務を含みます。。

補助付き所有権移転リースの経理

① 補助付き所有権移転リースの経理の基本

　畜産クラスター事業リースなど補助付きリースは、原則として「所有権移転リース」に該当し、税務上はリース物件の売買があったものとして取り扱われ、賃借人はリース物件を資産に計上して減価償却することになります。この際、賃借人は、補助対象者として助成金相当額を圧縮記帳することができます。また、消費税については、助成金控除前の税込み物件価格を課税仕入として、リース契約書などインボイス等に基づいて仮払消費税等に計上します。この場合、基本的には、リース物件の物件価格に対する消費税等の額で仕入税額控除を行います。

② リース契約時の経理

　たとえば、税抜き物件価格 3,200,000 円（消費税等 320,000 円、税込み 3,520,000 円）、リース期間終了後の税抜き譲渡代金 160,000 円（消費税等 16,000 円、税込み 176,000 円）、助成金（税抜き物件価格の 1/2）1,600,000 円で、リース期間 84ヶ月（7年間）、契約書に記載されたリース料総額 1,919,05 円のリース契約を締結した場合の仕訳は次のとおりです。

仕訳例：リース契約を締結した。

借方科目	税	金額	貸方科目	税	金額
機械装置※	課	3,200,000	長期未払金※	不	3,520,000
仮払消費税等	課	320,000			
長期未払金※	不	1,600,000	国庫補助金収入	不	1,600,000
固定資産圧縮損	不	1,600,000	機械装置	不	1,600,000

※機械装置に代えて「リース資産」、長期未払金に代えて「リース債務」とする方法もある。

　なお、この例の場合、リース契約書にはリース料の合計（税込み）1,919,055 円の内訳として、リース料 1,744,596 円、消費税等 174,459 円と記載されています。しかしながら、

リース契約書記載の消費税等 174,459 円は、リース料の合計（税込み）1,919,055 円の 110 分の 10 の金額を便宜上、記載したものであり、実際の消費税額ではありません。このため、リース契約書記載の消費税等 174,459 円は、資産計上額に対する消費税額 320,000 円に一致しません。

③ 減価償却費の経理

資産に計上するリース物件の取得価額は、圧縮記帳後の帳簿価額、具体的には税抜き経理方式の場合、税抜き物件価格（3,200,000 円）から助成金（1,600,000 円）を控除した金額（1,600,000 円）となります。定額法の場合、圧縮記帳後のこの取得価額（1,600,000 円）が償却の基礎となる金額となります。

定額法の場合の減価償却費は、償却基礎額（取得価額）に定額法の償却率を乗じて計算します。

○減価償却費（年額）：1,600,000 円×償却率 0.143［定額法 7 年］＝228,800 円

仕訳例：リース資産について減価償却費を計上した。

借方科目	税	金額	貸方科目	税	金額
減価償却費	不	228,800	減価償却累計額※	不	228,800

※直接法によって減価償却の仕訳を行う場合は「機械装置」となる。

なお、リース契約の初年度で年（事業年度）の中途で取得した場合には、リース物件の引渡し（リース契約開始）の月から月割按分計算を行います。たとえば、12 月決算法人が 3 月にリース契約を締結した場合には減価償却費は次のようになります。

○減価償却費（月割按分）：228,800 円×10 月÷12 月＝190,666 円（1 円未満切捨て）

④ 毎回のリース料の経理

毎回のリース料合計額 249,018 円のうち、毎回の物件価格相当額までの金額を長期未払金の弁済として経理し、毎回のリース料合計額が毎回の物件価格相当額を上回る金額は支払利息で経理します。

○毎回の物件価格相当額：

（税込み物件価格 3,520,000 円－助成金額 1,600,000 円－税込み譲渡代金 176,000 円）÷7 年＝249,142 円※

※この例では毎回のリース料合計額 249,018 円が毎回の物件価格相当額 249,142 円を下回るため、支払利息は 0 円となります。

仕訳例：毎回のリース料を支払ったとき

負債の部・固定負債

借方科目	税	金額	貸方科目	税	金額
長期未払金	不	249,018	普通預金	不	249,018

⑤ 譲渡代金の経理

　リース期間終了後に、契約書で定めた譲渡代金（物件価格の5％）176,000円でリース物件を買い取った場合、長期未払金の残額を振り替えて譲渡代金との差額が生ずる場合は雑収入（債務免除益）で経理します。

仕訳例：リース物件を買い取った。

借方科目	税	金額	貸方科目	税	金額
長期未払金	不	176,874	普通預金	不	176,000
			雑収入	不	874

インボイス制度対応のポイント——補助付きリースにおけるインボイス等の保存

補助付きリースの仕入税額控除の制限

　畜産クラスター事業などの補助付きリースでは、補助対象者である賃借人に圧縮記帳の適用が認められます。一方、消費税の課税仕入れとなるのは圧縮記帳後の取得価額ではなく、税込み物件価格です。資産の譲受け等が課税仕入れに該当するかどうかは、資産の譲受け等のために支出した金銭の源泉を問わないので、補助金等を資産の譲受け等に充てた場合であっても、その資産の譲受け等に仕入税額控除が適用されます（消費税基本通達11-2-8）。ただし、インボイス制度では、仕入税額控除の対象となるのは、リース契約書などの形で交付されるインボイス等に記載された税額となります。

　インボイス制度実施後も不適切なインボイスを発行する事例が一部のリース事業者に見られます。たとえば、リース契約書の特約欄が次のような場合、「税率ごとに区分した消費税額等」が記載されておらず、リース契約書のみでは物件価格に対する消費税額の仕入税額控除を行うことができません。

リース契約書（特約欄抜粋）の例

```
所有権移転リース　譲渡代金：160,000円（消費税別途）
助成金額：1,600,000円／物件価格：3,200,000円（消費税別途）
```

　この場合、リース契約書のみの保存で行える仕入税額控除は、リース契約書本文に記載された消費税額等に限られます。その結果、仮払消費税等の額が税抜き物件価格の10％とならず、会計ソフトで自動計算された仮払消費税等の金額を修正する必要があります。

　こうした事態を避けるには、リース事業者が農機メーカー等に対して物件の購入代金を立替払したものとして農機メーカー等の請求書により仕入税額控除を行う方法が

考えられます。農機メーカー等の請求書をリース契約書と併せて保存することで、課税仕入れに係るインボイスの保存要件を満たす方法です。立替払の場合、立替払に係るインボイスの写しの交付を受けるとともに、仕入税額控除に必要な事項が記載された明細書等の交付を受け、これらを併せて保存することにより、当該各事業者の課税仕入れに係るインボイスの保存があるものとして取り扱われます（消費税基本通達11-6-2）。

賃借人においてリース契約書の記載漏れを修正した仕入明細書等を作成し、リース事業者に確認を求める方法もありますが、リース事業者の確認を受けられないおそれがあります。リース事業者が代理受領した補助金で自らが圧縮記帳し、圧縮後の価格を課税売上げと認識している可能性があるからです。しかし、リース資産の物件価格を課税仕入れとする一方で圧縮後の価格を課税売上げとすることは、消費税の不正還付になりかねません。加えて、リース事業者ではリース資産の「低額譲渡」となって時価（物件価格）と譲渡対価との差額に寄附金課税されます。さらに、圧縮記帳後の価格で賃借人がリース資産を取得したとなると、時価を下回る「低額譲受け」となって賃借人にも受贈益課税が生じます。

本来、リース事業者が交付するリース契約書等の保存のみで対応できるよう、物件価格に対する適用税率のリース契約書に記載が望まれます。インボイス制度実施後も不適切なリース契約書の作成を続けている一部のリース事業者に対し、国は是正を指導する必要があります。

純資産の部・株主資本

資本金
株主、社員、組合員が拠出した資本

---― 解　説 ―---

　資本金は、設立や増資の際の出資者の払込金額のうち、資本金として計上した額です。農事組合法人など協同組合組織の場合には、資本金を出資金と呼ぶ場合があります。

企業会計原則・会社計算規則・中小企業会計指針では
　資本金は、設立又は株式の発行に際して株主となる者が払込み又は給付した財産の額（払込金額）のうち、資本金として計上した額（会社法第445条）です。

法人税の留意事項
　資本金の額によって法人税等の税率や交際費等の損金算入額に影響があります。また、上位3グループの同族関係者の合計の出資割合が50％以上の場合に同族会社に該当することになります。なお、農事組合法人は会社でないので、同族会社には該当しません。

法人税申告書の記載
明細書：別表2「同族会社等の判定に関する明細書」
　期末の発行済株式の総数または出資総額などを記載するとともに、各株主の株式数等の明細を記載します。

同族会社等の判定に関する明細書

別表二　令六・四・一以後終了事業年度分

事業年度	・　・	法人名	

同族会社の判定

期末現在の発行済株式の総数又は出資の総額	1	内
(19)と(21)の上位3順位の株式数又は出資の金額	2	
株式数等による判定 (2)/(1)	3	％
期末現在の議決権の総数	4	内
(20)と(22)の上位3順位の議決権の数	5	
議決権の数による判定 (5)/(4)	6	％
期末現在の社員の総数	7	
社員の3人以下及びこれらの同族関係者の合計人数のうち最も多い数	8	
社員の数による判定 (8)/(7)	9	％
同族会社の判定割合 ((3)、(6)又は(9)のうち最も高い割合)	10	

特定同族会社の判定

(21)の上位1順位の株式数又は出資の金額	11	
株式数等による判定 (11)/(1)	12	％
(22)の上位1順位の議決権の数	13	
議決権の数による判定 (13)/(4)	14	％
(21)の社員の1人及びその同族関係者の合計人数のうち最も多い数	15	
社員の数による判定 (15)/(7)	16	％
特定同族会社の判定割合 ((12)、(14)又は(16)のうち最も高い割合)	17	
判定結果	18	特定同族会社／同族会社／非同族会社

判定基準となる株主等の株式数等の明細

順位		判定基準となる株主（社員）及び同族関係者		判定基準となる株主等との続柄	株式数又は出資の金額等			
					被支配会社でない法人株主等		その他の株主等	
株式数等	議決権数	住所又は所在地	氏名又は法人名		株式数又は出資の金額	議決権の数	株式数又は出資の金額	議決権の数
					19	20	21	22
				本人				

純資産の部・株主資本

別表5（1）：利益積立金額及び資本金等の額の計算に関する明細書

資本金又は出資金の額を資本金等の額の計算に関する明細書に記載します。

利益積立金額及び資本金等の額の計算に関する明細書	事業年度	: :	法人名		別表五(一)

I 利益積立金額の計算に関する明細書

区分	期首現在利益積立金額 ①	当期の減 ②	当期の増 ③	差引翌期首現在利益積立金額 ①−②+③ ④
利益準備金 1	円	円	円	円
積立金 2				

II 資本金等の額の計算に関する明細書

区分	期首現在資本金等の額 ①	当期の減 ②	当期の増 ③	差引翌期首現在資本金等の額 ①−②+③ ④
資本金又は出資金 32	円	円	円	円
資本準備金 33				
34				
35				
差引合計額 36				

資本準備金

株式払込剰余金、減資差益及び合併差益

― 解 説 ―

資本取引から生じた剰余金のうち、法令によってその計上が義務付けられている準備金です。具体的には、株式払込剰余金、減資差益及び合併差益ですが、農事組合法人が新たに出資者となるものから徴収した加入金についても資本準備金とします。

企業会計原則・会社計算規則・中小企業会計指針では

株式払込剰余金、減資差益及び合併差益を、資本準備金として表示することとしています。

> **企業会計原則　貸借4（3）B（剰余金の区分と名称）**
>
> 剰余金は、資本準備金、利益準備金及びその他の剰余金に区分して記載しなければならない。
> 株式払込剰余金、減資差益及び合併差益は、資本準備金として表示する。

> その他の剰余金の区分には、任意積立金及び当期未処分利益を記載する

法人税の留意事項

農事組合法人が新たに出資者となるものから徴収した加入金の額は、農事組合法人が協同組合等であっても普通法人であっても資本積立金となり、益金算入されません。

法人税法　第22条（各事業年度の所得の金額の計算）

1　（略）
2　内国法人の各事業年度の所得の金額の計算上当該事業年度の益金の額に算入すべき金額は、別段の定めがあるものを除き、資産の販売、有償又は無償による資産の譲渡又は役務の提供、無償による資産の譲受けその他の取引で資本等取引以外のものに係る当該事業年度の収益の額とする。
3～4　（略）
5　第2項又は第3項に規定する資本等取引とは、法人の資本金等の額の増加又は減少を生ずる取引及び法人が行う利益又は剰余金の分配（資産の流動化に関する法律第115条第1項（中間配当）に規定する金銭の分配を含む。）をいう。

法人税法　第2条（定義）

　この法律において、次の各号に掲げる用語の意義は、当該各号に定めるところによる。
　一～十五　（略）
　十六　資本金等の額　法人（各連結事業年度の連結所得に対する法人税を課される連結事業年度の連結法人（以下この条において「連結申告法人」という。）を除く。）が株主等から出資を受けた金額として政令で定める金額をいう。
（以下略）

法人税法施行令　第8条（協同組合等に準ずる法人）

　法第二条第十六号（定義）に規定する政令で定める金額は、同号に規定する法人の資本金の額又は出資金の額と、当該事業年度前の各事業年度（当該法人の当該事業年

純資産の部・株主資本

> 度前の各事業年度のうちに連結事業年度に該当する事業年度がある場合には、各連結事業年度の連結所得に対する法人税を課される最終の連結事業年度（以下この項において「最終連結事業年度」という。）後の各事業年度に限る。以下この項において「過去事業年度」という。）の第一号から第十二号までに掲げる金額の合計額から当該法人の過去事業年度の第十三号から第十九号までに掲げる金額の合計額を減算した金額（当該法人の当該事業年度前の各事業年度のうちに連結事業年度に該当する事業年度がある場合には、最終連結事業年度終了の時における連結個別資本金等の額（当該終了の時における資本金の額又は出資金の額を除く。）を加算した金額）に、当該法人の当該事業年度開始の日以後の第一号から第十二号までに掲げる金額を加算し、これから当該法人の同日以後の第十三号から第十九号までに掲げる金額を減算した金額との合計額とする。
>
> 　一〜三　（略）
> 　四　協同組合等及び次に掲げる法人が新たにその出資者となる者から徴収した加入金の額
> 　　イ　企業組合、協業組合、農住組合及び防災街区計画整備組合
> 　　ロ　協同組合等に該当しない農事組合法人、漁業生産組合及び生産森林組合
> 　　ハ　証券会員制法人、会員商品取引所及び金融先物会員制法人
>
> （以下略）

法人税基本通達1-5-2（加入金）

> 令第8条第1項第4号《資本金等の額》に規定する「加入金」とは、法令若しくは定款の定め又は総会の決議に基づき新たに組合員又は会員となる者から出資持分を調整するために徴収するもので、これを拠出しないときは、組合員又は会員たる資格を取得しない場合のその加入金をいう。（昭57年直法2-11「一」、平14年課法2-1「四」、平15年課法2-7「四」、平19年課法2-3「六」により改正）

　なお、資本金の額と資本準備金の額の合計額を「資本金等の額」といいますが、「資本金等の額」によって法人住民税の均等割の金額が異なることに留意する必要があります。

財務諸表における表示

　貸借対照表の「Ⅰ株主資本」の部に「2資本剰余金」の内訳の「(1) 資本準備金」として表示します。

会計の方法

出資及び加入金の払込日の日付で次の仕訳を行う。

仕訳例：増資の払込金額 1,000,000 円のうち、2 分の 1 を資本準備金として計上した。

借方科目	税	金額	貸方科目	税	金額
現金・預金	不	1,000,000	資本金	不	500,000
			資本準備金	不	500,000

法人税申告書の記載

別表 5（1）：利益積立金額及び資本金等の額の計算に関する明細書

資本準備金の額を「Ⅱ　資本金等の額の計算に関する明細書」に記載します。

Ⅱ　資本金等の額の計算に関する明細書

区分		期首現在資本金等の額 ①	当期の増減 減 ②	当期の増減 増 ③	差引翌期首現在資本金等の額 ①-②+③ ④
資本金又は出資金	32	円	円	円	円
資本準備金	33				
	34				
	35				
差引合計額	36				

III 剰余金処分の留意事項

財務諸表における表示

　会社法の施行により、会社においては利益処分案（損失処理案）が廃止され、これに代わって「株主資本等変動計算書」の作成が義務付けられました。したがって、会社法人については、剰余金処分額を株主資本等変動計算書に記載することになります。これに対して、農事組合法人の場合には、引き続き剰余金処分案の作成が必要です（農協法72の12の9）。

農業協同組合法　第72条の25（事業報告等の提出・備置の義務等）

　理事は、農林水産省令で定めるところにより、事業年度ごとに、非出資農事組合法人にあつては事業報告及び財産目録を、組合員に出資をさせる農事組合法人（以下「出資農事組合法人」という。）にあつては事業報告、貸借対照表、損益計算書及び剰余金処分案又は損失処理案を作成しなければならない。

2　前項の規定により作成すべきもの（以下この条及び第七十二条の二十九第一項第三号において「事業報告等」という。）は、電磁的記録をもつて作成することができる。

3　理事は、通常総会の日の一週間前までに、事業報告等を監事に提出し、又は提供し、かつ、主たる事務所に備えて置かなければならない。

4　組合員及び農事組合法人の債権者は、農事組合法人の業務時間内は、いつでも、理事に対し次に掲げる請求をすることができる。この場合においては、理事は、正当な理由がないのにこれを拒んではならない。

　一　事業報告等が書面をもつて作成されているときは、当該書面の閲覧の請求

　二　前号の書面の謄本又は抄本の交付の請求

　三　事業報告等が電磁的記録をもつて作成されているときは、当該電磁的記録に記録された事項を農林水産省令で定める方法により表示したものの閲覧の請求

　四　前号の電磁的記録に記録された事項を電磁的方法であつて農事組合法人の定めたものにより提供することの請求又はその事項を記載した書面の交付の請求

5　組合員及び農事組合法人の債権者は、前項第二号又は第四号に掲げる請求をするには、農事組合法人の定めた費用を支払わなければならない。

財務諸表における表示

> 6　理事は、監事の意見を記載し、又は記録した書面又は電磁的記録を添えて、事業報告等を通常総会に提出し、又は提供しなければならない。

剰余金処分案（様式例）

剰余金処分案

自　平成〇〇年〇〇月〇〇日

至　平成〇〇年〇〇月〇〇日

（単位：円）

【当期未処分剰余金】		
当期剰余金	10,000,000	
前期繰越剰余金	1,000,000	
		11,000,000
【任意積立金取崩額】		
農業経営基盤強化準備金取崩額	2,000,000	
		2,000,000
未処分剰余金計		13,000,000
【剰余金処分額】		
利益準備金		1,000,000
任意積立金		
農業経営基盤強化準備金	5,000,000	
		5,000,000
配　当　金		
利用分量配当金	500,000	
従事分量配当金	4,500,000	
出資配当金	600,000	
		5,600,000
		11,600,000
【次期繰越剰余金】		1,400,000

注.
1）利用分量配当は、組合員の米乾燥調製施設の利用 60kg につき 1,500 円とする。
2）従事分量配当は、別に定める従事分量配当支給細則による。

任意積立金取崩額

―― 解　説 ――

　任意積立金には、特に目的を限定しない別途積立金と目的を限定した目的積立金とがあります。このうち、別途積立金については、その取崩について株主総会などの総会の決議が必要です。また、目的積立金であっても、目的に従わない取崩については同様になります。

　一方、目的積立金の目的に従った取崩については、株主総会など総会の決議は不要です。このため、取締役会などで決議したうえで、繰越利益剰余金を相手勘定として仕訳を行います。株式会社の場合には、株主資本等変動計算書に任意積立金の減少と繰越利益剰余金の増加として表示されます。これに対して、農事組合法人の場合には、任意積立金取崩額として計上しないと次期繰越剰余金が算出されないため、総会の決議は不要であるものの、目的積立金の目的に従った取崩についても剰余金処分案に記載することになります。

農業経営基盤強化準備金取崩額

―― 解　説 ――

　剰余金処分経理によって積み立てた農業経営基盤強化準備金の取崩額です。農業経営基盤強化準備金を取り崩した場合には、その取崩額が益金に算入されます。ただし、農業経営基盤強化準備金を取り崩して、または受領した交付金等をもって、農用地や農業用機械等（農業用固定資産）を取得して農業の用に供した場合は、その農業用固定資産について圧縮記帳をすることができ、準備金取崩額や交付金の額などを基礎として計算した限度額以下の金額を損金に算入できます。

法人税の留意事項
農業経営基盤強化準備金の強制取崩し

　農業経営基盤強化準備金は、農業用固定資産の取得に充てる（圧縮記帳する）などのために任意に取り崩す場合のほか、次に該当する場合には次に掲げる額の農業経営基盤強化準備金を取り崩して益金に算入しなければなりません。

① 積立てた事業年度の翌期首から5年を経過した場合―5年を経過した金額
② 認定農業者に該当しないこととなった場合―全額
③ 農地所有適格法人に該当しないこととなった場合（法人）―全額

④　被合併法人となる合併（適格合併を除く。）が行われ又は解散した場合（法人）―全額
⑤　**農業経営改善計画等の定めるところにより農業用固定資産**※**の取得等をした場合**―取得価額相当額

　　※農用地又は特定農業機械等（農業用の機械装置・建物等・構築物、器具備品、ソフトウェア）

⑥　**農業経営改善計画等に記載のない農業用固定資産（器具備品、ソフトウェアを除く。）の取得等をした場合（「計画外取崩」）**―取得価額相当額
⑦　任意に農業経営基盤強化準備金の金額を取り崩した場合―取り崩した金額

　平成30年度税制改正により、準備金の取崩し事由に上記の⑤・⑥が追加されました。

　なお、農業経営基盤強化準備金を積み立てている法人が被合併法人となる適格合併が行われた場合において、その適格合併の日を含む事業年度について青色申告できるときは、農業経営基盤強化準備金の金額を合併法人に引き継ぐことができます。

法人税申告書の記載

　農業経営基盤強化準備金の取崩しには地方農政局等による証明書は不要です。

明細書：別表12（13）農業経営基盤強化準備金の損金算入及び認定計画等に定めるところに従い取得した農用地等の圧縮額の損金算入に関する明細書

積立事業年度	当初の積立額のうち損金算入額	期首現在の準備金額	当期益金算入額			翌期繰越額
			5年を経過した場合	任意取崩し等の場合	(25)及び(26)以外の場合	(24)-(25)-(26)-(27)
	23	24	25	26	27	28
・・	円	円	円	円	円	円
・・					計画外取崩額を記載	
・・						
・・						
・・						
当期分						
計						

別表4：所得の金額の計算に関する明細書
［加算］農業経営基盤強化準備金取崩額10・4次葉

別表5（1）：利益積立金額及び資本金等の額の計算に関する明細書
農業経営基盤強化準備金「当期中の増減・減②」欄
農業経営基盤強化準備金積立額「当期中の増減・減②」欄（△表示＝マイナス）
（農業経営基盤強化準備金積立額「当期中の増減・増③」欄にプラスで記載する方法もある。）

圧縮特別勘定取崩額

翌年度以降の圧縮記帳のため特別勘定に経理した金額の取崩額

解 説

剰余金処分経理によって積み立てた圧縮特別勘定の取崩額です。

会計の方法

決算日（農事組合法人の場合は翌年度の総会の日）の日付で次の仕訳を行います（決算整理）。なお、株主資本等変動計算書（農事組合法人の場合は利益処分案）に圧縮特別勘定の取崩額を記載します。

仕訳例：固定資産の取得に係る国庫補助金の確定通知を受けて剰余金処分によって積み立てた圧縮特別勘定 1,000,000 円を取り崩した。

借方科目	税	金額	貸方科目	税	金額
圧縮特別勘定	不	1,000,000	繰越利益剰余金	不	1,000,000

法人税申告書の記載

明細書：別表13（1）「国庫補助金等（中略）で取得した固定資産等の圧縮額等の損金算入に関する明細書」

別表4：所得の金額の計算に関する明細書
［加算］圧縮特別勘定取崩額 10・次葉

別表5（1）：利益積立金額及び資本金等の額の計算に関する明細書
圧縮特別勘定「当期中の増減・減②」欄（②積立金経理方式の場合）
圧縮特別勘定積立額「当期中の増減・減②」欄（△表示）
（圧縮特別勘定積立額「当期中の増減・増③」欄に記載する方法もある。）

剰余金処分額

利益準備金

利益準備金

---- 解　説 ----

利益を源泉とする剰余金のうち、法令によってその計上が義務付けられている準備金です。

株式会社については、会社法により、剰余金の配当をする場合には、剰余金の配当により減少する剰余金の 10 分の 1 を利益準備金等として計上しなければならないことになっています。

一方、農事組合法人については、農協法により、定款で定める額に達するまでは、配当の金額に関係なく、毎事業年度の剰余金の 10 分の 1 以上を利益準備金として積立てなければならないとされています。

このため、従事分量配当制を採る場合において、利益準備金が定款で定める額に達していないときは、毎事業年度の剰余金の全額を従事分量配当することはできません。

> **会社法　第 445 条**（資本金の額及び準備金の額）
>
> 1　株式会社の資本金の額は、この法律に別段の定めがある場合を除き、設立又は株式の発行に際して株主となる者が当該株式会社に対して払込み又は給付をした財産の額とする。
> 2　前項の払込み又は給付に係る額の 2 分の 1 を超えない額は、資本金として計上しないことができる。
> 3　前項の規定により資本金として計上しないこととした額は、資本準備金として計上しなければならない。
> 4　剰余金の配当をする場合には、株式会社は、法務省令で定めるところにより、当該剰余金の配当により減少する剰余金の額に 10 分の 1 を乗じて得た額を資本準備金又は利益準備金（以下「準備金」と総称する。）として計上しなければならない。
> 5　合併、吸収分割、新設分割、株式交換又は株式移転に際して資本金又は準備金として計上すべき額については、法務省令で定める。

利益準備金

> **農業協同組合法　第51条**
>
> 　出資組合は、定款で定める額に達するまでは、毎事業年度の剰余金の十分の一（第十条第一項第三号又は第十号の事業を行う組合にあつては、五分の一）以上を利益準備金として積み立てなければならない。
> （以下略）

> **農業協同組合法　第72条の31**
>
> 　出資農事組合法人は、損失を埋め、第七十三条第二項において準用する第五十一条第一項の利益準備金及び同条第三項の資本準備金を控除した後でなければ、剰余金の配当をしてはならない。
> 2　剰余金の配当は、定款で定めるところにより、組合員の出資農事組合法人の事業の利用分量の割合若しくは組合員がその事業に従事した程度に応じ、又は年八分以内において政令で定める割合を超えない範囲内で払込済みの出資の額に応じてしなければならない。

> **農業協同組合法　第52条**
>
> 　出資組合の剰余金の配当は、事業年度終了の日における農林水産省令で定める方法により算定される純資産の額から次に掲げる金額を控除して得た額を限度として行うことができる。
> 　一　出資総額
> 　二　前条第一項の利益準備金及び同条第三項の資本準備金の額
> 　三　前条第一項の規定によりその事業年度に積み立てなければならない利益準備金の額
> 　四　前条第七項の繰越金の額
> 　五　その他農林水産省令で定める額
> （以下略）

法人税申告書の記載

別表5（1）：利益積立金額及び資本金等の額の計算に関する明細書

利益準備金「当期中の増減・増③」欄

　利益準備金を積み立てた場合には、別表5（1）の「当期中の増減・増③」欄に記載します。

利益準備金

利益積立金額及び資本金等の額の計算に関する明細書	事業年度	: :	法人名		別表五(一) 令六・四・一以

I 利益積立金額の計算に関する明細書

区　　分		期首現在利益積立金額 ①	当期の増減 減 ②	当期の増減 増 ③	差引翌期首現在利益積立金額 ①－②＋③ ④
利 益 準 備 金	1	円	円	円	円
積　立　金	2				

御注意　この表は、通常の場合　期首現在利益積立金額＋甲期分・確定分の通

201

任意積立金

任意積立金

　任意積立金には、特に目的を限定しない別途積立金と目的を限定した目的積立金とがあります。税法上の特例を利用するために設ける圧縮積立金や特別償却準備金、農業経営基盤強化準備金なども任意積立金となります。なお、農業経営基盤強化準備金については、損金経理により負債の部に引当金として計上する方法（引当金経理方式）と剰余金処分により純資産の部に任意積立金として計上する方法（積立金経理方式）とがあります。

　農業経営基盤強化準備金を損金経理した場合、その事業年度の剰余金が損金経理により減少することになりますが、農業経営基盤強化準備金を控除後の剰余金からさらに利益準備金を控除した後の剰余金の全額を従事分量配当したとしても、利益準備金相当額が法人税等の課税対象となるため、法人税等の負担が発生することになります。

会計の方法

〈総会の決議時〉

仕訳例：農事組合法人において、当期剰余金　1,500万円のうち10分の1に相当する150万円を利益準備金として積み立て、残額のうち従事分量配当金として1,200万円（期中に支給して仮払経理した金額600万円）を配当することとした。また、受領した経営所得安定対策交付金360万円のうち300万円を農業経営基盤強化準備金に積み立てることとした。なお、前期繰越剰余金は150万円以上あり、定款において配当原資を毎事業年度の剰余金の範囲内に限定していない。

借方科目	税	金額	貸方科目	税	金額
繰越利益剰余金	不	13,500,000	利益準備金	不	1,500,000
			仮払配当金		6,000,000
			未払配当金		6,000,000
繰越利益剰余金		3,000,000	農業経営基盤強化準備金		3,000,000

※上記の結果、課税所得金額はほぼ、ゼロになる。

農業経営基盤強化準備金

―― 解　説 ――

　農業経営基盤強化準備金制度は、青色申告をする認定農業者等が経営所得安定対策などの

交付金を受領して農業経営基盤強化準備金として積み立てた場合、その交付金の額などを基礎として計算した積立限度額以下の金額を損金（個人は必要経費）に算入するものです。

さらに、農業経営基盤強化準備金を取り崩して、または受領した交付金等をもって、農用地や農業用機械等（農業用固定資産）を取得して農業の用に供した場合は、その農業用固定資産について圧縮記帳をすることができ、準備金取崩額や交付金の額などを基礎として計算した限度額以下の金額を損金（個人は必要経費）に算入できます。

農業経営基盤強化準備金の積立ては、たとえば農業経営改善計画の「生産方式の合理化に関する目標」に掲げられている機械・施設の取得のためなど、農業経営改善計画などに従って行います。農業経営改善計画記載の農業用固定資産を取得しなかったため、圧縮記帳による取崩しができずに残ってしまった農業経営基盤強化準備金の金額については、積立てをした事業年度（個人は年）から数えて7年目の事業年度（個人は年）に取り崩して益金（個人は収入金額）に算入することになります。

企業会計原則・会社計算規則・中小企業会計指針では

企業会計原則では、租税特別措置法上の準備金については、原則として、剰余金処分経理方式により資本の部へ計上しなければならないこととしています。ただし、会社計算規則では、租税特別措置法上の準備金は、固定負債の次に別の区分を設けて表示することも認めています。

> **企業会計原則　負債性引当金等に係る企業会計原則注解の修正に関する解釈指針**
>
> （略）
> 　なお、現行実務上、特定引当金の部に掲げられているものの大部分は、1租税特別措置法上の準備金及び2特別法（いわゆる業法）上の準備金であるが、これらの準備金については、次のように取扱うことが妥当と考える。
> （1）租税特別措置法上の準備金について
> 　租税特別措置法上の準備金であってもその実態が修正後の企業会計原則注解18に定める引当金に該当すると認められるものについては、損金処理方式により負債の部に計上することが妥当である。しかしながら、その他の準備金については、これを負債の部に計上することは適正な会計処理とは認められないこととなったので、利益処分方式により資本の部へ計上しなければならないこととなる。
> （注）租税特別措置法上の準備金が修正後の企業会計原則注解18に定める引当金に該当するかどうかの監査上の取扱いについては、日本公認会計士協会が関係者と協議のうえ必要な措置を講ずることが適当と考える。

任意積立金

> **会社計算規則　第119条（会社法以外の法令の規定による準備金等）**
>
> 　法以外の法令の規定により準備金又は引当金の名称をもって計上しなければならない準備金又は引当金であって、資産の部又は負債の部に計上することが適当でないもの（以下この項において「準備金等」という。）は、固定負債の次に別の区分を設けて表示しなければならない。この場合において、当該準備金等については、当該準備金等の設定目的を示す名称を付した項目をもって表示しなければならない。
> 2　法以外の法令の規定により準備金又は引当金の名称をもって計上しなければならない準備金又は引当金がある場合には、次に掲げる事項（第二号の区別をすることが困難である場合にあっては、第一号に掲げる事項）を注記表に表示しなければならない。
> 　一　当該法令の条項
> 　二　当該準備金又は引当金が一年内に使用されると認められるものであるかどうかの別

法人税の留意事項

　農業経営基盤強化準備金の積立限度額は、次のいずれか少ない金額となります。
① 「農業経営基盤強化準備金に関する証明書」（別記様式第2号）の金額
② その事業年度における所得の金額

　その事業年度における所得の金額は、農業経営基盤強化準備金を積み立てた場合の損金算入（措法61の2①）、農用地等を取得した場合の課税の特例（措法61の3）の規定を適用せず、支出した寄附金の全額を損金算入して計算した場合の事業年度の所得の金額とされています（措令37の2③）。

図4．農業経営基盤強化準備金の積立限度額

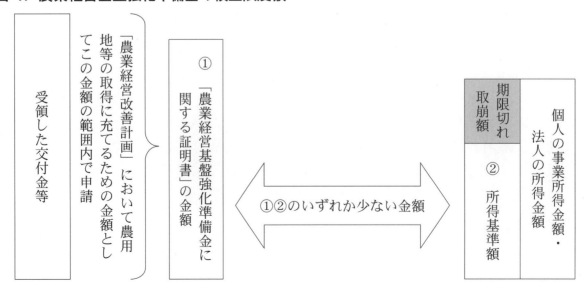

このため、農業経営基盤強化準備金を積み立てた結果、積立後のその事業年度における所得金額、すなわち課税所得が0円になることはありますが、それが限度で、積立後の課税所得がマイナスになるまで積み立てることはできません。

会計の方法

〈対象交付金の受領〉

準備金の対象となる交付金等を受領したときは、価格補填収入、作付助成収入、一般助成収入、経営安定補填収入の各勘定により経理します。

なお、対象交付金について、営業収益ではなく、営業外収益（作付助成収入、一般助成収入）や特別利益（経営安定補填収入）に表示するのは、農業に係る収益ではあるものの、その会計期間の農産物の販売に伴って発生するものではないからです。営業収益に表示する売上高は、商品等の販売又は役務の給付によって実現したものに限ります（企業会計原則　損益3B）ので、価格補填収入は営業収益に表示します。一方、作付助成収入、一般助成収入については毎期経常的に発生するものであることから営業外収益、経営安定補填収入については臨時損益の性格を持つもものであることから特別利益に表示します。

交付金については、実際に入金のあった日ではなく、交付決定通知書の日付の属する事業年度の収益に計上します。期末までに入金がない場合であっても、交付決定通知書の日付が事業年度内の日付になっている場合には、期末の決算整理において未収入金に計上します。また、交付金相当額をJAが立替払いすることがありますが、立替払いを受領した時に収入金額に計上している場合において、交付決定通知書の日付が翌事業年度の日付になるときは、立替払いについて前受金に修正または振り替えます。

〈農業経営基盤強化準備金の積立て〉

農業経営基盤強化準備金の積立限度額が400万円の場合の準備金の積立の仕訳は次のとおりです。

①　引当金経理方式（損金経理）

仕訳例：農業経営基盤強化準備金400万円を引当金経理方式によって積み立てた。

[期末日]

借方科目	税	金額	貸方科目	税	金額
農業経営基盤強化準備金繰入額	不	4,000,000	農業経営基盤強化準備金	不	4,000,000

この場合の「農業経営基盤強化準備金」は負債勘定（引当金）になります。

②　積立金経理方式（剰余金処分経理）

仕訳例：農業経営基盤強化準備金400万円を剰余金処分経理方式によって積み立てた。

任意積立金

[期末日または決算確定日（総会日）]

借方科目	税	金額	貸方科目	税	金額
繰越利益剰余金	不	4,000,000	農業経営基盤強化準備金	不	4,000,000

　この場合の「農業経営基盤強化準備金」は純資産勘定（任意積立金）になります。

法人税申告書の記載

　法人税の確定申告書には、次の証明書及び明細書を添付することになっています。

証明書：農業経営基盤強化準備金に関する証明書（別記様式第2号）

明細書：別表12（13）農業経営基盤強化準備金の損金算入及び認定計画等に定めるところに従い取得した農用地等の圧縮額の損金算入に関する明細書

① 引当金経理方式（損金経理）

　準備金積立てを引当金経理方式によって損金経理で行う場合には、次の別表調整が必要になります。

別表4：所得の金額の計算に関する明細書

［加算］損金経理をした農業経営基盤強化準備金積立額 10・次葉

［減算］（総計下）農業経営基盤強化準備金積立額の損金算入額 47

② 積立金経理方式（剰余金処分経理）

　準備金積立てを積立金経理方式によって剰余金処分経理で行う場合には、次の別表調整が必要になります。

別表4：所得の金額の計算に関する明細書

［減算］（総計下）農業経営基盤強化準備金積立額の損金算入額 47

別表5（1）：利益積立金額及び資本金等の額の計算に関する明細書

農業経営基盤強化準備金「当期中の増減・増③」欄

農業経営基盤強化準備金積立額「当期中の増減・増③」欄（△表示＝マイナス）

（農業経営基盤強化準備金積立額「当期中の増減・減②」欄にプラスで記載する方法もある。）

圧縮積立金

圧縮記帳による損金算入相当額の剰余金処分積立額

解 説

剰余金処分経理によって積み立てた圧縮積立金の積立額です。

会計の方法

〈圧縮記帳〉

剰余金処分経理によって圧縮記帳をする場合は、取得価額と同額の圧縮積立金（＝圧縮限度額）を積み立てることができます。

[期末日または決算確定日（総会日）]

借方科目	税	金額	貸方科目	税	金額
繰越利益剰余金	不	3,500,000	圧縮積立金	不	3,500,000

剰余金処分経理方式による場合、法人税申告書別表4において、当期利益に、農業経営基盤強化準備金の取崩額の額を加算、圧縮額（圧縮積立金の積立額）を減算しますが、これらは同額のため差引き調整額はゼロになります。

〈圧縮積立金の取崩し〉

剰余金処分経理によって圧縮記帳をした場合は、圧縮記帳前の取得価額に基づいて減価償却費を計上することで償却超過額が生じますので、償却超過額と同額の圧縮積立金を取り崩します。

[期末日または決算確定日（総会日）]

借方科目	税	金額	貸方科目	税	金額
圧縮積立金	不	250,000	繰越利益剰余金	不	250,000

法人税申告書の記載

〈圧縮記帳〉

別表5（1）：利益積立金額及び資本金等の額の計算に関する明細書

圧縮特積立金「当期中の増減・増②」欄

圧縮積立金積立額「当期中の増減・増②」欄（△表示）

〈圧縮積立金の取崩し〉

別表5（1）：利益積立金額及び資本金等の額の計算に関する明細書

任意積立金

圧縮特積立金「当期中の増減・減②」欄

圧縮積立金積立額「当期中の増減・減②」欄（△表示）

（圧縮積立金積立額「当期中の増減・増③」欄に記載する方法もある。）

減価償却超過額「当期中の増減・増②」欄・「当期中の増減・減②」欄（増減同額）

圧縮特別勘定

翌年度以降の圧縮記帳のため特別勘定に経理した金額

--- 解 説 ---

剰余金処分経理によって積み立てた圧縮特別勘定の積立額です。

会計の方法

〈補助金の交付決定〉

仕訳例：固定資産の取得に係る国庫補助金 1,000,000 円の交付決定通知を受けた（補助金の入金は翌期）。

借方科目	税	金額	貸方科目	税	金額
未収入金	不	1,000,000	国庫補助金収入	不	1,000,000

〈特別勘定の設定〉

決算日（事業年度末、従来は翌年度の総会の日）の日付で次の仕訳を行う（決算整理）。なお、株主資本等変動計算書（農事組合法人の場合は利益処分案）に圧縮特別勘定の積立額を記載する。

仕訳例：翌期の圧縮限度基礎額相当額を剰余金処分経理により圧縮特別勘定に繰り入れた。

借方科目	税	金額	貸方科目	税	金額
繰越利益剰余金	不	928,500	圧縮特別勘定［純資産］	不	※928,500

※繰入限度額相当額の 1,000,000 円としても可

法人税申告書の記載

明細書：別表13（1）「国庫補助金等（中略）で取得した固定資産等の圧縮額等の損金算入に関する明細書」

別表4：所得の金額の計算に関する明細書

［加算］圧縮特別勘定取崩額 10・次葉

別表5（1）：利益積立金額及び資本金等の額の計算に関する明細書

圧縮特別勘定「当期中の増減・減②」欄（②積立金経理方式の場合）

圧縮特別勘定積立額「当期中の増減・減②」欄（△表示）

（圧縮特別勘定積立額「当期中の増減・増③」欄に記載する方法もある。）

配当金

利用分量配当金

解　説

　農事組合法人が、その組合員に対し、その組合員等の取り扱った物の数量、価額その他その農事組合法人の事業を利用した分量に応じて分配する配当です。税法上は「事業分量配当」といいますが、農事組合法人においては一般に「利用分量配当」と呼んでいます。利用分量配当金は、農事組合法人と組合員との取引により生じた剰余金の分配であり、共同利用施設の設置等の事業（1号事業）に対応する配当になりますが、農協において「利用高配当」と呼ばれるものに相当するものです。

　農事組合法人は、組合員に確定給与を支給する場合には普通法人、確定給与を支給しない場合には協同組合等となります。農事組合法人が協同組合等に該当する場合、事業分量配当は法人の損金の額に算入されますが、分配を受けた組合員等の側で事業所得（農業所得）として課税される点に注意が必要です。

法人税の留意事項

　協同組合等に該当する農事組合法人が支出する事業分量配当の金額は、配当の計算の対象となった事業年度の損金の額に算入します（法法60の2）。

　共同利用施設の設置等の事業を行なわず、農業経営のみを行なう農事組合法人は、利用分量配当を行なうことはできません。また、税務上も、農業経営を営む農事組合法人が農業経営の事業から生じた剰余金は事業分量配当の対象となる剰余金には該当せず、農業経営のみを行なう農事組合法人が利用分量配当を行なったとしても損金算入が認められません。

法人税基本通達14-2-1（事業分量配当の対象となる剰余金）

　法第60条の2第1号《事業分量分配金》に規定する事業分量に応ずる分配は、その剰余金が協同組合等と組合員その他の構成員との取引及びその取引を基礎として行われた取引により生じた剰余金から成る部分の分配に限るのであるから、固定資産の処分等による剰余金、自営事業を営む協同組合等の当該自営事業から生じた剰余金のように組合員その他の構成員との取引に基づかない取引による剰余金の分配は、これに該当しないことに留意する。（平19年課法2-3「三十九」、平24年課法2-17「四」により改正）

(注) 事業分量配当又は従事分量配当に該当しない剰余金の分配は、組合員等については配当に該当する。

消費税の留意事項

　事業分量配当金のうち課税売上げの分量等に応じた部分の金額は、課税売上げの返還に該当します。事業分量配当が課税売上げの返還に該当するのは、「割戻しに該当するから」（消費税法基本通達逐条解説5-2-8）であり、「その性質が組合員との取引の価格修正であることから」（消費税法基本通達逐条解説14-1-3）です。

　なお、課税売上げの返還の時期については、原則として、事業分量配当金の計算の対象となった課税期間ではなく、支払った課税期間の課税売上げの返還となります。ただし、法人税の課税所得金額の計算における算入すべき時期に関し、別に定めがある場合、それによることができるものとなっており、法人税法では、事業分量配当は、支出した事業年度ではなく、取引のあった（配当計算の対象となった）事業年度の損金の額に算入することができるため、取引のあった（配当計算の対象となった）事業年度の課税売上げの返還とすることも、納税者の選択により認められると考えられます。

> **消費税法基本通達14-1-3（協同組合等が支払う事業分量配当金）**
>
> 　法法第60条の2第1項第1号《協同組合等の事業分量配当等の損金算入》に掲げる協同組合等が組合員等に支払う事業分量配当金のうち課税資産の譲渡等の分量等に応じた部分の金額は、当該協同組合等の売上げに係る対価の返還等に該当することに留意する。（平18課消1-16により改正）

> **消費税法基本通達9-6-2（資産の譲渡等の時期の別段の定め）**
>
> 　資産の譲渡等の時期について、所得税又は法人税の課税所得金額の計算における総収入金額又は益金の額に算入すべき時期に関し、別に定めがある場合には、それによることができるものとする。

財務諸表における表示

　剰余金処分案（損失処理案）には「3　剰余金処分額」の内訳の「事業分量配当金」として表示します。

配当金

会計の方法

仕訳例：総会決議によって利用分量配当 3,000,000 円を支払うこととした。

[期末日]

借方科目	税	金額	貸方科目	税	金額
繰越利益剰余金	課	3,000,000	繰越利益剰余金	不	3,000,000

配当の計算の対象となった事業年度の課税売上げの返還となるので、事業年度終了日（期末日）において繰越利益剰余金を税込経理にて課税売上げの返還に振り替えます。なお、税抜経理方式を採用している場合であっても、利用分量配当については税込経理となります。売上税額の計算方法において、「割戻し計算」と「積上げ計算」を併用することは認められていますが、売上税額の計算方法は割戻し計算が原則ですので、利用分量配当を行った場合は税抜経理方式と税込経理方式の併用となるため、売上税額を割戻し計算とします。

[翌期通常総会開催日]

借方科目	税	金額	貸方科目	税	金額
繰越利益剰余金	不	3,000,000	未払配当金	不	3,000,000

通常総会の日付で次の仕訳を行います。

借方科目	税	金額	貸方科目	税	金額
繰越利益剰余金	課※	300,000	未払配当金	不	300,000

配当の計算の対象となった事業年度の課税売上げの返還となるので、翌期に配当金を支出した事業年度においては不課税とします。

なお、消費税の本則による課税事業者が税抜経理方式により経理処理を行う場合において、配当の計算の対象となった事業年度の課税売上げの返還とするときは、利用分量配当に係る消費税額分納税額が減ることによって雑収入が生じ、その分、税引前当期純利益が増えることになります。

従事分量配当金

―― 解　説 ――

農事組合法人が、その組合員に対してその者が農事組合法人の事業に従事した程度に応じて分配する配当です。農業の経営により生じた剰余金の分配であり、農業経営の事業（2号事業）に対応する配当です。

従事分量配当における「従事の程度」とは、単に時間だけで評価するのでなく、作業の質をも考慮すべきであり、作業の種類に応じて従事分量配当の単価を変えることは可能です。農事組合法人定款例においても、従事した日数だけでなく「その労務の内容、責任の程度等に応じて」従事分量配当を行なうものとしています。

　また、農事組合法人が複数の作目などによる農業経営の事業を行なう場合において、部門別の損益の範囲内で従事分量配当を行なうため、部門別の損益を明らかにしたうえで、それぞれの従事者に対して作目別の従事分量配当の単価を変えることも、農協法上、とくに問題はなく、税務上も損金算入が認められると考えられます。

　農事組合法人は、組合員に確定給与を支給する場合には普通法人、確定給与を支給しない場合には協同組合等となります。農事組合法人が協同組合等に該当する場合、従事分量配当は法人の損金の額に算入されますが、分配を受けた組合員等の側で事業所得（農業所得）として課税される点に注意が必要です。

表19. 事業分量配当と従事分量配当の比較

配当種類	事業	農協法第72条の8	配当対象剰余金	対象外剰余金
事業分量配当	一号事業	農業に係る共同利用施設の設置・農作業の共同化に関する事業	協同組合等と組合員との取引等により生じた剰余金	固定資産の処分等、自営事業を営む協同組合等の当該自営事業から生じた剰余金
従事分量配当	二号事業	農業の経営	農業等の経営により生じた剰余金	固定資産の処分等により生じた剰余金

法人税の留意事項

　協同組合等に該当する農事組合法人が支出する従事分量配当の金額は、配当の計算の対象となった事業年度の損金の額に算入します（法法60の2）。

従事分量配当の原資

　従事分量配当は、その剰余金が農業経営により生じた剰余金から成る部分の分配に限られます。このため、固定資産の処分等により生じた剰余金は、従事分量配当の対象とはなりません。また、固定資産等の処分等による剰余金と同様、固定資産の滅失等により受け取る保険金による剰余金は、農業経営により生じた剰余金とは言えないため、従事分量配当の対象となりません。ただし、災害による農畜産物の損害を補償する共済金、水田・畑作経営所得安定対策など諸外国との生産条件の格差や農産物の価格下落による販売収入の減少を補塡する交付金等は、農業収入に代わるものであり、農業経営を行うことを要件として交付されるものであることから、農業経営により生じた剰余金に含まれます。

　農業経営による剰余金が生じない場合、従事分量配当を行うことはできません。このた

配当金

め、従事分量配当制を採用しようとしている場合であっても、設立初年度で売上高がないなどの理由で剰余金が生じない見込みのときは、初年度などに限って給与制とするかまたは定額の作業委託費により組合員に作業委託する方法が考えられます。ただし、作業委託費のような費用は、従事分量配当と異なり、事業年度終了の日までに債務の確定しない場合には、損金算入されませんので、債務確定をめぐって問題が生じないよう、できる限り期末までに作業委託費の支払いを完了する必要があります。なお、作業委託費を支払った結果、剰余金が生じたとしても、その事業年度については、作業委託の対象となった同一の作業を対象としてさらに従事分量配当を行なうことはできません。

法人税法　第60条の2（協同組合等の事業分量配当等の損金算入）

協同組合等が各事業年度の決算の確定の時にその支出すべき旨を決議する次に掲げる金額は、当該事業年度の所得の金額の計算上、損金の額に算入する。
一　その組合員その他の構成員に対しその者が当該事業年度中に取り扱つた物の数量、価額その他その協同組合等の事業を利用した分量に応じて分配する金額
二　その組合員その他の構成員に対しその者が当該事業年度中にその協同組合等の事業に従事した程度に応じて分配する金額

農業協同組合法　第72条の10（事業の範囲）

農事組合法人は、次の事業の全部又は一部を行うことができる。
一　農業に係る共同利用施設の設置（当該施設を利用して行う組合員の生産する物資の運搬、加工又は貯蔵の事業を含む。）又は農作業の共同化に関する事業
二　農業の経営（その行う農業に関連する事業であつて農畜産物を原料又は材料として使用する製造又は加工その他農林水産省令で定めるもの及び農業と併せ行う林業の経営を含む。）
三　前二号の事業に附帯する事業
2　組合員に出資をさせない農事組合法人（以下「非出資農事組合法人」という。）は、前項の規定にかかわらず、同項第二号の事業を行うことができない。
3　第一項第一号の事業を行う農事組合法人は、定款の定めるところにより、組合員以外の者にその施設を利用させることができる。ただし、一事業年度における組合員以外の者の事業の利用分量の総額は、当該事業年度における組合員の事業の利用分量の総額の五分の一を超えてはならない。

農業協同組合法施行規則　第215条（農事組合法人の事業）

　法第七十二条の十第一項第二号の農林水産省令で定める事業は、次に掲げる事業とする。
　一　農畜産物の貯蔵、運搬又は販売
　二　農畜産物若しくは林産物を変換して得られる電気又は農畜産物若しくは林産物を熱源とする熱の供給
　三　農業生産に必要な資材の製造
　四　農作業の受託
　五　農山漁村滞在型余暇活動のための基盤整備の促進に関する法律（平成六年法律第四十六号）第二条第一項に規定する農村滞在型余暇活動に利用されることを目的とする施設の設置及び運営並びに農村滞在型余暇活動を行う者を宿泊させること等農村滞在型余暇活動に必要な役務の提供
　六　農地に支柱を立てて設置する太陽光を電気に変換する設備の下で耕作を行う場合における当該設備による電気の供給

法人税基本通達14-2-2（従事分量配当の対象となる剰余金）

　法第60条の2第2号《従事分量配当》に規定する従事分量に応ずる分配は、その剰余金が農業、漁業又は林業の経営により生じた剰余金から成る部分の分配に限るのであるから、固定資産の処分等により生じた剰余金の分配は、これに該当しないことに留意する。（平19年課法2-3「三十九」、平24年課法2-17「四」により改正）

協同組合等

　農事組合法人は、いわゆる「確定給与」を支給しない場合に限って、協同組合等として取り扱われます。つまり、給与制を選択した場合には普通法人、従事分量配当制（無配当の場合を含む。）を選択した場合には協同組合等となります。給与制と従事分量配当制のいずれを採用するかは、事業年度ごとに選択することができます。給与制から従事分量配当制への変更する場合は、「異動届出書」の「異動事項等」欄に「法人区分の変更」と記載のうえ、異動前を「普通法人」、異動後を「協同組合等」とし、異動年月日には総会決議の日付を記載します。この際、今年度について従事分量配当制を選択する旨を通常総会で決議し、その議事録を添付します。

配当金

> **法人税法　第2条（定義）**
>
> 1　この法律において、次の各号に掲げる用語の意義は、当該各号に定めるところによる。
>   一～六　（略）
>   七　協同組合等　別表第3に掲げる法人をいう。
> （以下略）

法人税法　別表第三　協同組合等の表（第二条関係）

名称	根拠法
農事組合法人（農業協同組合法第七十二条の十第一項第二号（農業の経営）の事業を行う農事組合法人でその事業に従事する組合員に対し給料、賃金、賞与その他これらの性質を有する給与を支給するものを除く。）	農業協同組合法

　法人税基本通達14-2-4において、「役員又は使用人である組合員に対し給与を支給しても、協同組合等に該当するかどうかの判定には関係がない」としています。このため、たとえば役員である組合員に対して、役員としての役割に役員報酬を支給したうえで、現場における生産活動に従事した程度に応じて別途、従事分量配当を行うことが可能です。

　しかしながら、現場における生産活動に対する報酬を含んだ相当の額の役員報酬を支給しているため、通常の年はその役員に対して従事分量配当を支給していないにもかかわらず、利益の額が大きくなった特定の事業年度について、さらに同一人に対して従事分量配当を行なった場合には、利益調整目的と認定されて否認されるおそれがあります。

> **法人税基本通達14-2-4（漁業生産組合等のうち協同組合等となるものの判定）**
>
> 　漁業生産組合、生産組合である森林組合又は農事組合法人で協同組合等として法第60条の2《協同組合等の事業分量配当等の損金算入》の規定の適用があるものは、これらの組合又は法人の事業に従事する組合員に対し、給料、賃金、賞与その他これらの性質を有する給与を支給しないものに限られるのであるが、その判定に当たっては、次に掲げることについては、次による。（平19年課法2-3「三十九」により改正）
> 　（1）　その事業に従事する組合員には、これらの組合の役員又は事務に従事する使用人である組合員を含まないから、これらの役員又は使用人である組合員に対し給与を支給しても、協同組合等に該当するかどうかの判定には関係がない。

(2) その事業に従事する組合員に対し、その事業年度において当該事業年度分に係る従事分量配当金として確定すべき金額を見合いとして金銭を支給し、当該事業年度の剰余金処分によりその従事分量配当金が確定するまでの間仮払金、貸付金等として経理した場合には、当該仮払金等として経理した金額は、給与として支給されたものとはしない。

(3) その事業に従事する組合員に対し、通常の自家消費の程度を超えて生産物等を支給した場合において、その支給が給与の支払に代えてされたものと認められるときは、これらの組合又は法人は、協同組合等に該当しない。

当期剰余金を超える従事分量配当

農林水産省が示す農事組合法人定款例の配当の条項では「この組合が組合員に対して行う配当は、毎事業年度の剰余金の範囲内において行うものとし」としているため、そのままの表現で定款を定めていることが多いようです。この場合、当期剰余金を超えて従事分量配当を行ったときは定款に違反することになりますので、望ましくないだけでなく、その分の損金算入が否認されるおそれがあります。

ただし、配当の条項において「この組合が組合員に対して行う配当は、毎事業年度の剰余金の範囲内において行うものとし」という部分を削除すれば、当期剰余金を超えて従事分量配当を行ったとしても剰余金の範囲内であれば、そのことをもって当期剰余金を超える部分の損金算入が否認されることはありません。このため、消費税のインボイス制度対応も含めて、定款の配当の条項を次のように定めてください。

農事組合法人定款の記載例（配当）

（配当）
第○条　この組合が組合員に対して行う配当は、組合員がその事業に従事した程度に応じてする配当及び組合員の出資の額に応じてする配当とする。

2　事業に従事した程度に応じてする配当は、その事業年度において組合員がこの組合の営む事業に従事した日数及びその労務の内容、責任の程度等に応じてこれを行う。この場合において、配当の支払明細書の写しを組合員に交付し、又は支払明細書の記載内容に係る電磁的記録を組合員に提供した後、当該組合員から一定期間内に誤りのある旨の連絡がないときは記載内容のとおり確認があったものとする。

3　出資の額に応じてする配当は、事業年度末における組合員の払込済出資額に応じてこれを行う。

4　前項の配当は、その事業年度の剰余金処分案の議決をする総会の日において組合員である者について計算するものとする。

従事分量配当の対象となる作業

農業の経営の事業とは、単なる農作業のみを指すものではなく、その経理事務に専念する者があっても、これも農業の経営に従事する者と解されます。このため、現場における生産活動だけでなく、経理等の事務や経営計画・作付計画の作成、作業分担指示も農業経営の事業の範囲であり、その事業に従事した組合員に従事分量配当を支払うことができます。

消費税の留意事項

従事分量配当は、①定款に基づいて行なわれるものであること、②役務の提供の対価としての性格を有すること――から、課税仕入れに該当するという見解が国税庁から口頭により示されました。また、その後、文書回答例においても課税仕入れに該当することが明らかになっています。

農事組合法人が支払う所得税法施行令第 62 条第 2 項に該当する従事分量配当に係る消費税の取扱いについて（平成 24 年 2 月 27 日、文書回答例）

標題のことについては、ご照会に係る事実関係を前提とする限り、貴見のとおりで差し支えありません。
（中略）
従事分量配当は、当法人が組合員から役務の提供を受け、その反対給付として支払うものですから、当法人においては、消費税法第 2 条第 1 項第 12 号《課税仕入れの意義》に規定する課税仕入れに該当するものと取り扱って差し支えないか照会いたします。

従事分量配当の課税仕入れの時期については、消費税法基本通達 11-3-1（課税仕入れを行った日の意義）及び消費税法基本通達 9-6-2（資産の譲渡等の時期の別段の定め）により、役務の提供を受けた日、すなわち、配当を支払った事業年度ではなく配当の計算の対象となった事業年度の課税仕入れとすることができます。

消費税法基本通達 11-3-1（課税仕入れを行った日の意義）

法第 30 条第 1 項第 1 号《仕入れに係る消費税額の控除》に規定する「課税仕入れを行った日」及び同項第 2 号に規定する「特定課税仕入れを行った日」とは、課税仕入れに該当することとされる資産の譲受け若しくは借受けをした日又は役務の提供を受けた日をいうのであるが、これらの日がいつであるかについては、別に定めるも

のを除き、第9章《資産の譲渡等の時期》の取扱いに準ずる。(平13課消1-5、平27課消1-17により改正)

図5．従事分量配当の課税仕入れの時期

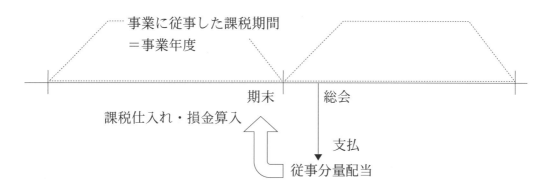

従事分量配当に係る消費税の適用税率について、財務省の担当者に問い合わせた結果、次のような回答がありました（「軽減税率制度等に係る農業関連の質問」、2019年6月10日財務省担当者回答）。

> 従事分量配当金は、農事組合法人の定款に基づき、毎事業年度の剰余金の範囲内において行うもので、その事業年度を通じて生じた利益を基に支払われるものであることから、事業年度を単位とする役務の提供に係る対価と解することが相当です。したがって、従事分量配当金に係る消費税の適用税率は、農事組合法人の事業年度終了の時における税率を適用することとなります。（従事分量配当金は翌事業年度に行われる総会にて確定することが一般的ですが、適用税率は事業年度終了の時における税率であり、法人税法上も、その事業年度の損金となります。）
>
> なお、従事分量配当金をその事業年度の期中において、仮払金等により、毎月又は一定の期間ごとに農事組合法人から農家へ支払う場合もありますが、これは、単に仮払いとして支払うものであり、課税関係に影響を与えるものではありません。

◉ インボイス制度対応のポイント──従事分量配当の支払明細書と定款変更

インボイス制度において農事組合法人が保存するインボイス等

農事組合法人が一般課税の課税事業者の場合、農作業委託料や従事分量配当など組合員との取引にもインボイス等の保存が必要となりますが、組合員にインボイスを発行してもらうことは困難です。そこで、農事組合法人が自ら仕入明細書等を作成して

保存することで仕入税額控除に対応するのが現実的です。ただし、仕入明細書等によって仕入税額控除が認められるのは、相手方である組合員がインボイス発行事業者の場合に限られます。

　従事分量配当金は、事業年度を単位とする役務の提供に係る対価と解釈されますので、農事組合法人の事業年度終了日をもってインボイス制度の適用を判定します。したがって、令和5年10月1日以後に終了する事業年度の従事分量配当には、インボイス制度が適用され、免税事業者に支払う従事分量配当は、たとえ令和5年9月までに仮払いした分であっても、免税事業者等からの課税仕入れに係る経過措置による80％控除の対象となります。

インボイス発行事業者に対する従事分量配当などの支払明細書

　従事分量配当は、事業年度終了後の通常総会における剰余金処分の決議により確定します。農事組合法人の課税仕入れとなる従事分量配当について、課税仕入れに係る支払対価の額が確定するのは、事業年度終了後の通常総会の日になります。このため、課税期間の末日までに従事分量配当の支払対価の額が確定することはありません。

　このように課税期間の末日までにその支払対価の額が確定しない場合、見積額を記載した仕入明細書等を自ら作成し、相手方の確認を受けた場合は、これを保存することで見積額による仕入税額控除が認められます。この場合の仕入明細書等について、従事分量配当と併せて圃場管理料や農作業委託料の「支払明細書」とする場合の様式例は次のとおりです。この例では、免税事業者等からの仕入れに係る経過措置の適用を受ける場合も同じ様式で仕入明細書を作成し、税率ごとに区分した消費税額等の代わりに参考として経過措置による控除額を記載しています。

　ただし、従事分量配当の確定額が上記の支払明細書の見積額と異なる場合は、確定額が記載された支払明細書を再度、作成して組合員に送付のうえ保存する必要があります。

　なお、定款変更のうえ、支払明細書にカッコ書きの内容を記載することで、送付後一定期間内に誤りのある旨の連絡がない場合は、相手方の確認を受けたものとして取り扱われます。

図6. インボイス発行事業者に対する支払明細書の様式例

支払明細書

令和6年1月31日

○○ ○○　　　　様　　　　　　　　　　　　　　②
登録番号　　T1234567890123　　　　　　　　　②

（送付後一定期間内に連絡がない場合、確認があったものといたします。）

農事組合法人○○　①

自　令和5年3月1日
至　令和6年2月29日

項　目④	役務提供完了日③	金　額	備　考
従事分量配当		228,800	当期確定差額も含めた見積額
うち仮払金額		228,800	令和5年中の支払額
前期確定差額			
圃場管理料	令和5年10月30日	187,490	
農作業委託料			
耕起・代掻			
田植			
稲刈			
令和5年分の収入金額		416,290	農業所得の雑収入として申告
支払金額合計（税込み）		416,290	
10%　対象⑤		416,290	（消費税　　　37,844 円）⑥
対象⑤			（消費税　　　　　円）⑥

（税率変更日　　令和元年10月1日　）

＜参考＞免税事業者からの仕入れに係る経過措置による控除額　　（控除割合　80％）

10%　対象		円
対象		円

〈仕入明細書等の記載事項〉

①　書類の作成者の氏名又は名称
②　課税仕入れの相手方の氏名又は名称及び登録番号
③　課税仕入れを行った年月日
④　課税仕入れに係る資産又は役務の内容
⑤　税率ごとに合計した課税仕入れに係る支払対価の額及び適用税率
⑥　税率ごとに区分した消費税額等

配当金

従事分量配当に関する定款変更

　仕入税額控除の適用を受けるための請求書等に該当する仕入明細書等は、相手方の確認を受けたものに限られます。この相手方の確認を受けるうえで、仕入明細書等の写しを相手方に交付した後、一定期間内に誤りのある旨の連絡がない場合には記載内容のとおり確認があったものとする基本契約等を締結する方法があります。この場合におけるその一定期間を経た仕入明細書等は、相手方の確認を受けたものとして扱われます。

　農事組合法人の場合、従事分量配当の仕入明細書等に関する基本契約等の締結について、従事分量配当に関する定款の定めにより行う方法が考えられます。具体的には、定款の配当の第2項の規定に下線部を追加します。

表．従事分量配当に関する定款の記載例

（配当） 第〇条 1　（略） 2　事業に従事した程度に応じてする配当は、その事業年度において組合員がこの組合の営む事業に従事した日数及びその労務の内容、責任の程度等に応じてこれを行う。この場合において、配当の支払明細書の写しを組合員に交付し、又は支払明細書の記載内容に係る電磁的記録を組合員に提供した後、当該組合員から一定期間内に誤りのある旨の連絡がないときは記載内容のとおり確認があったものとする。 （以下略）

○ インボイス制度対応のポイント──免税事業者への従事分量配当の支払明細書

免税事業者等からの仕入れに係る経過措置

　インボイス制度では、免税事業者や消費者など、適格請求書発行事業者以外の者からの課税仕入れは原則として仕入税額控除ができません。農事組合法人の組合員など集落営農法人の構成員のほとんどが免税事業者で、インボイス制度では、構成員に支払う従事分量配当や農作業委託料について基本的に仕入税額控除ができなくなります。

　ただし、インボイス制度開始から一定期間、適格請求書発行事業者以外の者からの課税仕入れであっても、仕入税額相当額の一定割合を仕入税額とみなして控除できる経過措置が設けられています。免税事業者等からの課税仕入れに係る経過措置を適用できる期間及び割合は、次のとおりです。

期　　　　間	割　　合
令和5年10月1日から令和8年9月30日まで	仕入税額相当額の80％
令和8年10月1日から令和11年9月30日まで	仕入税額相当額の50％

　この経過措置の適用を受けるためには、所定の事項が記載された帳簿及び請求書等の保存が要件です。帳簿の記載事項としては、インボイス制度における帳簿の記載事項に加え、例えば「80％控除対象」など、経過措置の適用を受ける課税仕入れである旨の記載が必要です。また、請求書等の記載事項としては、区分記載請求書等と同様の記載事項が必要です。

免税事業者に対する従事分量配当などの支払明細書

　インボイス制度では、インボイスに代えて、自ら作成した仕入明細書等を相手方の確認を受けて保存することで仕入税額控除ができます。一般課税の課税事業者の農事組合法人では、農作業委託料や従事分量配当など組合員との取引にもインボイス等の保存が必要ですが、組合員にインボイスを発行してもらうことは困難です。そこで、農事組合法人が仕入明細書等として「支払明細書」を作成することで仕入税額控除に対応します。

　この支払明細書は、組合員が免税事業者の場合にも作成して相手方の確認を受ける必要があります。この支払明細書で「免税事業者等からの課税仕入れに係る経過措置」の適用を受けるには、次に掲げる記載事項（区分記載請求書等と同様）に加え、「80％控除対象」などの帳簿への記載が必要です。

〈経過措置に係る仕入明細書等の記載事項〉
① 書類の作成者の氏名又は名称
② 課税仕入れの相手方の氏名又は名称
③ 課税仕入れを行った年月日
④ 課税仕入れに係る資産又は役務の内容（課税仕入れが他の者から受けた軽減対象資産の譲渡等に係るものである場合には、資産の内容及び軽減対象資産の譲渡等に係るものである旨）
⑤ 税率ごとに合計した課税資産の課税仕入れに係る支払対価の額

配当金

図7．免税事業者に対する支払明細書の様式例

支払明細書

令和6年1月31日

○○ ○○ 　　　様　　　　　　　　　　　　　　②
登録番号　　　　　　　　　　　　　　　　　　　②
（送付後一定期間内に連絡がない場合、確認があったものといたします。）

農事組合法人○○ ①

自 令和5年3月1日
至 令和6年2月29日

項　目④	役務提供完了日③	金　額	備　考
従事分量配当		220,000	当期確定差額も含めた見積額
うち仮払金額		220,000	令和5年中の支払額
前期確定差額			
圃場管理料	令和5年10月30日	187,000	
農作業委託料			
耕起・代掻			
田植			
稲刈			
令和5年分の収入金額		407,000	農業所得の雑収入として申告
支払金額合計（税込み）		407,000	
10% 対象⑤		407,000	（消費税　　　　円）⑥
対象⑤			（消費税　　　　円）⑥

（税率変更日　　令和元年10月1日　）

＜参考＞免税事業者からの仕入れに係る経過措置による控除額　　（控除割合　80%）

10% 対象	29,600 円
対象	0 円

　図4の支払明細書の様式例で、参考として「免税事業者からの仕入れに係る経過措置による控除額」を記載しているのは、経過措置の適用を受ける課税仕入れである旨を表すためです。この様式例では、登録番号を記載（入力）した場合は明細欄の消費税額が記載されるのに対して、登録番号を記載しない場合は参考欄に仕入税額とみなす控除額（みなし仕入税額）を記載しています。

> ### ◉ インボイス制度対応のポイント──インボイス発行事業者の家族への従事分量配当の支払明細書
>
> **インボイス発行事業者の家族従事者に対する支払明細書による仕入税額控除**
>
> 　個人農業者の青色事業専従者など事業主本人以外の家族従事者が農事組合法人の組合員となっている場合、事業主がインボイス発行事業者であれば、インボイス発行事業者に対する従事分量配当と同様に仕入税額控除を行うことができます。具体的には、支払明細書の組合員の氏名の後にカッコ書きでインボイス発行事業者である事業主の氏名を記載したうえで、支払明細書に事業主の登録番号を記載します。
>
> 　適格請求書に記載する名称については、適格請求書を交付する事業者を特定することができれば、屋号などの記載でも差し支えなく、支払明細書（仕入明細書等）においても同様です。この場合の屋号は、公序良俗に反しない限り特段の制限はなく、家族従事者の氏名を屋号の一種と考えることができます。
>
> 　一方、組合員の側においては、支払われた従事分量配当は、組合員本人（家族従事者）の課税売上げでなく、事業主の課税売上げとして事業主が消費税の申告・納税を行うことになります。
>
> **家族従事者に対する従事分量配当の取扱い**
>
> 　事業主以外の生計を一にする親族が受ける従事分量配当は、農業所得の収入金額の最も大きい者、すなわち事業主の経営する事業から受ける所得とみなして（所得税法施行令第62条第3項）、親族（家族従事者）支払を受けた対価の額はないものとみなす（所得税法第56条）一方、事業主の収入金額として取り扱われます。
>
> 　このため、組合員（家族従事者）に支払われた従事分量配当は、事業主の収入金額として事業主が所得税の申告・納税を行うことになります。一方、組合員（家族従事者）に支払われた従事分量配当は、届け出た青色事業専従者給与の範囲内であれば、事業主の必要経費に算入され、組合員本人の給与所得の収入金額となります。

所得税の留意事項

　従事分量配当は、分配を受けた組合員等の側で事業所得、原則として農業所得として課税されます。

　事業分量配当又は従事分量配当に該当しない剰余金の分配は、組合員等については配当に該当するものとされています（法人税基本通達14-2-1）。とくに、従事分量配当相当額が配当所得として取り扱われた場合、法人の損金に算入されないだけでなく、所得税を源泉徴収しなければなりません。このため、従事分量配当が事後的に否認されて配当所得とみなされた場合、農事組合法人は、法人税と源泉所得税の両方を追徴され、本税に加えて加算税・延滞税が課税されることとなるので注意が必要です。

　従事分量配当は農事組合法人の通常総会において剰余金処分の決議があった日に収入金額が確定します。このため、従事分量配当は、通常総会における剰余金処分の決議があった日において収入すべき事由が生ずることになりますので、総会の決議があった日を収入すべき

配当金

時期とするのが原則です。

　しかしながら、従事分量配当の仮払いをしている場合には、実務上、仮払いを受けた日の収入金額に計上することが慣習になっています。人的役務の提供（請負を除く。）による収入金額についての報酬を役務の提供の程度等に応じて収入する慣習がある場合は、慣習によりその収入すべき事由が生じた日を収入すべき時期とします（所得税基本通達36-8）。このため、仮払金を実際に受領した年分の収入金額とすることも、継続適用を条件に認められると考えられます。この場合において従事分量配当金として確定した額が仮払金の額と異なるときは、その差額を受け取った日の収入金額に計上します。

所得税基本通達 23～35共-4（組合の事業に従事する組合員に対し給与を支給しない農事組合法人等から受ける従事分量配当の所得区分）

　令第62条第2項に規定する法人の組合員が当該法人から受ける同項に規定する分配金（以下この項において「従事分量配当」という。）については、おおむね次によるものとする。（昭50直所3-4、昭57直所3-15、直法6-13、直資3-8、平5課所4-1改正）
(1)　農事組合法人から受ける従事分量配当のうち、農業の経営から生じた所得を分配したと認められるものは、事業所得に係る総収入金額に算入し、当該法人が農業の経営と併せて林業の経営を行っている場合において当該林業の経営から生じた所得を分配したと認められるものは、(3)による。

(以下略)

所得税基本通達 36-8（事業所得の総収入金額の収入すべき時期）

　事業所得の総収入金額の収入すべき時期は、別段の定めがある場合を除き、次の収入金額については、それぞれ次に掲げる日によるものとする。（昭49直所2-23改正）
(1)～(4)　（略）
(5)　人的役務の提供（請負を除く。）による収入金額については、その人的役務の提供を完了した日。ただし、人的役務の提供による報酬を期間の経過又は役務の提供の程度等に応じて収入する特約又は慣習がある場合におけるその期間の経過又は役務の提供の程度等に対応する報酬については、その特約又は慣習によりその収入すべき事由が生じた日

(以下略)

財務諸表における表示

剰余金処分案（損失処理案）には「3　剰余金処分額」の内訳の「従事分量配当金」として表示します。

会計の方法

仕訳例：総会決議によって従事分量配当 3,000,000 円を支払うこととした。

[期末日]

借方科目	税	金額	貸方科目	税	金額
繰越利益剰余金	課	3,000,000	繰越利益剰余金	不	3,000,000

配当の計算の対象となった事業年度の課税仕入れとなるので、事業年度終了日（期末日）において繰越利益剰余金を税込経理にて課税仕入れに振り替えます。なお、税抜経理方式を採用している場合であっても、従事分量配当については税込経理となります。仕入税額の計算方法において、「積上げ計算」と「割戻し計算」を併用することはできませんので、仕入税額の計算方法は割戻し計算となります。

[翌期通常総会開催日]

借方科目	税	金額	貸方科目	税	金額
繰越利益剰余金	不	3,000,000	未払配当金	不	3,000,000

配当の計算の対象となった事業年度の課税仕入れとなるので、翌期に配当金を支出した事業年度においては不課税とします。

なお、消費税の本則による課税事業者が税抜経理方式により経理処理を行う場合において、配当の計算の対象となった事業年度の課税仕入れとするときは、従事分量配当に係る消費税額分納税額が減ることによって雑収入が生じ、その分、税引前当期純利益が増えることになります。

勘定科目内訳書の記載

従事分量配当を配当の計算の対象となった事業年度の課税仕入れとすることにより生じた消費税の差額は、勘定科目内訳書⑯「雑益、雑損失等の内訳書」に「雑収入」勘定の内訳の「消費税差額」に含めて記載します。

法人税申告書の記載

別表4：所得の金額の計算に関する明細書
当期利益又は当期欠損の額1・処分・社外流出・その他
[減算] 従事分量配当の損金算入額21・次葉

配当金

明細書：不要

かつては明細書として、別表9（1）「（前略）協同組合等の事業分量配当等の損金算入に関する明細書」がありましたが、平成23年度税制改正（12月改正）によって、協同組合等の事業分量配当等の損金算入制度について当初申告における損金算入に関する明細の記載要件が廃止されました。このため、明細書の記載は不要となりました。

IV 法人課税のあらまし

　法人の所得にかかる税金は、①法人税（地方法人税を含む。）、②法人事業税（特別法人事業税を含む。）、③法人住民税（道府県民税、市町村民税）です。

1. 法人税（国税）

(1) 納税義務者

　納税義務者は「法人」です（法法4①）。人格のない社団等は法人とみなされます（法法3）。

　ただし、公益法人等、人格のない社団等については、納税義務者となるのは、収益事業を営む場合に限られます（法法4①後段）。なお、公共法人には納税義務はありません（法法4③）。

(2) 課税標準

　法人税では、各事業年度の所得について、①各事業年度の所得に対する法人税が課税されます。ただし、連結納税の承認を受けた法人（連結親法人）に対しては、各連結事業年度の連結所得について、②各連結事業年度の連結所得に対する法人税が課税されます。また、退職年金業務等を行う内国法人に対しては、各事業年度の所得に対する法人税又は各連結事業年度の連結所得に対する法人税のほか、各事業年度の退職年金等積立金について、③退職年金等積立金に対する法人税が課税されます。なお、かつては「清算所得に対する法人税」が法人を清算する場合に課税されていましたが、平成22年度税制改正で、平成22年10月1日以降の解散から、法人税の清算所得課税が廃止され、清算期間中にも通常の法人税が課されることとなりました。

　このうち、農業法人に関係があるのは①の「各事業年度の所得に対する法人税」になります。各事業年度の所得に対する法人税の課税標準は、「各事業年度の所得の金額」で（法法21）、次の式で表されます（法法22）。

1. 法人税（国税）

各事業年度の所得の金額＝その事業年度の益金の額－その事業年度の損金の額

　益金の額は、原則として、①資産の販売、②有償による資産の譲渡、③有償による役務の提供――のほか、④無償による資産の譲渡、⑤無償による役務の提供、⑥無償による資産の譲受け――も対象となり、⑦資本等取引以外のものに係る収益の額も含まれます。

　一方、損金の額は、①収益に係る売上原価、②販売費・一般管理費その他の費用（償却費以外の費用については債務確定が条件。）③損失の額で資本等取引以外の取引に係るもの――をいいます。

　資本等取引とは、①法人の資本の額又は出資金額の増加・減少を生ずる取引、②法人の資本積立金の増加・減少を生ずる取引、③法人が行う利益又は剰余金の分配――をいいます。農事組合法人が新たに出資者となるものから徴収した加入金の額は、農事組合法人が協同組合等であっても普通法人であっても資本積立金となります。

　ただし、法人税申告の実際上は、次の式のように、企業会計上の決算利益を出発点として、法人税法上の調整を加えることによって所得の金額を算出します。

（税引後）当期純利益＋加算（損金不算入額＋益金算入額）
－減算（損金算入額＋益金不算入額）＝税法上の課税所得金額

　損益計算書の法人税、住民税及び事業税（法人税等）の額は当期純利益（税引後）への加算項目となりますので、「税引前当期純利益」が実質的には課税所得金額の基礎となります。

表20. 法人税の課税所得の計算と別表四の関係

別表4の項目（区分）			決算書から	別表から	備考
当期利益又は当期欠損の額（①）		1	当期純利益		
加算	損金経理をした納税充当金（②）	4	法人税等		
	上記①②の合計		＝税引前当期純利益		
	交際費等の損金不算入額	8		別表15	
	寄附金の損金不算入額	27		別表14（2）	
	損金経理をした農業経営基盤強化準備金積立額		損益計算書	別表12（13）	
	農業経営基盤強化準備金取崩額		剰余金処分案等	別表12（13）	
	法人税額から控除される所得税額（A）	29		別表6（1）	Cと一致
	仮払税金消却不算入額（B）				D＋Eと一致
減算	受取配当等の益金不算入額	14		別表8（1）	
	農業経営基盤強化準備金積立額の損金算入額	47	剰余金処分案等・損益計算書	別表12（13）	
	従事分量配当の損金算入額		剰余金処分案		
	肉用牛売却所得の特別控除額			別表10（7）	
	仮払税金認定損（C）			別表5（2）	Aと一致
	法人税等の中間納付額及び過誤納に係る還付金額（D）	18			合計がBと一致
	所得税額等及び欠損金の繰戻しによる還付金額等（E）	19			
所得金額又は欠損金額		52			

剰余金処分案等＝剰余金処分案または株主資本等変動計算書

1．法人税（国税）

所得の金額の計算に関する明細書　別表四

令六・四・一以後終了事業年度分

区　分		総額 ①	処分 留保 ②	処分 社外流出 ③
当期利益又は当期欠損の額	1	円	円	配当　円／その他
加算				
損金経理をした法人税及び地方法人税（附帯税を除く。）	2			
損金経理をした道府県民税及び市町村民税	3			
損金経理をした納税充当金	4			
損金経理をした附帯税（利子税を除く。）、加算金、延滞金（延納分を除く。）及び過怠税	5			その他
減価償却の償却超過額	6			
役員給与の損金不算入額	7			その他
交際費等の損金不算入額	8			その他
通算法人に係る加算額（別表四付表「5」）	9			外※
	10			
小計	11			外※
減算				
減価償却超過額の当期認容額	12			
納税充当金から支出した事業税等の金額	13			
受取配当等の益金不算入額（別表八（一）「5」）	14			※
外国子会社から受ける剰余金の配当等の益金不算入額（別表八（二）「26」）	15			※
受贈益の益金不算入額	16			※
適格現物分配に係る益金不算入額	17			※
法人税等の中間納付額及び過誤納に係る還付金額	18			
所得税額等及び欠損金の繰戻しによる還付金額等	19			※
通算法人に係る減算額（別表四付表「10」）	20			※
	21			
小計	22			外※
仮計　(1)+(11)-(22)	23			外※
対象純支払利子等の損金不算入額（別表十七（二の二）「29」又は「34」）	24			その他
超過利子額の損金算入額（別表十七（二の三）「10」）	25	△		※　△
仮計　((23)から(25)までの計)	26			外※
寄附金の損金不算入額（別表十四（二）「24」又は「40」）	27			その他
沖縄の認定法人又は国家戦略特別区域における指定法人の所得の特別控除額又は益金算入額（別表十一「15」若しくは別表十（二）「10」又は別表十一「16」若しくは別表十（二）「11」）	28			※
法人税額から控除される所得税額（別表六（一）「6の③」）	29			その他
税額控除の対象となる外国法人税の額（別表六（二の二）「7」）	30			その他
分配時調整外国税相当額及び外国関係会社等に係る控除対象所得税額等相当額（別表六（五の二）「5の②」）+（別表十七（三の六）「1」）	31			その他
組合等損失額の損金不算入額又は組合等損失超過合計額の損金算入額（別表九（二）「10」）	32			
対外船舶運航事業者の日本船舶による収入金額に係る所得の金額の損金算入額又は益金算入額（別表十（四）「20」、「21」又は「23」）	33			※
合計　(26)+(27)±(28)+(29)+(30)+(31)+(32)±(33)	34			外※
契約者配当の益金算入額（別表九（一）「13」）	35			
特定目的会社等の支払配当又は特定目的信託に係る受託法人の利益の分配等の損金算入額（別表十（八）「13」、別表十（九）「11」又は別表十（十）「16」若しくは「33」）	36	△	△	
中間申告における繰戻しによる還付に係る災害損失欠損金額の益金算入額	37			※
非適格合併又は残余財産の全部分配等による移転資産等の譲渡利益額又は譲渡損失額	38			※
差引計　((34)から(38)までの計)	39			外※
更生欠損金又は民事再生等評価換えが行われる場合の再生等欠損金の損金算入額（別表七（三）「9」又は「21」）	40	△		※　△
通算対象欠損金額の損金算入額又は通算対象所得金額の益金算入額（別表七の二「5」又は「11」）	41			※
当初配賦欠損金控除額の益金算入額（別表七（二）付表一「23の計」）	42			※
差引計　(39)+(40)±(41)+(42)	43			外※
欠損金等の当期控除額（別表七（一）「4の計」）+（別表七（四）「10」）	44	△		※　△
総計　(43)+(44)	45			外※
新鉱床探鉱費又は海外新鉱床探鉱費の特別控除額（別表十（三）「43」）	46	△		※　△
農業経営基盤強化準備金積立額の損金算入額（別表十二（十三）「10」）	47	△	△	
農用地等を取得した場合の圧縮額の損金算入額（別表十二（十三）「43の計」）	48	△	△	
関西国際空港用地整備準備金積立額、中部国際空港整備準備金積立額又は再投資等準備金積立額の損金算入額（別表十二（十）「15」、別表十二（十一）「10」又は別表十二（十四）「12」）	49	△	△	
特定事業活動として特別新事業開拓事業者の株式の取得をした場合の特別勘定繰入額の損金算入額又は特別勘定取崩額の益金算入額（別表十（六）「21」-「11」）	50			※
残余財産の確定の日の属する事業年度に係る事業税及び特別法人事業税の損金算入額	51	△	△	
所得金額又は欠損金額	52			外※

御注意
「52」の①欄の金額は、②欄の金額に③欄の本書の金額を加算し、これから「※」の金額を加減算した額と符合することになります。

(3) 税率（平成30年4月以後開始事業年度）

法人税の税率は次の表のとおりです。

法人の種類	所得の金額	税率
中小法人[*1]・非営利型法人[*2]・人格のない社団等	年800万円以下	15%
	年800万円超	23.2%
中小法人以外の普通法人（資本金1億円超）		23.2%
公益法人等[*3]・協同組合等[*4]	年800万円以下	15%
	年800万円超	19%

*1 普通法人のうち、各事業年度終了の時において資本金の額若しくは出資金の額が1億円以下であるもの又は資本若しくは出資を有しないもの（一定のものを除く。）をいいます。

*2 法別表第二に掲げる非営利型法人である一般社団法人及び一般財団法人並びに公益社団法人及び公益財団法人をいいます。

*3 法別表第二に掲げる法人（一般社団法人等を除きます。）をいいます。

*4 法別表第三に掲げる法人をいいます。

④ 法人税額の計算

課税標準×税率－特別控除＋特別税額－控除所得税額・外国税額－中間申告額
＝
別表1「法人税額計9」

2. 事業税

(1) 納税義務者

法人税とほぼ同じです。

ただし、農地所有適格法人である農事組合法人が行う農業については、法人事業税が非課税となっています（地法72の4③）。

(2) 課税標準

① 資本金1億円以下の法人

資本金1億円以下の法人については、法人税とほぼ同じです。

ただし、「損金経理をした所得税額」について事業税では損金不算入扱いとなるなど、法人税法の課税標準と若干の違いがあります。

これは、法人が受け取る預貯金の利子や利益の配当等から控除されたいわゆる源泉所得税

2. 事業税

額について、法人税では、損金経理しないで法人税の仮払として経理し、法人税額から控除するのが通例ですが、損金経理して損金とすることもできます。しかしながら、事業税では、損金経理した場合、その所得税額は損金の額に算入しませんので（地令21の2）、法人税の所得金額に損金経理した所得税額を加算して課税標準を計算します。（第2節所得金額の計算、「租税公課」の項参照）

① 資本金1億円超の法人（外形標準課税）

平成15年度税制改正により、資本金1億円超の法人を対象とする外形標準課税制度が創設されました。令和6年度税制改正により、2025年4月1日以後開始事業年度から原則として前事業年度に外形標準課税の対象だった法人が減資で資本金を1億円以下としても資本金と資本剰余金の合計額が10億円を超える場合は外形標準課税の対象となります。

外形標準課税の場合の課税標準は次の通りです。

イ　付加価値割　各事業年度の付加価値額
ロ　資本割　各事業年度の資本金等の額
ハ　所得割　各事業年度の所得及び清算所得

(3) 税率（令和元年10月以後開始事業年度）

① 資本金1億円以下の法人

法人の種類	所得金額	税率
普通法人、公益法人等、人格のない社団等	年400万円以下	3.5%
	年400万円超800万円以下	5.3%
	年800万円超	7.0%
特別法人※	年400万円以下	3.5%
	年400万円超	4.9%

※協同組合等（法人税法別表第3と同一）及び医療法人をいう。

② 資本金1億円超の法人（外形標準課税）

		税率
付加価値割		1.2%
資本割		0.5%
所得割	年400万円以下	0.4%
	年400万円超800万円以下	0.7%
	年800万円超	1.0%

（4） 農事組合法人の農業の法人事業税非課税

　農地所有適格法人である農事組合法人が行う農業については事業税が非課税になっています。この場合の「農業」とは、耕種農業を指しますので、農産物の仕入販売や農産加工、施設畜産は、非課税となる農業の範囲から除かれます。また、農作業受託は、原則として非課税の対象から除かれますが、その収入が農業収入の総額の2分の1を超えない程度のものであるときは、非課税の取扱いがなされています。

出資口数割合の基準

　法人事業税が非課税となる農事組合法人には、農民以外の組合員の出資口数割合の基準があります。組合員がすべて農民であれば、基準を満たすことになりますが、組合員に農民以外が要る場合は、基準を満たす必要があります。

【基準】次の①〜④の者の出資口数の合計が総出資口数の1/2以下かつ、②〜④の者の出資口数合計が総出資口数の1/4以下であること

① 　農業協同組合・農業協同組合連合会
② 　その農事組合法人からその事業に係る物資の供給又は役務の提供を受ける者等（物資供給・役務提供を受ける個人、新商品の開発等に係る契約を締結する者、連携して事業を行う営農法人）
③ 　②（法人である場合に限る。）の代表者又は代理人、使用人等である組合員
④ 　③以外の者で、②から受ける資金で生計を維持している組合員

　このほか、現物出資を行った農地中間管理機構（以下「農地バンク」）やアグリビジネス投資育成（株）が農事組合法人の組合員となることができます。ただし、これらの出資口数は、農民以外の組合員の出資口数割合の基準には関係しませんので、たとえばアグリビジネス投資育成（株）から出資を受けたことで法人事業税が課税されることはありません。

農地所有適格法人の適否

　法人事業税が非課税となる農事組合法人は、農地所有適格法人に限られます。農地所有適格法人となるには、A法人形態要件、B事業要件、C構成員・議決権要件、D役員要件、の4つの要件をすべて満たす必要があります。ただし、農事組合法人であればA法人形態要件を満たすうえ、C構成員・議決権要件による判定は不要となります。

　このため、農事組合法人の場合はB事業要件とD役員要件を確認することになります。このうちB事業要件は、その法人の主たる事業（直近3か年の売上高の過半）が農業（農業関連事業を含む）であることです。農事組合法人は、農業に係る共同利用施設の設置の事業（1号事業）と農業経営（2号事業）、これらの付帯事業しか行えないことになっています。このため、1号事業や付帯事業の売上高が全体の売上高の半分を超えない限り、B事業要件を満たすことになります。

2. 事業税

　　D 役員要件は次の両方の条件を満たす必要があります。
① 理事の過半が農業（販売・加工等含む））の常時従事者（年間150日以上）であること
② ①の理事または重要な使用人のうち1人以上が農作業に年間60日以上従事すること
　農業経営を行う農事組合法人でも、たとえば水田転作の大豆のみで水稲の栽培は行わないと、農業従事日数が①の要件を満たさず農地所有適格法人に該当しないことがあります。

非課税所得の計算

　区分計算、すなわち事業税の課税事業と非課税事業とを区分して計算している場合は、区分計算に用いた計算書等を法人事業税の申告書に添付します。一方、区分計算を行っていない場合は、各都道府県で定める計算書によって所得金額を按分し、非課税分の所得金額を計算してこれを所得金額から控除して事業税の課税標準となる所得の計算を行います。

　非課税分の所得金額の計算は次のとおりです。

A 課税標準の基礎となる総所得× B 農業に係る収入／ C 総収入＝非課税分の所得

　上記の計算式においてそれぞれの計算要素は次のように計算します。

A．課税標準の基礎となる総所得

　第6号様式別表5「再仮計⑰」の金額です。ただし、農業経営基盤強化準備金積立額の損金算入額や農用地等を取得した場合の圧縮額の損金算入額がある場合は、これを控除した金額となります。

B．農業に係る収入

　耕種農業に付随する収入②≦耕種農業の収入①×1/2の場合：①と②の合計
耕種農業に付随する収入②＞耕種農業の収入①×1/2の場合：①のみ

① 耕種農業の収入
・耕種農業の農産物・副産物の販売収入
・耕種農業に直接関連して交付される国・地方公共団体等からの補助金等
・農産物の減収補填を目的として支払われる共済金等

② 耕種農業に付随する収入
・農作業受託料
・農業機械・施設の利用料
・農産物・副産物の加工品（必要最低限の加工を除く）の販売収入
・付随事業に対して交付される国・地方公共団体等からの補助金等

③ その他の収入
・雑収入（還付加算金など、上記①及び②、④に該当しないもの）
・受取利息
・受取配当金

- 受取共済金のうち農機具共済金

④　除外収入

- 各種引当金及び準備金の益金算入額
- 土地等の譲渡に係る収入金額
- 従業員の社宅、寮、駐車場等の使用料収入及び食事代収入
- 収入金額に計上した国税及び地方税に係る還付金、充当金及び過誤納金の額（還付加算金を除く）
- 減価償却資産の売却収入金額
- 購入たな卸資産に係る仕入割戻し（リベート）の額として収入に計上した額
- 国庫補助金等の補助金収入のうち固定資産の取得又は改良を目的とするもの

C. 総収入

上記Bの①～③の合計

2. 事業税

農事組合法人の農業に附随する事業に係る課税・非課税の判定計算書及び所得金額計算書の例（岩手県）

課税・非課税の判定計算　　年度　令和04年02月28日　まで

区分		科目	収入金額	区分	科目	収入金額
総収入金額	農業部門の収入金額	種子生産	95,830,949	農業に附随する事業の収入金額	作業受託収入、加工料収入	17,306,649
		転作作物	13,228,817		一般助成収入	0
		一般水稲	37,147,985		雑収入	0
		野菜生産	2,352,507		受取利息	146
		価格補填収入	17,865,103		受取配当金	0
		一般助成収入	2,376,949		還付加算金	403
		作付助成収入	56,685,567		別表4加算	0
		雑収入	278,175		別表4減算	0
		受取共済金	1,021,616		計　②	17,307,198
				その他の収入金額	雑収入	433,837
					受取利息	3
		受取利息	1,917		受取配当金	0
		受取配当金	0		還付加算金	10
		還付加算金	5,287		別表4加算	0
		別表4加算	0		別表4減算	0
		別表4減算	0		計　③	433,850
		計　①	226,794,872		総計（①+②+③）　④	244,535,920
農業部門に含める附随事業等の判定			農業部門の収入金額に2分の1相当額（①×1/2）⑤			113,397,436
			非課税・課税の判定	⑥	②≦⑤の場合は附随事業に係る所得は非課税	○
				⑦	②>⑤の場合は附随事業に係る所得は課税	

※　⑥、⑦のいずれか該当する方に○印を記載すること。

所得金額計算

総所得等（第6号様式別表5「再仮計⑰」）	⑧	96,565,996
土地等の譲渡益等、農業経営基盤強化準備金積立額の損金算入額又は農用地等を取得した場合の圧縮額の損金算入額	⑨	89,053,559
課税標準の基礎となる総所得等（⑧-⑨）	⑩	7,512,437
所得金額の計算の基礎とする収入金額　非課税分の収入金額　（附随事業が課税の場合①）　（附随事業が非課税の場合①+②）	⑪	244,102,070
総収入金額（④）	⑫	244,535,920
非課税分の所得金額等（⑩×⑪/⑫）	⑬	7,499,109
当期分の所得金額等（⑧-⑬）	⑭	89,066,887
繰越欠損金額又は災害損失金額の当期控除額	⑮	0
所得金額再差引計（⑭-⑮）	⑯	89,066,887
農業経営基盤強化準備金積立額の損金算入額又は農用地等を取得した場合の圧縮額の損金算入額（⑯の欄を限度とする。）	⑰	89,053,559
課税標準となる所得金額等（⑯-⑰）	⑱	13,328

所得金額に関する計算書（第六号様式別表五）の例

所得金額に関する計算書（法第72条の2第1項 第1号/第3号 に掲げる事業）

所得金額の計算				非課税所得の区分計算		
所得金額又は個別所得金額の総額又は欠損金額又は個別欠損金額の総額の金額		①	96,565,996	外国の事業に帰属する所得	外国における事務所又は事業所の期末の従業者数	㊲ 人
加算	損金の額又は個別帰属損金額に算入した所得税額及び復興特別所得税額	②			期末の総従業者数	㊳
	損金の額又は個別帰属損金額に算入した分配時調整外国税相当額	③			外国から生ずる事業所得 (⑯+⑰)×㊲/㊳	㊴ 円
	損金の額又は個別帰属損金額に算入した海外投資等損失準備金勘定への繰入額	④		鉱物の掘採事業の所得	鉱物の掘採事業と精錬事業とを通じて算定した所得	㊵
	損金の額又は個別帰属損金額に算入した外国法人税の額	⑤			生産品の収入金額又は生産品の収入金額から控除価格を差し引いた金額	㊶
		⑥			鉱産税の課税標準であるべき鉱物の価額	㊷
	非適格合併等又は残余財産の全部分配等による移転資産等の譲渡利益額	⑦			鉱物の掘採事業の所得 ㊵×㊷/㊶	㊸
	小　計	⑧	0			
減算	益金の額又は個別帰属益金額に算入した海外投資等損失準備金勘定からの戻入額	⑨		備考		
	外国の事業に帰属する所得以外の所得に対して課された外国法人税の額	⑩				
	外国の事業に帰属する所得に対して課された外国法人税の額	⑪				
	特定目的会社又は投資法人の支払配当の損金算入額	⑫				
	特定目的信託及び特定投資信託に係る利益又は収益の分配の額の損金算入額	⑬				
	非適格合併等又は残余財産の全部分配等による移転資産等の譲渡損失額	⑭				
	小　計	⑮	0			
仮　計　①+⑧-⑮		⑯	96,565,996			
外国の事業に帰属する所得		⑰				
再　仮　計　⑯-⑰		⑱	96,565,996			
非課税等所得	林業に係る所得	⑲				
	鉱物の掘採事業に係る所得	⑳				
	社会保険等に係る医療の所得	㉑				
	農事組合法人の農業に係る所得	㉒	7,499,109			
	小　計	㉓	7,499,109			
所得金額差引計　⑱-㉓		㉔	89,066,887			
繰越欠損金額等又は災害損失金額の当期控除額		㉕				
債務免除等があった場合の欠損金額等の当期控除額		㉖				
所得金額再差引計　㉔-㉕-㉖		㉗	89,066,887			
新鉱床探鉱費又は海外新鉱床探鉱費の特別控除額		㉘				
農業経営基盤強化準備金積立額の損金算入額		㉙	53,000,000			
農用地等を取得した場合の圧縮額の損金算入額		㉚	36,053,559			
関西国際空港用地整備準備金積立額の損金算入額		㉛				
中部国際空港整備準備金積立額の損金算入額		㉜				
再投資等準備金積立額の損金算入額		㉝				
特定事業活動として出資をした場合の特別勘定の益金算入額		㉞				
特定事業活動として出資をした場合の特別勘定繰入額の損金算入額		㉟				
合　計　㉗-㉘-㉙-㉚-㉛-㉜-㉝+㉞-㉟		㊱	13,328			

(5) 特別法人事業税

平成31年度税制改正により、地方法人特別税に代わる恒久的な措置として、法人事業税の一部を分離して特別法人事業税及び特別法人事業譲与税が創設されました。

① 納税義務者

法人事業税の納税義務者です。

② 課税標準

標準税率により計算した法人事業税の所得割額（基準法人所得割額）です。

⑤ 税率（令和元年10月以後開始事業年度）

法人の種類		税率
外形標準課税法人以外の法人	普通法人	37.0%
	特別法人※	34.5%
外形標準課税法人		260.0%

※協同組合等（法人税法別表第3と同一）及び医療法人をいう。

3. 住民税

(1) 納税義務者

法人税とほぼ同じです。

(2) 課税標準

法人税額（前記の「法人税額計」）です。

3. 住民税

(3) 税率
① 均等割（標準税率）

資本金等の額	従業者数	道府県民税	市町村民税
50億円超	50人超	80万円	300万円
	50人以下		41万円
10億円超 50億円以下	50人超	54万円	175万円
	50人以下		41万円
1億円超 10億円以下	50人超	13万円	40万円
	50人以下		16万円
1千万円超 1億円以下	50人超	5万円	15万円
	50人以下		13万円
1千万円以下	50人超	2万円	12万円
	50人以下		5万円
（非出資）	―	2万円	5万円

① 法人税割（標準税率）

　道府県民税 1％　　市町村民税 6％

〈参考〉法人課税の実効税率

　資本金1,000万円以下の法人の場合の各税の税率及び実効税率は次のとおりです。

表21．法人課税の実効税率（令和2年度以降・資本金1,000万円以下の普通法人）

種別 年所得金額	法人税	地方法人税	事業税	特別法人事業税	道府県民税	市町村民税	実効税率
400万円以下	15％	法人税額×10.3％	3.5％	事業税額×37％	法人税額×1％＋2万円	法人税額×6％＋5万円	21.4％
400万円超 800万円以下			5.3％				23.2％
800万円超	23.2％		7.0％				33.6％

注．地方税の税率は標準税率による。

4. 法人の分類

〈法人の目的からの分類〉

(1) 普通法人

(2) から (4) までに掲げる法人以外の法人で、人格のない社団等を含みません。一般の株式会社や合同会社などがこれに当たります。非営利型法人に該当しない一般社団法人及び一般財団法人も普通法人に含まれます。

普通法人は法人税法の定めるところにより、法人税を納める義務があります。税率は23.2％が原則ですが、中小法人の場合、年800万円以下の所得金額について軽減（15％）されます。

(2) 公共法人

法人税法別表第1に掲げる法人です。地方公共団体のほか、農業に関連の深いものとしては、株式会社日本政策金融公庫、土地改良区、土地改良区連合などがあります。

(3) 公益法人等

法人税法別表第2に掲げる法人です。公益社団法人、公益財団法人のほか、農業に関連の深いものとしては、土地改良事業団体連合会、農業共済組合、農業共済組合連合会などがあります。非営利型法人に該当する一般社団法人及び一般財団法人も公益法人等に含まれます。

(4) 協同組合等

法人税法別表第3に掲げる法人です。農業協同組合（JA）や農業協同組合連合会、農事組合法人（組合員に確定給与を支給するものを除く。）などがこれに該当します。なお、農事組合法人のうち、組合員に確定給与（事業に従事する組合員に対し給料、賃金、賞与その他これらの性質を有する給与）を支給するものは、普通法人となります。

普通法人と同様に法人税の納税義務がありますが、法人税の税率は協同組合等の軽減税率（原則19％）が適用されます。

(5) 人格のない社団等

法人でない社団又は財団で代表者又は管理人の定めがあるものです。

人格のない社団等は、法人とみなして、法人税法の規定が適用されます。ただし、納税義務があるのは、収益事業を営む場合に限られます。税率は普通法人と同様で、年800万円以下の所得金額については、中小法人の軽減税率と同様に軽減（15％）されます。

〈資本金の大小からの分類〉
(1) 中小法人

普通法人のうち資本金（出資金額）が1億円以下であるもの、非出資法人、人格のない社団等です。

中小法人は、各事業年度の所得の金額のうち年800万円以下の金額について法人税率が23.2％から15％に軽減されます。

(2) 中小企業者

資本金（出資金額）が1億円以下の法人（人格のない社団等を含む。）で特定法人の支配を受けないもの、非出資法人で常時使用する従業員の数が1,000人以下の法人です。

中小企業者には、各種の特別償却、法人税額の特別控除の特例の適用があります。

〈同族会社・非同族会社〉
(1) 同族会社

「同族会社」とは、株主等の3人以下及びこれらの同族関係者が有する株式等の合計額が、その会社の発行済株式総数又は出資金額の50％超の会社です。

同族会社は、行為計算の否認の適用を受けます。また、同族会社のうち特定同族会社（被支配会社で資本金1億円超など一定の要件を満たすもの）に該当する法人は、留保金課税の適用を受けます。

(2) 特定同族会社

「特定同族会社」とは、被支配会社で、被支配会社であることについての判定の基礎となった株主又は社員のうちに被支配会社でない法人がある場合には、当該法人をその判定の基礎となる株主又は社員から除外して判定するものとした場合においても被支配会社となるものをいい、資本金が1億円以下であるものを除きます（法法67①）。

「被支配会社」とは、会社の上位1株主グループ（株主又は社員（その会社が自己の株式又は出資を有する場合のその会社を除きます。）の1人並びにこの株主又は社員と特殊の関係のある個人及び法人を一のグループとした場合のそのグループをいいます。）が、次に掲げる場合に該当する場合におけるその会社をいいます（法67②、法令139の7）。

① その会社の発行済株式又は出資（その会社が有する自己の株式又は出資を除きます。）の総数又は総額の50％を超える数又は金額の株式又は出資を有する場合（法67②）

② その会社の議決権のいずれかにつきその総数（その議決権を行使することができない株主等が有する議決権の数を除きます。）の50％を超える数を有する場合（法令139の7⑤）

③ その会社（合名会社、合資会社又は合同会社に限ります。）の社員（その会社が業務を

執行する社員を定めた場合にあっては、業務を執行する社員）の総数の半数を超える数を占める場合（法令139の7⑤）

特定同族会社は留保金課税の適用を受けます。平成18年度税制改正により、留保金課税の適用対象となる法人は、同族会社（上位3株主グループによる判定）から特定同族会社（上位1株主グループによる判定）とされました。

(3) 非同族会社

「同族会社でない法人」です。農事組合法人は会社ではないので、常に非同族会社に該当します。非同族会社は、行為計算の否認、特定同族会社の留保金課税が適用されません。

5. 農業法人に関する特例

(1) 農地所有適格法人に関する特例

① 農業経営基盤強化準備金

農業経営基盤強化準備金制度は、平成19年度税制改正によって創設された制度です。農業経営基盤強化準備金制度では、青色申告をする認定農業者の農地所有適格法人が、交付を受けた経営所得安定対策交付金等（以下「対象交付金」という。）を基礎として計算した積立限度額以下の金額を農業経営基盤強化準備金として積み立てた金額について、損金に算入します。

また、農用地又は特定農業機械等の取得等をして農業の用に供した場合は、農業経営基盤強化準備金を取り崩すか、直接、対象交付金をもって、その農用地等について圧縮記帳をすることができます。農業経営基盤強化準備金は、積立事業年度の翌事業年度から5年経過した事業年度（7年目）に取り崩して益金算入することになります。

② 肉用牛免税

農地所有適格法人が、一定の売却方法により肉用牛を売却した場合、肉用牛のうち免税対象飼育牛の売却による利益相当額を損金に算入します。免税対象飼育牛とは、売却価額100万円未満の肉用牛ですが、平成20年度税制改正によって平成21年4月1日以後に終了する事業年度から乳用種について売却価額50万円未満に、平成23年度税制改正によって平成24年4月1日以後に終了する事業年度から交雑種（F1）について売却価額80万円未満に限定されました。また、平成20年度税制改正によって免税対象牛の売却頭数の上限（年間2,000頭）が設定され、さらに平成23年度税制改正によって上限が年間1,500頭に引下げられ、平成24年4月1日以後に終了する事業年度分から適用されました。

(2) 農事組合法人に関する特例

① 農業に対する事業税の非課税

農地所有適格法人である農事組合法人が行う農業については事業税が非課税になっています。ただし、農産物の仕入販売や農産加工、施設畜産は、非課税となる農業の範囲から除かれます。また、農作業受託は、原則として非課税の対象から除かれますが、その収入が農業収入の総額の二分の一を超えない程度のものであるときは、非課税の取扱いがなされています。

② 留保金課税の不適用

農事組合法人は、組合法人であり、会社法人ではないので、同族会社に対する留保金課税（特別税率）は適用されません。

③ 従事分量配当等の損金算入

協同組合等に該当する農事組合法人が支出する従事分量配当の金額は、配当を支出した事業年度ではなく、配当の計算対象となった（事業に従事した）事業年度の損金に算入します。また、従事分量配当は、事業に従事した（役務の提供を受けた）課税期間において消費税の課税仕入れとなります。

法人税法上、農業経営の事業（2号事業）を行なう農事組合法人で事業に従事する組合員に対し給料、賃金、賞与その他これらの性質を有する給与（いわゆる確定給与）を支給するものは普通法人となり、それ以外は協同組合等として取り扱われます。

なお、利用分量配当（事業分量配当）は共同利用施設の設置等の事業（1号事業）に対応するもの、従事分量配当は農業経営の事業（2号事業）に対応するものです。協同組合等に該当する農事組合法人の場合、利用分量配当（事業分量配当）も損金に算入しますが、共同利用施設の設置などの事業を行なわず、農業経営のみを行なう農事組合法人は、利用分量配当を行なうことはできません。

一方、従事分量配当は、組合員にとっては事業（農業）所得となります。また、従事分量配当は、組合員にとっては消費税の課税売上げとなりますが、組合員が免税事業者の場合には、実際の納税負担はありません。

④ その他

①新たに組合員になるものが支払った加入金の益金不算入、②法人の設立などにかかる登録免許税の免除、③出資証券の印紙税の非課税——があります。

また、協同組合等の場合、法人税の税率が、課税所得金額が800万円を超える部分について19％（普通法人は25.5％）となるほか、事業税の税率（400万円以下2.7％）も400万円を超える部分について3.6％（普通法人は800万円以下4％、800万円超5.3％）と軽減されています。

V 消費税のあらまし

1. 消費税とは

　消費税は、最終的な税の負担者を消費者とし、納税義務者を事業者とする間接税で、消費に広く公平に負担を求めるものです。

　消費税は、生産及び流通のそれぞれの段階で、商品や製品などが販売される都度その販売価格に上乗せされてかかります。消費税の税率は、地方消費税を合わせて標準税率10％、軽減税率8％です。しかし、事業者による納付税額は、販売価格に上乗せされた消費税そのものではなく、課税期間ごとに売上げに対する税額から仕入れに含まれる税額を差し引いて計算します。生産、流通の各段階で二重、三重に税が課されることのないよう、課税売上げに係る消費税額から課税仕入れ等に係る消費税額を控除し、税が累積しない仕組みとなっています。

　消費税は、課税売上げに係る消費税額から課税仕入れ等に係る消費税額を控除して計算するのが基本です。このような計算方法による納税を「一般課税」（または「本則課税」）と呼んでいますが、これとは別に、中小事業者の事務負担を軽減するため、簡易課税制度が設けられています。

　消費税の課税対象は、①国内において事業者が事業として対価を得て行う資産の譲渡等（国内取引）と、②保税地域から引き取られる外国貨物（輸入取引）で、国外で行なわれる取引は課税対象になりません。

　取引のうち、①対価を得ずに行なう取引など課税対象の要件に合致しないもの（＝不課税取引）、②課税対象の要件に合致するもののＡ消費に負担を求める消費税の性格からみて課税対象としてなじまないものＢ社会政策上の配慮により課税すべきでないものとして消費税を課税しないこととしたもの（＝非課税取引）──には消費税が課税されません。

1. 消費税とは

図8. 消費税の課税取引の概念図

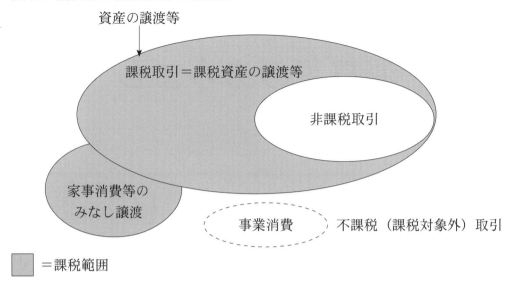

非課税となる国内取引

[税の性格から課税対象とすることになじまないもの]

① 土地（土地の上に存する権利を含む）の譲渡及び貸付け（一時的に使用させる場合を除く）
② 有価証券、有価証券に類するもの及び支払手段（収集品及び販売用のものを除く）の譲渡
③ 利子を対価とする貸付金その他特定の資産の貸付け、保険料を対価とする役務の提供等
④-1 郵便切手類、印紙及び証紙の譲渡
④-2 物品切手等の譲渡
⑤-1 国、地方公共団体等が、法令に基づき徴収する手数料等に係る役務の提供
⑤-2 外国為替業務に係る役務の提供

[社会政策的な配慮に基づくもの]

⑥ 公的な医療保障制度に係る療養、医療、施設療養又はこれらに類する資産の譲渡等
⑦-1 介護保険法に基づく、居宅・施設・地域密着型介護サービス費の支給に係る居宅・施設・地域密着型サービス等
⑦-2 社会福祉法に規定する社会福祉事業等として行われる資産の譲渡等
⑧ 医師、助産師その他医療に関する施設の開設者による助産に係る資産の譲渡等
⑨ 墓地、埋葬等に関する法律に規定する埋葬・火葬に係る埋葬料・火葬料を対価とする役務の提供
⑩ 身体障害者の使用に供するための特殊な性状、構造又は機能を有する物品の譲渡、貸付け等
⑪ 学校、専修学校、各種学校等の授業料、入学金、施設設備費等

⑫　教科用図書の譲渡
⑬　住宅の貸付け

　課税取引に該当する資産の譲渡等を一般に「課税売上げ」と呼んでいます。これに対して、事業者が、事業として他の者から資産を譲り受け、若しくは借り受け、又は役務の提供を受けることを「課税仕入れ」といいます。ただし、給与等を対価とする役務の提供は課税仕入れになりません。

2. 納税義務者

　国内取引の納税義務者は、事業として資産の譲渡や貸付け、役務の提供を行った事業者です。この事業者とは、個人事業者と法人をいいます。

　消費税には事業者免税点が設けられており、基準期間の課税売上高が1千万円以下の事業者は消費税の納税義務が免除されます。法人の場合、基準期間は前々事業年度になります。このため、、新規設立された法人は、設立第1期と第2期について、基準期間がありませんので、原則として納税義務が免除されます。ただし、事業年度開始の日における資本金の額又は出資の金額が1千万円以上である法人については、新設法人の特例（消法12の2）によって納税義務が免除されません。

　この課税売上高は、輸出取引なども含めた消費税の課税取引の総額から返品を受けた金額や売上値引き、売上割戻しなどを差し引いた金額で、消費税額と地方消費税額は含まないこととされています。また、標準税率の適用対象の農産物販売の課税売上高の計算において委託販売手数料を控除することができます（消基通10-1-12）。なお、基準期間が免税事業者の場合は、その基準期間である課税期間中の課税売上高には、消費税が課税されていませんから、税抜きの処理を行わない売上高で判定します。

　免税点以下の事業者であっても、選択により課税事業者となることもできます。この場合は、原則として課税事業者になろうとする課税期間の前課税期間中に「消費税課税事業者選択届出書」を提出することが必要です。なお、一度この届出書を提出すると最低2年間は課税事業者のままでいなくてはならないこととされています。

3. 消費税の経理

(1) 勘定科目別の消費税課税の有無

消費税の課税事業者となる農業法人は、法人税だけでなく、消費税を意識して経理する必要があります。

① 損益計算書科目

損益計算書の勘定科目別に消費税が課税されるかどうかは、巻末の標準勘定科目表のとおりです。

② 貸借対照表科目

貸借対照表の科目についても、消費税の課税対象となる取引があります。土地以外の固定資産や繰延資産、無形固定資産を購入した場合には、消費税が課税されます。法人税では、固定資産を購入した場合には、取得価額がその年の費用になるわけではなく、その減価償却費が多年にわたって費用になります。これに対して、消費税では、取得した年にその全額を課税仕入れとして経理することになります。

(2) 消費税の経理方式

消費税の経理処理については、税抜経理方式と税込経理方式とがあり、どちらの方式を選択してもよいことになっていますが、選択した方式はすべての取引に適用するのが原則です。なお、免税事業者は、税込経理方式を適用しなければなりません。

税抜経理方式を選択適用する場合は、売上げなどの収益に係る取引について必ず税抜経理をしなければなりません。しかし、固定資産、棚卸資産および繰延資産（以下「固定資産等」といいます。）の取得に関する取引または販売費、一般管理費など（以下「経費等」といいます。）の支出に関する取引のいずれかの取引について税込経理方式を選択適用することができます。この場合、仮受消費税等の合計額から仮払消費税等の合計額を差し引いた金額が納付税額または還付税額とはなりません。

税抜経理方式と税込経理方式の併用により生じた、仮受消費税等の合計額から仮払消費税等の合計額を差し引いた金額と納付すべき消費税等の額または還付されるべき消費税等の額との差額については、法人においては、その課税期間を含む事業年度の益金の額に算入します。

従事分量配当を支払う農事組合法人においては税抜経理方式を選択する場合であっても、従事分量配当については税込経理方式を適用することになります。従事分量配当に係る取引について税込経理方式を選択適用した場合には、従事分量配当に含まれる消費税等を仮払消費税等としないため、その課税期間の仮受消費税等の合計額から仮払消費税等の合計額を差し引いた金額と納付すべき税額または還付されるべき税額とは差額が出ます。この差額につ

いては、雑収入としてその課税期間を含む事業年度の益金の額に算入します。

(3) 帳簿及び請求書の保存等

一般課税においては、実際の課税仕入れ等の税額により仕入税額控除を計算しますが、仕入税額控除の適用を受けるためには、課税仕入れ等の事実を記載した帳簿及び請求書等の両方を保存する必要があります。課税仕入れに係るものについての帳簿要件となる記載事項、これに対する記帳の実務対応については、表のとおりです。

表 22. 帳簿の記載事項とその対応

記載事項	パソコン簿記での対応	摘要欄への記載	備考
課税仕入れの相手方の氏名・名称	相手方の屋号等略称を買掛金勘定の補助科目とする	現金仕入等の場合は相手方の略称を記載	略称及び正式氏名・名称、住所・所在地を記載した取引先名簿を備付(注1)
課税仕入れを行った日	課税仕入れを行った日に発生主義で仕訳を起こす		
課税仕入れの内容	電気料金のように継続的に提供を受ける役務は未払費用勘定の補助科目名とする それ以外は摘要欄に記入	継続的に提供を受ける役務については役務の内容（補助科目名）に加え「〇月分」と記入 それ以外は具体的な資産・役務の内容を記入(注2)	
課税仕入れの対価の額	原則として入力した金額でOK ただし、軽油は、軽油引取税相当額を区分	—	

注.
1) 屋号等による記載でも、電話番号が明らかであること等により課税仕入れの相手方が特定できる場合には、正式な氏名又は名称の記載でなくても差し支えない。
2) 一取引で複数の一般的な総称の商品を2種類以上購入した場合でも、それが経費に属する課税仕入れであるときは、商品の一般的な総称でまとめて「〇〇等」、「〇〇ほか」のように記載することで差し支えない。

4. 消費税の計算の原則（一般課税）

(1) 一般課税における納税額の計算

一般課税においては、事業者が申告・納付する消費税額は、その課税期間中の課税売上げ

4. 消費税の計算の原則（一般課税）

に係る消費税額から課税仕入れ等に係る消費税額を控除して計算します。このように、課税仕入れ等に係る消費税額を控除することを「仕入税額控除」といいます。一般課税では、課税仕入れ等に係る消費税額が課税売上げに係る消費税額を上回る場合、控除不足額が還付されます。

　仕入税額控除制度は、税の累積を排除する観点から設けられた制度ですので、課税仕入れ等に係る消費税額については、原則として、課税売上げに対応するもののみが仕入税額控除の対象になり、非課税売上げに対応する課税仕入れ等に係る消費税額は仕入税額控除の対象とはなりません。このため、非課税売上げも含めた売上げの合計額に占める課税売上げの割合を「課税売上割合」とし、次のいずれかの方法で仕入控除税額を計算するのが原則となっています。ただし、平成23年6月の消費税法の改正までは、課税売上割合が95％以上である場合、全額を仕入税額控除の対象とすることができました（95％ルール）。平成23年6月の消費税法の改正により、「95％ルール」の適用要件の見直しが行われ、当該課税売上高が5億円を超える事業者については、課税売上割合が95％以上であっても、仕入控除税額の計算に当たって個別対応方式か一括比例配分方式のいずれかの方法で計算することになりました。

① 個別対応方式

　　仕入控除税額
　　＝課税売上対応分に係る消費税額＋(共通対応分に係る消費税額×課税売上割合)

② 一括比例配分方式

　　仕入控除税額
　　＝その課税期間中の課税仕入れに係る消費税額の合計額×課税売上割合

(2) インボイス制度

　2023年10月から、適格請求書等保存方式（インボイス制度）が実施されました。インボイス制度では、適格請求書及び帳簿の保存が仕入税額控除の要件となります。具体的には、仕入税額控除を適格請求書の税額の積上げ計算によって行うことになりますが、従来通り、取引総額からの割戻し計算の方法も認められます。

　ただし、割戻し計算により仕入税額を計算できるのは、売上税額を割戻し計算している場合に限られます。従事分量配当を支払う農事組合法人においては税抜経理方式を選択する場合であっても、従事分量配当については税込経理方式を適用することになりますので、仕入税額を割戻し計算により計算することになります。このため、従事分量配当を支払う農事組合法人においては、売上税額、仕入税額とも特例により、割戻し計算とすることになります。

表 23. 売上税額と仕入税額の計算方法

売上税額	仕入税額
【割戻し計算】（原則）	【積上げ計算】（原則）
	【割戻し計算】（特例）
【積上げ計算】（特例）	【積上げ計算】（原則）

　インボイスは、登録を受けた課税事業者（インボイス発行事業者）のみが交付をすることができ、インボイス発行事業者には、課税事業者の相手方からの求めに応じてインボイスの交付義務が課せられます。インボイスには、①事業者登録番号、②税率ごとの消費税額及び適用税率を記載しなければなりません。インボイス制度の実施により、免税事業者は適格請求書（インボイス）の交付が認められないため、免税事業者からの課税仕入れについては、原則として仕入税額控除ができなくなります。

　免税事業者からの課税仕入れについては、適格請求書等保存方式の導入後3年間（2023年10月～2026年9月）は、仕入税額相当額の80％、その後の3年間（2026年10月～2029年9月）は同50％の控除ができますが、2029年10月から仕入税額控除が認められなくなります。

5. 簡易課税制度

（1）　簡易課税制度のしくみ

　簡易課税制度とは、その課税期間における課税標準額に対する消費税額を基にして仕入控除税額を計算する制度です。具体的には、その課税期間における課税標準額に対する消費税額にみなし仕入率を掛けて計算した金額を仕入控除税額とみなします。

　これは、煩雑な課税仕入れ等の判定を行わずに済むよう、中小企業者の事務負担に配慮したものです。このため、簡易課税制度では、実際の課税仕入れ等の税額を計算することなく、課税売上高のみから納付税額を計算することができます。

　一般課税と簡易課税の消費税の納付税額の違いは、次のとおりです。

〈一般課税〉

納付消費税額＝課税売上げに係る消費税額－課税仕入れに係る消費税額

5. 簡易課税制度

〈簡易課税〉

納付消費税額＝課税売上げに係る消費税額－課税売上げに係る消費税額×みなし仕入率

　耕種の農業については、一般に、課税売上高に対する実際の課税仕入れの割合がみなし仕入率（70％）よりも低いため、簡易課税制度を選択した方が有利です。反対に、畜産農業では、一般に、一般課税の方が有利になります。ただし、酪農の場合には、一般課税が有利な場合と簡易課税が有利な場合とがあります。

　なお、通常の年では簡易課税が有利な場合であっても、設備投資をした年には、設備投資も課税仕入れとなるため、一般課税が有利になる場合もあります。簡易課税制度の適用を受けている事業者が設備投資をする場合には、一般課税に戻した方が有利かどうか、必ず検討してください。

（2）　簡易課税制度の事業区分

　簡易課税制度では、事業形態により、第1種から第6種までの6つの事業に区分します。仕入税額控除の計算において、それぞれの事業の課税売上げに係る消費税額に対し、第3種事業については70％、第4種事業については60％のみなし仕入率を適用して仕入控除税額を計算します。消費税率引上げ後においては、軽減税率の適用対象となる課税売上げについては、標準税率（10％）ではなく軽減税率（8％）による課税売上げに係る消費税を基礎として仕入税額控除を計算することになります。

　軽減税率制度の導入に伴い、平成30年度税制改正により、消費税の簡易課税制度について消費税の軽減税率が適用される食用の農林水産物を生産する農林水産業を第2種事業とし、みなし仕入率が80％（改正前：70％）となりました。簡易課税制度における事業区分の内容とみなし仕入率と農業の留意点は、表のとおりです。事業者が行う事業が第1種事業から第6種事業までのいずれに該当するかの判定は、原則として、その事業者が行う課税売上げ（課税資産の譲渡等）ごとに行います。

表 24. 消費税の簡易課税制度の事業区分とみなし仕入率

事業区分	率	対象事業	農業の留意点
第 1 種事業	90%	卸売業（他の者から購入した商品をその性質、形状を変更しないで他の事業者に対して販売する事業）	事業者への農畜産物の仕入販売
第 2 種事業	80%	小売業（他の者から購入した商品をその性質、形状を変更しないで販売する事業で第 1 種事業以外のもの） **軽減税率が適用される農林漁業**	消費者への農畜産物の仕入販売 2019 年 10 月以降
第 3 種事業	70%	軽減税率が適用されない農林漁業、製造業ほか	副産物、加工品含む
第 4 種事業	60%	飲食店業、加工賃等よる役務提供、固定資産の売却	農作業受託、生物の売却
第 5 種事業	50%	サービス業	
第 6 種事業	40%	不動産業	アパート賃貸は非課税

（3） 簡易課税制度の適用

基準期間の課税売上高が 5 千万円以下で、「消費税簡易課税制度選択届出書」を事前に提出している事業者は、簡易課税制度の適用を受けます。

簡易課税制度の適用を受けるには、その課税期間の開始の日の前日まで（事業を開始した課税期間等であればその課税期間中）に「消費税簡易課税制度選択届出書」を提出する必要があります。なお、簡易課税制度選択届出書を提出している場合であっても、基準期間の課税売上高が 5 千万円を超える場合には、その課税期間については簡易課税制度が適用されません。

簡易課税制度の適用をとりやめて実額による仕入税額の控除を行う（一般課税に戻す）場合には、原則として、その課税期間の開始の日の前日までに「消費税簡易課税制度選択不適用届出書」を提出する必要があります。ただし、簡易課税を選択した事業者は、原則として、2 年間は一般課税に戻すことができません。

Ⅵ 法人税申告書の作成手順

1. 税引前当期純利益の確定（会計）

① 中間申告分・控除税額の仮払経理

中間申告分の法人税・住民税・事業税、源泉所得税については、仮払法人税等として仮払経理します。

図9. 法人税申告書作成手順

1. 税引前当期純利益の確定
2. 各明細書（別表）の一部の記載 [1/2]
3. 別表4の一部の記載 [1/3]
4. 農業経営基盤強化準備金の積立て
5. 各明細書（別表）の記載完了 [2/2]
6. 別表4の追加の記載 [2/3] と仮の当期利益による法人税額等の計算
7. 法人税等の決算整理
8. 別表5（2）・別表5（1）・別表4の完成記載 [3/3]

2. 各明細書（別表）の一部の記載 ［1/2］（申告書）

　他の表に関係なく記載することができる表で、その結果を別表4の［加算］又は［減算］の各欄へ移記するものを示します。

> 別表10（7）　「（前略）農地所有適格法人の肉用牛の売却に係る所得又は連結所得の特別控除（中略）の損金算入に関する明細書」

法人税等の留意事項
(1) 制度の概要
　農地所有適格法人の肉用牛免税では、免税対象飼育牛の売却による利益の額に相当する金額は、売却をした事業年度の所得の金額の計算上、損金の額に算入します。
　ただし、平成20年度税制改正で、平成21年4月1日以後に終了する事業年度から売却頭数要件が導入されました。さらに、平成23年度税制改正により、平成24年4月1日以後に終了する事業年度から免税対象牛の売却頭数要件の上限が引き下げられ、免税対象牛の売却頭数が年間1,500頭に（以前は年間2,000頭）を超える場合には、その超える部分の所得については、免税対象から除外することになりました。

(2) 適用対象法人
　適用対象法人は農地所有適格法人です。農地所有適格法人とは、農地法第2条第3項に規定する農地所有適格法人をいいます。

(3) 免税対象飼育牛
　免税対象飼育牛とは、一定の家畜市場で売却した肉用牛、農協（連合会）に委託して売却した肉用子牛で①売却価額が免税基準価額（肉専用種100万円、交雑種は80万円、乳用種(注)は50万円）未満のもの、②高等登録のあるもの――をいいます。一方、売却価額が100万円以上の肉用牛は、高等登録のあるものを除き、免税対象飼育牛になりません。肉用牛免税制度は肉用子牛も対象で、生産後1年未満の肉用牛の場合、農林水産大臣指定の農協又は農協連合会に委託して売却することが要件となります。
注． 乳用種とは、ホルスタイン種、ジャージー種、その他の乳用種をいいます。
　　具体的には、次の肉用牛が適用対象となります。
① 飼育期間が2ヵ月以上の肉用牛
② 生産後1年未満の肉用子牛（酪農経営において生産された乳オスやF1、ETなどの子牛も含む。）

③　子取り用雌牛

なお、「肉用牛売却所得の課税の特例措置について」（平成20年8月27日付け、農林水産省生産局長通知）では、「肉用牛が子取り用雌牛で繁殖用に供されていること等のため固定資産として経理されている場合は、その売却による対価が譲渡所得となるため、本措置は適用されない」としていますが、個人において譲渡所得の対象となる場合には適用されないという趣旨であって、農地所有適格法人の場合には、子取り用雌牛は、適用対象となると解すべきでしょう。

一方、次のような牛は適用対象となりません。

① 種雄牛
② 搾乳牛（乳牛の雌のうち子牛の生産の用に供されたもの）
③ 牛の胎児
④ 飼育期間が2ヶ月未満の肉用牛

肉用牛の飼育期間が極端に短く（2ヶ月未満）、単なる肉用牛の移動を主体した売却により生じた所得は、対象となりません。

(4) 売却方法

① 家畜取引法第2条第3項に規定する家畜市場、中央卸売市場又は家畜取引法第27条第1項の規定による届出に係る市場等において行う売却の方法により、農地所有適格法人が飼育した肉用牛を売却した場合。
② 肉用子牛生産安定等特別措置法第6条第2項に規定する指定協会から同法第7条第2項に規定する生産者補給金交付業務に関する事務の委託を受けている農業協同組合又は農業協同組合連合会で農林水産大臣が指定したものに委託して行う売却の方法により、農地所有適格法人が飼育した生産後1年未満の肉用牛を売却した場合。

（措法67の3、措令39の26）

(5) 免税対象飼育牛の売却利益の額の計算

免税対象飼育牛の売却による利益の額は、所定の売却方法により売却した免税対象飼育牛すべてに係る収益の額からその収益に係る原価の額とその売却に係る経費の額との合計額を控除した金額です。この場合、一頭ごとに計算すると損失が生じる免税対象飼育牛があったとしても、これを除外して免税対象飼育牛の売却による利益の額を計算することはできません。

免税対象飼育牛の売却による利益の額とは、次の算式で表されます。

売却による利益＝免税対象飼育牛に係る収益－（収益に係る原価＋売却に係る経費）

ただし、免税対象飼育牛の一事業年度中の売却頭数が1,500頭を超える場合には、1,500

2. 各明細書（別表）の一部の記載［1/2］（申告書）

頭を超える部分の売却による利益の額は除かれます。売却頭数が1,500頭を超えた場合に、どの免税対象飼育牛の売却利益を合計して免税所得とするかは、納税者の「計算による」ものとしており、自由に決めていいことになります。したがって、売却利益の大きいものから1,500頭の分を合計して免税所得とすると、税務上、有利になります。

(6) 免税対象飼育牛に係る収益
① 免税収益の範囲

肉用牛売却所得の課税の特例では、免税対象飼育牛に係る収益の額から当該収益に係る原価の額と当該売却に係る経費の額との合計額を控除した金額を免税対象飼育牛の売却による利益の額とし、これを損金算入することができます。この場合の免税対象飼育牛に係る収益とは、食肉市場で売却した肉用牛の場合、枝肉の売却価額だけでなく、内臓原皮等の価額が含まれます。

肉用牛売却所得の課税の特例において、肉用牛肥育経営安定交付金（牛マルキン）、肉用子牛生産者補給金、和子牛生産者臨時経営支援交付金は、免税対象飼育牛に係る収益に含めます。なお、肥育牛経営等緊急支援特別対策事業奨励金は、牛マルキンとは異なり、肉用牛の取引価格に関係なく一律に交付するものであるため、肉用牛の売却価額には含めず、交付決定日に収益計上します。肥育牛経営等緊急支援特別対策事業とは、新型コロナウイルス感染症の拡大に伴う肉用牛肥育の経営悪化を踏まえ、経営体質の強化のための取組みを行う肉用牛経営者等に対して、肥育牛等が販売された場合に奨励金を交付するものです。

表25．免税対象飼育牛に係る収益の範囲

	免税対象飼育牛に係る収益	免税収益とならないもの
肉用牛	枝肉［軽減税率］ 内臓［軽減税率］ 原皮［標準税率］ 肉用牛肥育経営安定交付金（牛マルキン）［不課税］	出荷奨励金［標準税率］ 肉牛事故共済金［不課税］ 肥育牛経営等緊急支援特別対策事業奨励金［不課税］
肉用子牛	生体［標準税率］ 肉用子牛生産者補給金［不課税］ 和子牛生産者臨時経営支援交付金［不課税］	同上

免税対象飼育牛に該当するかどうかの免税基準価額（肉専用種100万円、交雑種80万円、乳用種50万円）を適用するにあたって、消費税相当額を上乗せする前の売却価額すなわち税抜き売却価額を用いますが、「生産者補給金等の交付を受けているときは、当該補給金等の額を加算した後の金額」による判定することとしています（肉用牛売却所得の課税の特例措置について[注]、以下「生産局長通知」という。）。これは、間接的な表現ですが、生

産者補給金等が免税対象飼育牛に係る収益に含まれることを表しています。

② 牛マルキンの取扱い

　畜産経営の安定に関する法律に基づき、標準的販売価格が標準的生産費を下回った場合に、肉用牛生産者の経営に及ぼす影響を緩和するための交付金を交付することにより、肉用牛肥育経営の安定を図るもので、標準的販売価格が標準的生産費を下回った場合、その差額の9割を交付金として交付します。交付金のうち4分の1に相当する額は、生産者の積立てによる積立金から支出します。

図10. 牛マルキンの制度の概要

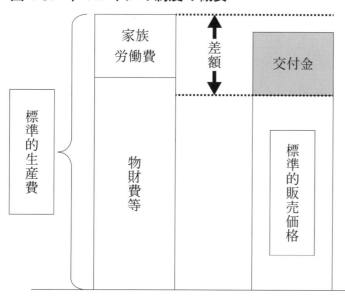

標準的販売価格が標準的生産費を下回った場合に差額の9割を交付金として交付
（交付金のうち1/4に相当する額は、生産者の積立てによる積立金から支出）

　交付金の額の算出は月ごとに行われますが、四半期の最終月以外に販売された交付対象牛に係る交付金は概算払いを行い、交付金として支払う額（確定額）と概算払の額との差額を精算払します。具体的な支払の時期は次のとおりです。

表26. 牛マルキンの支払時期

売却日	概算払	精算払（確定）	売却日	概算払	精算払（確定）
1月	3月上旬		7月	9月上旬	
2月	4月上旬	5月	8月	10月上旬	11月
3月	―		9月	―	
4月	6月上旬		10月	12月上旬	
5月	7月上旬	8月	11月	翌1月上旬	翌年2月
6月	―		12月	―	

　このように、牛マルキンの確定額が四半期ごとに計算される仕組みとなっているため、交

2．各明細書（別表）の一部の記載［1/2］（申告書）

付金を決算整理において未収計上するうえで、実務上は決算月を3月、6月、9月、12月のいずれかとするしかありません。このため、それ以外の月を決算月としている場合は、事業年度の変更する必要があります。

③　出荷奨励金や肉用牛事故共済金などの取扱い

　過去の裁決例によれば、市場による出荷奨励金や肉牛事故共済金は、売却価額に含まれないとされていますので、これらを売上高と区分して経理するため、出荷奨励金は雑収入（消費税課税）、肉牛事故共済金は受取共済金（同・不課税）として、それぞれ経理することになります。

(7)　肉用牛の売却に係る原価の額

　収益に係る原価とは、肉用牛の肥育経営の場合、肉用牛1頭ごとの製造（生産）原価です。肉用牛の原価とは、棚卸資産である肉用牛の取得価額であり、自己の飼育に係る棚卸資産の取得価額は、次に掲げる金額の合計額となります。

①　当該資産の飼育（製造）等のために要した原材料費、労務費及び経費の額
②　当該資産を消費し又は販売の用に供するために直接要した費用の額

　法人が棚卸資産につき算定した飼育（製造）の原価の額が上記の合計額と異なる場合において、その原価の額が適正な原価計算に基づいて算定されているときは、その原価の額に相当する金額をもって取得価額とみなすこととしており（法令32）、原価については「適正な原価計算」に基づいて算定するのが基本となります。

　繁殖経営や一貫経営の場合には、繁殖雌牛の減価償却費も製造原価に算入します。

　一方、酪農経営の場合、子牛は副産物ですので、搾乳牛の減価償却費は子牛の原価には含めません。副産物等の評価額は、実際原価として合理的に見積った価額によりますが、搾乳牛が出産した直後の子牛の実際原価は、種付費用または受精卵移植費用により計算することになります。

　また、繁殖用の経産牛自体も免税対象飼育牛となります。繁殖牛は減価償却資産ですので、未償却残高が原価となります。

(8)　肉用牛の売却に係る経費の額（18）

　売却に係る経費とは、売却をした免税対象飼育牛のその売却に係る経費であり、免税対象飼育牛1頭ごとの売却に直接対応する市場の販売手数料のほか市場までの輸送運賃などに限定されます。したがって、販売費であっても広告宣伝費など売却した免税対象飼育牛に直接対応しない経費は、売却に係る経費には含めません。

法人税申告書の添付書類

　法人税の確定申告書には、次の証明書及び別表10（7）を添付します。

2. 各明細書（別表）の一部の記載 [1/2]（申告書）

証明書：肉用牛売却証明書

別表 10（7）　「（前略）農地所有適格法人の肉用牛の売却に係る所得又は連結所得の特別控除（中略）の損金算入に関する明細書」

租税特別措置法　第 67 条の 3（農地所有適格法人の肉用牛の売却に係る所得の課税の特例）

　　農地法第二条第三項に規定する農地所有適格法人が、昭和五十六年四月一日から令和六年三月三十一日までの期間内の日を含む各事業年度において、当該期間内に次の各号に掲げる売却の方法により当該各号に定める肉用牛を売却した場合において、その売却した肉用牛のうちに免税対象飼育牛（家畜改良増殖法第三十二条の九第一項の規定による農林水産大臣の承認を受けた同項に規定する登録規程に基づく政令で定める登録がされている肉用牛又はその売却価額が百万円未満（その売却した肉用牛が、財務省令で定める交雑牛に該当する場合には八十万円未満とし、財務省令で定める乳牛に該当する場合には五十万円未満とする。）である肉用牛に該当するものをいう。以下この条において同じ。）があるときは、当該農地所有適格法人の当該免税対象飼育牛の当該売却による利益の額（当該売却をした日を含む事業年度において免税対象飼育牛に該当する肉用牛の頭数の合計が千五百頭を超える場合には、千五百頭を超える部分の売却による利益の額を除く。）に相当する金額は、当該売却をした日を含む事業年度の所得の金額の計算上、損金の額に算入する。
　　一　家畜取引法第二条第三項に規定する家畜市場、中央卸売市場その他政令で定める市場において行う売却　当該農地所有適格法人が飼育した肉用牛
　　二　農業協同組合又は農業協同組合連合会のうち政令で定めるものに委託して行う売却　当該農地所有適格法人が飼育した生産後一年未満の肉用牛
2　前項に規定する肉用牛とは、次に掲げる牛以外の牛をいう。
　　一　種雄牛
　　二　乳牛の雌のうち子牛の生産の用に供されたもの
3　第一項の規定は、確定申告書等に同項の規定により損金の額に算入される金額の損金算入に関する申告の記載があり、かつ、当該確定申告書等にその損金の額に算入する金額の計算に関する明細書並びに免税対象飼育牛の売却が同項各号に掲げる売却の方法により行われたこと及びその売却価額その他財務省令で定める事項を証する書類の添付がある場合に限り、適用する。この場合において、同項の規定により損金の額に算入される金額は、当該申告に係るその損金の額に算入されるべき金額に限るものとする。
4　税務署長は、前項の記載又は添付がない確定申告書等の提出があつた場合においても、その記載又は添付がなかつたことについてやむを得ない事情があると認めるときは、当該記載をした書類並びに同項の明細書及び証する書類の提出があつ

2．各明細書（別表）の一部の記載［1/2］（申告書）

　　　　　　た場合に限り、第一項の規定を適用することができる。
　　5　事業年度が一年に満たない第一項の農地所有適格法人に対する同項の規定の適用については、同項中「が千五百頭」とあるのは「が千五百頭に当該事業年度の月数を乗じてこれを十二で除して計算した頭数」と、「、千五百頭」とあるのは「、当該計算した頭数」とする。
　　6　前項の月数は、暦に従つて計算し、一月に満たない端数を生じたときは、これを一月とする。
　　7　第一項の規定の適用を受けた同項の農地所有適格法人の同項の規定により損金の額に算入された金額は、法人税法第六十七条第三項及び第五項の規定の適用については、これらの規定に規定する所得等の金額に含まれるものとする。
　　8　第二項から前項までに定めるもののほか、免税対象飼育牛の売却による利益の額の計算方法、第一項の規定の適用を受けた同項の農地所有適格法人の利益積立金額の計算その他同項の規定の適用に関し必要な事項は、政令で定める。

租税特別措置法施行令　第39条の26（農地所有適格法人の肉用牛の売却に係る所得の課税の特例）

　　法第六十七条の三第一項に規定する政令で定める登録は、同項に規定する登録規程に基づく登録のうち、同条第二項に規定する肉用牛の改良増殖に著しく寄与するものとして農林水産大臣が財務大臣と協議して指定するものとする。
　　2　法第六十七条の三第一項第一号に規定する政令で定める市場は、次に掲げる市場とする。
　　一　家畜取引法第二十七条第一項の規定による届出に係る市場
　　二　地方卸売市場で食用肉の卸売取引のために定期に又は継続して開設されるもののうち、都道府県がその市場における食用肉の卸売取引に係る業務の適正かつ健全な運営を確保するため、その業務につき必要な規制を行うものとして農林水産大臣の認定を受けたもの
　　三　条例に基づき食用肉の卸売取引のために定期に又は継続して開設される市場のうち、当該条例に基づき地方公共団体がその市場における業務の適正かつ健全な運営を確保するため、その開設及び業務につき必要な規制を行うものとして農林水産大臣の認定を受けたもの
　　四　農業協同組合、農業協同組合連合会又は地方公共団体（これらの法人の設立に係る法人でその発行済株式若しくは出資（その有する自己の株式又は出資を除く。）の総数若しくは総額又は拠出された金額の二分の一以上がこれらの法人により所有され、若しくは出資され、又は拠出されているものを含む。）により食用肉の卸売取引のために定期に又は継続して開設される市場のうち、当該市場における取引価格が中央卸売市場において形成される価格に準拠して適正に形成されるものとして農林水産大臣の認定を受けたもの

3 法第六十七条の三第一項第二号に規定する政令で定める農業協同組合又は農業協同組合連合会は、肉用子牛生産安定等特別措置法第六条第二項に規定する指定協会から同法第七条第二項に規定する生産者補給金交付業務に関する事務の委託を受けている農業協同組合又は農業協同組合連合会で農林水産大臣が指定したものとする。

4 法第六十七条の三第一項に規定する免税対象飼育牛の売却による利益の額は、同項に規定する売却の方法により売却した同項に規定する免税対象飼育牛に係る収益の額から当該収益に係る原価の額と当該売却に係る経費の額との合計額を控除した金額とする。

5 法第六十七条の三第一項の規定の適用を受けた法人の利益積立金額の計算については、同項の規定により損金の額に算入される金額は、法人税法施行令第九条第一号イに規定する所得の金額に含まれるものとする。

租税特別措置法通達　67の3-1（免税対象飼育牛の売却利益の額の計算）

　措置法第67条の3第1項に規定する免税対象飼育牛に該当する肉用牛の頭数の合計が年1,500頭を超える場合において、同項の規定により損金の額に算入される年1,500頭までの売却による利益の額がいずれの肉用牛の売却による利益の額の合計額であるかは、法人の計算による。（平20年課法2-14「二十五」により追加、平23年課法2-17「四十三」により改正）

法人税基本通達5-1-7（副産物、作業くず又は仕損じ品の評価）

　製品の製造工程から副産物、作業くず又は仕損じ品（以下5-1-7において「副産物等」という。）が生じた場合には、総製造費用の額から副産物等の評価額の合計額を控除したところにより製品の製造原価の額を計算するのであるが、この場合の副産物等の評価額は、継続して当該副産物等に係る実際原価として合理的に見積った価額又は通常成立する市場価額によるものとする。ただし、当該副産物等の価額が著しく少額である場合には、備忘価額で評価することができる。（昭55年直法2-15「五」により追加、平16年課法2-14「二」により改正）

2. 各明細書（別表）の一部の記載 ［1/2］（申告書）

明細書の記載

Ⅱ 農地所有適格法人の肉用牛の売却に係る所得又は連結所得の特別控除に関する明細書

(1) 明細書の用途

農地所有適格法人が農地所有適格法人の肉用牛の売却に係る所得の課税の特例の規定の適用を受ける場合に記載します。

(2) 各欄の記載

○肉用牛の売却に係る原価の額 17

売却をした免税対象飼育牛の1頭ごとの売却原価の合計額を記載します。

○肉用牛の売却に係る経費の額 18

売却をした免税対象飼育牛の1頭ごとの売却経費の合計額を記載します。

○譲渡原価の額 19

次のとおり計算して記載します。

「肉用牛の売却に係る原価の額 17」＋「肉用牛の売却に係る経費の額 18」

○肉用牛の売却に係る収益の額 20

売却をした免税対象飼育牛の1頭ごとの売却収益の合計額を記載します。

○譲渡原価の額 21

「譲渡原価の額 19」欄の金額を転記します。

○特別控除額 22

次のとおり計算して記載します。

「肉用牛の売却に係る収益の額 20」－「譲渡原価の額 21」

(3) 別表4への転記

□特別控除額 22

別表4または別表4次葉［減算］の空欄に「肉用牛売却所得の特別控除額」と記載のうえ転記します。

別表13（1）「国庫補助金等、工事負担金及び賦課金で取得した固定資産等の圧縮額等の損金算入に関する明細書」

明細書の記載

(1) 明細書の用途

法人が、国庫補助金等で取得した固定資産等の圧縮額の損金算入等の規定の適用を受ける場合に記載します。

(2) 各欄の記載

○交付を受けた年月日 3

交付決定通知書の日付を記載します。

2．各明細書（別表）の一部の記載［1/2］（申告書）

〇交付を受けた補助金等の額 4
〇固定資産の帳簿価額を減額し、又は積立金に経理した金額 6
・固定資産の帳簿価額を減額した場合（直接減額方式）
　固定資産圧縮損の金額を記載します。
・剰余金処分経理により圧縮積立金を積み立てた場合（積立金経理方式）
　圧縮積立金の積立額を記載します。

〈交付決定日の属する事業年度で補助金の確定通知を受けた場合〉
〇（4）のうち返還を要しない又は要しないこととなった金額 7
　確定通知を受けた場合（無条件の場合など確定通知を省略する場合を含む。）に補助金の確定額を記載します。
　なお、確定通知を受けてない場合は、この欄を記載せず、［特別勘定に経理した場合（条件付の場合）］を記載します。
　交付決定額を記載します。交付決定日の属する事業年度中に補助金の確定通知を受けていない場合においてその交付決定日の属する事業年度において補助金相当額の特別勘定を設けて費用等として経理したときは、「特別勘定に経理した場合（条件付の場合）」の「特別勘定に経理した金額 16」欄に圧縮特別勘定繰入額の金額を記載します。
〇圧縮限度額 12
　「（4）のうち返還を要しない又は要しないこととなった金額 7」を転記します。ただし、固定資産の帳簿価額を減額した場合（直接減額方式）で固定資産の取得価額と「7」欄の金額が同額の場合は「7」欄から 1 円を控除した金額を記載します。
〇圧縮限度超過額 13
　次のとおり計算して記載します。
　「固定資産の帳簿価額を減額し、又は積立金に経理した金額 6」－「圧縮限度額 12」

〈交付決定日の属する事業年度で補助金の確定通知を受けていない場合〉
　交付決定日の属する事業年度で補助金の確定通知を受けていない場合においてその交付決定日の属する事業年度において補助金相当額の特別勘定を設けて費用等として経理したときは次の各欄に記載します。
〇特別勘定に経理した金額 16
　「圧縮特別勘定繰入額」の金額を記載します。
〇繰入限度額 17
　「交付を受けた補助金等の額 4」欄の金額を記載します。
〇当初特別勘定に経理した金額 19
　次のとおり計算して記載します。

2. 各明細書（別表）の一部の記載 [1/2]（申告書）

「特別勘定に経理した金額16」－「繰入限度超過額18」

○期末特別勘定残額24

「当初特別勘定に経理した金額19」欄の金額を転記します。

〈前期以前に取得をした減価償却資産について補助金の確定通知を受けた場合〉

○（4）のうち返還を要しない又は要しないこととなった金額7

確定通知を受けた補助金の確定額を記載します。

[前期以前に取得をした減価償却資産である場合]

○（4）の全部又は一部の返還を要しないこととなった日における固定資産の帳簿価額8

確定通知を受けた事業年度の期首帳簿価額を記載します。

○固定資産の取得等に要した金額9

前期以前における取得価額を記載します。

○補助割合10

次のとおり計算して記載します。

「（4）のうち返還を要しない又は要しないこととなった金額7」／「固定資産の取得等に要した金額9」

○圧縮限度基礎額11

次のとおり計算して記載します。

「（4）の全部又は一部の返還を要しないこととなった日における固定資産の帳簿価額8」×「補助割合10」

○圧縮限度額12

「圧縮限度基礎額11」を転記します。

○圧縮限度超過額13

次のとおり計算して記載します。

「固定資産の帳簿価額を減額し、又は積立金に経理した金額6」－「圧縮限度額12」

[当期中に益金の額に算入すべき金額]

○当初特別勘定に経理した金額19

前期に特別勘定に経理した場合は、前期の別表13（1）の「期末特別勘定残額24」欄の金額を記載します。

前期より前の事業年度で特別勘定に経理した場合は、次のとおり計算して記載します。

繰入事業年度の別表13（1）の「特別勘定に経理した金額16」－「繰入限度超過額18」

○返還を要しないこととなった金額22

「当初特別勘定に経理した金額19」欄と「（4）のうち返還を要しない又は要しないこととなった金額7」欄のうち少ない金額を記載します。

○期末特別勘定残額24

次のとおり計算して記載しますが、基本的には「0」になります。

「当初特別勘定に経理した金額19」－「返還を要しないこととなった金額22」

(3) 別表4への転記

□圧縮限度超過額13

別表4または別表4次葉の［加算］の空欄に「圧縮限度超過額」と記載のうえ転記します。圧縮限度超過額がない場合には、別表4への転記はありません。

別表15 「交際費等の損金算入に関する明細書」

法人税の留意事項

中小企業者（期末資本金の額が1億円以下である法人）は、年800万円の定額控除限度額までの金額が損金算入されます。一方、中小企業者以外の法人については、交際費等の額のうち飲食費の額の50％相当額を超える金額が損金算入されません。

平成25年度税制改正により、定額控除限度額が800万円（改正前：600万円）に引き上げられ、定額控除限度額までの金額が損金算入（改正前：10％が損金不算入）されることになりました。平成18年度税制改正により、交際費等の範囲から1人当たり5,000円以下の飲食費が除外さました。また、平成15年度税制改正により、交際費について定額控除を認める対象が従来の資本金5,000万円以下の法人から資本金1億円以下の中小企業者に拡大されました。さらに、令和6年度税制改正により、損金不算入となる交際費等の範囲から除外される一定の飲食費に係る金額基準が1人当たり1万円以下（改正前：5,000円以下）に引き上げられました。

書類の保存

交際費等の範囲から「1人当たり1万円以下の飲食費」を除外する要件として、飲食費について次に掲げる事項を記載した書類を保存していることが必要とされます。

① その飲食等のあった年月日
② その飲食等に参加した得意先、仕入先その他事業に関係のある者等の氏名又は名称及びその関係
③ その飲食等に参加した者の数
④ その費用の金額並びにその飲食店、料理店等の名称及びその所在地
（注）店舗を有しないことその他の理由によりその名称又はその所在地が明らかでない場合は、領収書等に記載された支払先の氏名若しくは名称、住所若しくは居所又は本店若しくは主たる事務所の所在地が記載事項となります。
⑤ その他参考となるべき事項

2. 各明細書（別表）の一部の記載 [1/2]（申告書）

明細書の記載

(1) 明細書の用途

　法人が交際費等の損金不算入の規定の適用を受ける場合に記載します。

(2) 記載の手順

　まず、下段の［支出交際費等の額の明細］を記載し、次に上段の各欄（1～5）を記載します。

(3) 各欄の記載

［支出交際費等の額の明細］

　当期に支出した交際費等の額について、その支出科目の異なるごとに別欄に記載します。

○中小法人等の定額控除限度額3

　月数按分の分子の空欄には、当期の月数（1月未満の端数切上げ）を記載します。

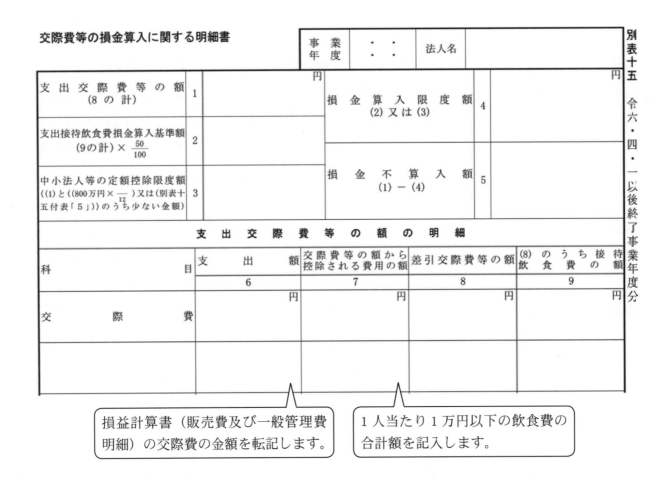

(4) 別表4への転記

□損金不算入額5

　別表4［加算］「交際費等の損金不算入額8」欄に転記します。

　他の関係のある表の記載が済むまでその一部を記載したままにしておき、その関係のある他の表の記載が了した後、残りの部分を記載することとなる表及び申告書を作成するに当たって重要な表となっているものです。

2. 各明細書（別表）の一部の記載 ［1/2］（申告書）

別表５（１）「利益積立金額及び資本金等の額の計算に関する明細書」［1/2］

明細書の記載

1 利益積立金額の計算に関する明細書

（1） 明細書の用途

法人が確定申告又は仮決算による中間申告をする場合に利益積立金額を計算するために記載します。

（2） 記載の手順

まず、「期首現在利益積立金額①」の各欄を記載します。

「当期の増減②・③」の各欄、「差引翌期首現在利益積立金額④」欄の記載は、「7．法人税等の決算整理（会計）」を終えてから行います。

（3） 各欄の記載

〇期首現在利益積立金額①

前期分のこの明細書の「差引翌期首現在利益積立金額④」の各欄の金額を転記します。

2 資本金等の額の計算に関する明細書

明細書の記載

（1） 明細書の用途

法人が確定申告又は仮決算による中間申告をする場合に資本金等の額を計算するために記載します。

（2） 各欄の記載

〇期首現在資本金等の額①

前期分のこの明細書の「差引翌期首現在資本金等の額」④の各欄の金額を転記します。

〇当期の増減②③

株主資本等変動計算書により記載します。

〇差引翌期首現在資本金等の額」④

①－②＋③により計算します。

他の別表への転記

□別表 14（2）「寄附金の損金算入に関する明細書」

資本金等の額の計算に関する明細書の「差引翌期首現在資本金等の額④」の「資本金又は出資金 32」＋「資本準備金 33」欄の金額を別表 14（2）「寄附金の損金算入に関する明細書」の「期末の資本金の額及び資本準備金の額の合計額又は出資金の額 10」欄に転記します。

2. 各明細書（別表）の一部の記載 [1/2]（申告書）

別表5（1）付表 「種類資本金額の計算に関する明細書」

明細書の記載

(1) 明細書の用途

2以上の種類の株式又は出資を発行している法人が確定申告又は仮決算による中間申告をする場合に種類資本金額を計算するために記載します。たとえば、アグリビジネス投資育成㈱に無議決権配当優先株式を発行している場合に記載します。

(2) 各欄の記載

○株式の種類

法人が発行している株式又は出資の種類を記載します。

○期首現在種類資本金額①

前期分のこの別表の「差引翌期首現在種類資本金額④」の各欄の金額を移記します。

○当期の増減

種類資本金額が増加又は減少をする事由が生じた場合に記載します。なお、「種類資本金額」とは、2以上の種類の株式を発行している法人のその種類の株式の交付に係る増加した資本金の額又は出資金の額のほか、資本準備金やその他資本剰余金など、株式の発行及び自己株式の譲渡に伴い払い込まれた金銭等のうち資本金として計上しなかった金額を含みます。

別表5（2） 「租税公課の納付状況等に関する明細書」[1/2]

明細書の記載

(1) 明細書の用途

法人が確定申告又は仮決算による中間申告をする場合に利益積立金額の計算上控除する法人税等の税額の発生及び納付の状況並びに納税充当金の積立て又は取崩しの状況を明らかにするために記載します。

(2) 記載の手順

記載の順序は、まず、「期首現在未納税額①」の各欄を記載し、次に「当期発生税額②」の事業税の欄を記載します。

「当期発生税額②」の事業税以外の欄、「当期中の納付税額③〜⑤」の各欄、「期末現在未納税額⑥」欄の記載は、「7. 法人税等の決算整理（会計）」を終えてから行います。

(3) 各欄の記載

○期首現在未納税額①

前期分のこの明細書の「期末現在未納税額⑥」欄の「計」の金額を転記します。

○当期発生税額②

2. 各明細書（別表）の一部の記載 ［1/2］（申告書）

この段階では、事業税のみ記載します。

事業税について、前期の確定分の税額は、「期首現在未納税額①」欄ではなく、「当期発生税額②」の「17」欄に記載します。当期の中間分の税額は、「当期中間分②」の「当期中間分18」欄に記載します。なお、特別法人事業税の額は、事業税の額に含めて記載します。

「当期発生税額」②の16～18欄の金額の合計額を「計19」欄に記載します。

別表6（1）「所得税額の控除に関する明細書」

法人税等の留意事項

源泉徴収された所得税については、法人税額から控除することになります。

明細書の記載

(1) 明細書の用途

法人が当期中に支払を受ける利子や配当等などについて課された所得税の額について、当期の所得に対する法人税の額からその所得税の額の控除を受ける場合に記載します。

(2) 記載の手順

まず、中段の［剰余金の配当、利益の配当及び剰余金の分配及び金銭の分配、集団投資信託の収益の分配又は割引債の償還差益に係る控除を受ける所得税額の計算］の各欄と下段の［その他に係る控除を受ける所得税額の明細］のか各欄を記載し、次に、上段の「1～6」の各欄を記載します。

(3) 各欄の記載

○収入金額①

当期中に支払を受ける金額を、所得税及び復興特別所得税込みの金額で記載します。

○①について課される所得税額②

当期中に支払を受ける金額について課される所得税の額を復興特別所得税の額を含めて記載します。

○②のうち控除を受ける所得税額③

「公社債及び預貯金の利子…1」欄と「その他5」欄には、「①について課される所得税額②」欄の金額をそのまま記載します。

(4) 別表4への転記

□②のうち控除を受ける所得税額③

「計6」欄の金額を別表4［加算］「法人税額から控除される所得税額29」欄に転記します。

2. 各明細書（別表）の一部の記載　[1/2]（申告書）

別表6（17）「中小企業者等が機械等を取得した場合の法人税額の特別控除に関する明細書」

法人税等の留意事項

(1) 制度の概要

　この制度は、中小企業者などが新品の機械及び装置などを取得し又は製作して国内にある製造業、建設業などの指定事業の用に供した場合に、その指定事業の用に供した日を含む事業年度において税額控除を認めるものです。

　税額控除の代わりに特別償却を選択することもできます。ただし、平成20年4月1日以後に締結される所有権移転外リース取引により賃借人が取得したものとされる資産については、特別償却の規定は適用されませんが、税額控除の規定は適用されます。

　適用期限は、平成10年6月1日から平成26年3月31日までの期間です。

(2) 適用対象法人

　適用対象法人は、青色申告法人である中小企業者のうち資本金の額若しくは出資金の額が3,000万円以下の法人又は農業協同組合等です。

　中小企業者とは次に掲げる法人をいいます。

③　資本金の額又は出資金の額が1億円以下の法人

　ただし、同一の大規模法人（資本金の額若しくは出資金の額が1億円を超える法人又は資本若しくは出資を有しない法人のうち常時使用する従業員の数が1,000人を超える法人をいい、中小企業投資育成株式会社を除きます。以下同じ。）に発行済株式又は出資の総数又は総額の2分の1以上を所有されている法人及び2以上の大規模法人に発行済株式又は出資の総数又は総額の3分の2以上を所有されている法人を除きます。なお、アグリビジネス投資育成㈱が50％以上出資する場合、適用対象法人とならないことに留意する必要があります。

②　資本又は出資を有しない法人のうち常時使用する従業員の数が1,000人以下の法人

明細書の記載

(1) 明細書の用途

　青色申告書を提出する法人が中小企業者等が機械等を取得した場合の法人税額の特別控の規定の適用を受ける場合に記載します。

別表7（1）「欠損金又は災害損失金の損金算入に関する明細書」

法人税等の留意事項

(1) 制度の概要

　確定申告書を提出する法人の各事業年度開始の日前10年以内に開始した事業年度で青色

申告書を提出した事業年度に生じた欠損金額は、各事業年度の所得金額の計算上損金の額に算入されます。

明細書の記載
(1) 明細書の用途

法人が、青色申告書を提出した事業年度に生じた欠損金額（以下「青色欠損金額」といいます。）のうち、当期首前10年以内に生じたものについて青色申告書を提出した事業年度の欠損金の繰越しの規定の適用を受ける場合に記載します。また、青色申告書を提出している法人が、当期に欠損金額を生じた場合にも記載します。

別表8（1）「受取配当等の益金不算入に関する明細書」

法人税等の留意事項
(1) 制度の概要

法人が受ける配当等の額のうち、特定株式等（25％以上の持分を有するなど一定要件を満たす場合）に係る配当等の100％相当額、特定株式等以外の株式等に係る配当等の額の50％相当額は益金の額に算入しません（法23①）。ただし、負債利子があるときは、一定の方法により計算した負債利子等の額を控除した金額が益金不算入額となります（法23③）。

表27. 株式保有割合と受取配当等の益金不算入

保有割合	区分	益金不算入割合	負債利子控除
100％	完全子法人	100％	なし
1/3超100％未満	関連法人	100％	あり（注）
5％超1/3以下	その他	50％	なし
5％以下	被支配目的	20％	

注．負債の利子の額のうち関係法人株式等に係る部分

(2) 配当等の意義

次に掲げる金額をいいます。

① 利益の配当（中間配当を含む。）・剰余金の分配（出資に係るものに限る。）
② 公社債投資信託以外の証券投資信託の収益分配金

2. 各明細書（別表）の一部の記載 ［1/2］（申告書）

> ### 法人税法　第23条（受取配当等の益金不算入）
>
> 　　内国法人が次に掲げる金額（第一号に掲げる金額にあつては、外国法人若しくは公益法人等又は人格のない社団等から受けるもの及び適格現物分配に係るものを除く。以下この条において「配当等の額」という。）を受けるときは、その配当等の額（完全子法人株式等及び関係法人株式等のいずれにも該当しない株式等（株式、出資又は受益権をいう。以下この条において同じ。）に係る配当等の額にあつては、当該配当等の額の百分の五十に相当する金額）は、その内国法人の各事業年度の所得の金額の計算上、益金の額に算入しない。
> 　一　剰余金の配当（株式又は出資に係るものに限るものとし、資本剰余金の額の減少に伴うもの及び分割型分割によるものを除く。）若しくは利益の配当（分割型分割によるものを除く。）又は剰余金の分配（出資に係るものに限る。）の額
> 　二　資産の流動化に関する法律第百十五条第一項（中間配当）に規定する金銭の分配の額
> 　三　公社債投資信託以外の証券投資信託の収益の分配の額のうち、内国法人から受ける第一号に掲げる金額から成るものとして政令で定めるところにより計算した金額
> 　2　前項の規定は、内国法人がその受ける配当等の額（第二十四条第一項（配当等の額とみなす金額）の規定により、その内国法人が受ける配当等の額とみなされる金額を除く。以下この項において同じ。）の元本である株式等をその配当等の額の支払に係る基準日（信託の収益の分配にあつては、その計算の基礎となつた期間の末日）以前一月以内に取得し、かつ、当該株式等又は当該株式等と銘柄を同じくする株式等を当該基準日後二月以内に譲渡した場合における当該譲渡した株式等のうち政令で定めるものの配当等の額については、適用しない。
> 　3　第一項の規定は、内国法人がその受ける配当等の額（第二十四条第一項（第四号に係る部分に限る。）の規定により、その内国法人が受ける配当等の額とみなされる金額に限る。以下この項において同じ。）の元本である株式又は出資で、その配当等の額の生ずる基因となる同号に掲げる事由が生ずることが予定されているものの取得（適格合併又は適格分割型分割による引継ぎを含む。）をした場合におけるその取得をした株式又は出資に係る配当等の額（その予定されていた事由（第六十一条の二第十六項（有価証券の譲渡益又は譲渡損の益金又は損金算入）の規定の適用があるものを除く。）に基因するものとして政令で定めるものに限る。）については、適用しない。
> 　4　第一項の場合において、同項の内国法人が当該事業年度において支払う負債の利子（これに準ずるものとして政令で定めるものを含むものとし、当該内国法人との間に連結完全支配関係がある連結法人に支払うものを除く。）があるときは、同項の規定により当該事業年度の所得の金額の計算上益金の額に算入しない金額は、次に掲げる金額の合計額とする。

一　その保有する完全子法人株式等につき当該事業年度において受ける配当等の額の合計額
　二　その保有する関係法人株式等につき当該事業年度において受ける配当等の額の合計額から当該負債の利子の額のうち当該関係法人株式等に係る部分の金額として政令で定めるところにより計算した金額を控除した金額
　三　その保有する完全子法人株式等及び関係法人株式等のいずれにも該当しない株式等につき当該事業年度において受ける配当等の額の合計額から当該負債の利子の額のうち当該株式等に係る部分の金額として政令で定めるところにより計算した金額を控除した金額の百分の五十に相当する金額
5　第一項及び前項に規定する完全子法人株式等とは、配当等の額の計算期間を通じて内国法人との間に完全支配関係があつた他の内国法人（公益法人等及び人格のない社団等を除く。）の株式又は出資として政令で定めるものをいう。
6　第一項及び第四項に規定する関係法人株式等とは、内国法人が他の内国法人（公益法人等及び人格のない社団等を除く。）の発行済株式又は出資（当該他の内国法人が有する自己の株式又は出資を除く。）の総数又は総額の百分の二十五以上に相当する数又は金額の株式又は出資を有する場合として政令で定める場合における当該他の内国法人の株式又は出資（前項に規定する完全子法人株式等を除く。）をいう。
7　第一項の規定は、確定申告書、修正申告書又は更正請求書に益金の額に算入されない配当等の額及びその計算に関する明細を記載した書類の添付がある場合に限り、適用する。この場合において、同項の規定により益金の額に算入されない金額は、当該金額として記載された金額を限度とする。
8　適格合併、適格分割、適格現物出資又は適格現物分配により株式等の移転が行われた場合における第一項及び第二項の規定の適用その他第一項から第六項までの規定の適用に関し必要な事項は、政令で定める。

明細書の記載

(1) 明細書の用途

　法人が内国法人から受ける配当金等の額について受取配当等の益金不算入の規定の適用を受ける場合に記載します。

(2) 記載の手順

　記載の順序は、まず［受取配当等の金額の明細］の各欄を記載し、次に「完全子法人株式等に係る受取配当等の額1」から「受取配当等の益金不算入額5」の各欄を記載します。

2. 各明細書（別表）の一部の記載 [1/2]（申告書）

> 別表12（13）「農業経営基盤強化準備金の損金算入及び認定計画等に定めるところに従い取得した農用地等の圧縮額の損金算入に関する明細書」[1/2]

法人税等の留意事項

(1) 制度の概要

　農業経営基盤強化準備金制度は、青色申告をする認定農業者等が経営所得安定対策などの交付金を受領して農業経営基盤強化準備金として積み立てた場合、その交付金の額などを基礎として計算した積立限度額以下の金額を損金（個人は必要経費）に算入するものです。

　さらに、農業経営基盤強化準備金を取り崩して、または受領した交付金等をもって、農用地や農業用機械等（農業用固定資産）を取得して農業の用に供した場合は、その農業用固定資産について圧縮記帳をすることができ、準備金取崩額や交付金の額などを基礎として計算した限度額以下の金額を損金（個人は必要経費）に算入できます。

　農業経営基盤強化準備金の積立ては、たとえば農業経営改善計画の「生産方式の合理化に関する目標」に掲げられている機械・施設の取得のためなど、農業経営改善計画などに従って行います。農業経営改善計画記載の農業用固定資産を取得しなかったため、圧縮記帳による取崩しができずに残ってしまった農業経営基盤強化準備金の金額については、積立てをした事業年度（個人は年）から数えて7年目の事業年度（個人は年）に取り崩して益金（個人は収入金額）に算入することになります。

法人税の留意事項

(1) 積立限度額の計算

　農業経営基盤強化準備金の積立限度額は、次のいずれか少ない金額となります。
① 「農業経営基盤強化準備金に関する証明書」（別記様式第2号）の金額
② その事業年度における所得の金額

　その事業年度における所得の金額は、農業経営基盤強化準備金を積み立てた場合の損金算入（措法61の2①）、農用地等を取得した場合の課税の特例（措法61の3）の規定を適用せず、支出した寄附金の全額を損金算入して計算した場合の事業年度の所得の金額とされています（措令37の2②）。また、平成24年度税制改正（平成24年3月改正）により、租税特別措置法施行令が改正され、農業経営基盤強化準備金制度（措令37の2②）における損金算入限度額である当期の所得の金額は、欠損金額控除後の所得の金額を基礎として計算することが明確化されました。

　平成24年4月1日以後終了事業年度分から法人税申告書の別表4の様式が改定され、農業経営基盤強化準備金の課税の特例、農用地等を取得した場合の課税の特例の規定の適用を受ける法人にあっては、簡易様式ではない一般の様式による別表4を使用することになりました。

2. 各明細書（別表）の一部の記載［1/2］（申告書）

　たとえば、税引前当期純利益が400万円（税引後の当期純利益が393万円）、交際費等の損金不算入額が2万円で他に加算項目も減算項目もない場合、受領した交付金の額が500万円あったとしても、積立限度額は402万円になります。一般に、農業経営基盤強化準備金の金額を積立限度額いっぱい積み立てた場合には、法人税の課税所得金額はゼロになります。ただし、寄附金の損金不算入額がある場合には、その分だけ課税所得が生じることになります。

図11. 農業経営基盤強化準備金の積立限度額

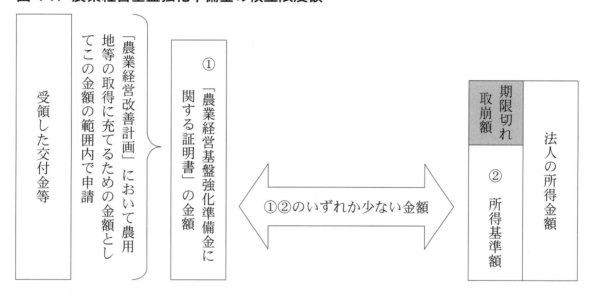

租税特別措置法　第61条の2（農業経営基盤強化準備金）

　青色申告書を提出する法人で農業経営基盤強化促進法第十二条第一項に規定する農業経営改善計画に係る同項の認定を受けた農地法第二条第三項に規定する農地所有適格法人（第三項第一号において「認定農地所有適格法人」という。）に該当するもの（農地中間管理事業の推進に関する法律第二十六条第一項の規定により公表された協議の結果において、市町村が適切と認める区域における農業において中心的な役割を果たすことが見込まれる農業者とされたものに限る。）が、平成十九年四月一日から令和五年三月三十一日までの期間（以下この項において「指定期間」という。）内の日を含む各事業年度（解散の日を含む事業年度及び清算中の各事業年度を除く。）の指定期間内において、農業の担い手に対する経営安定のための交付金の交付に関する法律第三条第一項又は第四条第一項に規定する交付金その他これに類するものとして財務省令で定める交付金又は補助金（第一号において「交付金等」という。）の交付を受けた場合において、農業経営基盤強化促進法第十三条第二項に規定する認定計画（第三項第二号イにおいて「認定計画」という。）の定めるところに従って行う農業経営基盤強化（同法第十二条第二項第二号の農業経営の規模を拡大すること又は同号の生産方式を合理化することをいう。第一号において同じ。）に要する費用の支出に備

2. 各明細書（別表）の一部の記載 [1/2]（申告書）

> えるため、次に掲げる金額のうちいずれか少ない金額以下の金額を損金経理の方法により農業経営基盤強化準備金として積み立てたとき（当該事業年度の決算の確定の日までに剰余金の処分により積立金として積み立てる方法により農業経営基盤強化準備金として積み立てた場合を含む。）は、その積み立てた金額は、当該事業年度の所得の金額の計算上、損金の額に算入する。
> 　一　当該交付金等の額のうち農業経営基盤強化に要する費用の支出に備えるものとして政令で定める金額
> 　二　当該事業年度の所得の金額として政令で定めるところにより計算した金額
> （以下略）

租税特別措置法施行令　第37条の2（農業経営基盤強化準備金）

> 1　（略）
> 2　法第六十一条の二第一項第二号に規定する政令で定めるところにより計算した金額は、同項及び法第六十一条の三の規定を適用せず、かつ、当該事業年度において支出した寄附金の額の全額を損金の額に算入して計算した場合の当該事業年度の所得の金額とする。この場合において、法人税法第五十七条第一項、第五十八条第一項及び第五十九条第二項の規定の適用については、同法第五十七条第一項及び第五十八条第一項中「譲渡）の規定」とあるのは「譲渡）並びに租税特別措置法第六十一条の二第一項（農業経営基盤強化準備金）の規定」と、同法第五十九条第二項中「譲渡）」とあるのは「譲渡）並びに租税特別措置法第六十一条の二第一項（農業経営基盤強化準備金）」と、「）の規定」とあるのは「並びに同法第六十一条の二第一項）の規定」とする。
> （以下略）

租税特別措置法施行規則　第21条の18の2（農業経営基盤強化準備金）

> 1～2　（略）
> 3　施行令第三十七条の二第一項に規定する財務省令で定めるところにより証明がされた金額は、法第六十一条の二第一項の規定の適用を受けようとする事業年度の確定申告書等に、農林水産大臣の同項に規定する認定計画等に記載された農用地等（施行令第三十七条の二第一項に規定する農用地等をいう。）の取得に充てるための金額である旨を証する書類を添付することにより証明がされたものとする。

2. 各明細書（別表）の一部の記載 [1/2]（申告書）

法人税申告書の添付書類

法人税の確定申告書には、次の証明書及び明細書を添付することになっています。

証明書：農業経営基盤強化準備金に関する証明書（別記様式第2号）

明細書：別表12（13）農業経営基盤強化準備金の損金算入及び認定計画等に定めるところに従い取得した農用地等の圧縮額の損金算入に関する明細書

明細書の記載

Ⅰ　農業経営基盤強化準備金の損金算入に関する明細書

(1) 明細書の用途

青色申告法人で認定農業者の農地所有適格法人に該当するものが農業経営基盤強化準備金の規定の適用を受ける場合に記載します。

(2) 記載の手順

記載の順序は、まず、「認定計画等の種類1」欄から「交付金等の額3」欄を記載し、次に［益金算入額の計算］の各欄（23～28）を当期分以外について記載し、さらに［翌期繰越額の計算］の各欄（11～16）を記載します。

「当期積立額4」欄から「当期積立額のうち損金算入額10」欄まで、「貸借対照表の金額との差額の明細」の各欄（17～22）の記載は、別表4を記載してから行います。

(3) 各欄の記載

○認定計画等の種類1

「農業経営改善計画」と記載します。農業経営基盤強化準備金の適用を受けるためには、「農業経営基盤強化準備金に関する証明書」等が必要であり、その証明書の申請にあたり申請書に農業経営改善計画の写しを提出することになっています。

○交付金等の該当号2

次の交付金の種類に応じて、1～3の数字を記載します。対象となる交付金等が複数ある場合には、列記します。この数字は、農業経営基盤強化準備金の適用を受けようとする交付金等が農業経営基盤強化促進法施行規則第25条の2各号（勧奨についての配慮）のいずれに該当するかを表しています。

該当号	交付金等の種類	対象交付金等
第一号	担い手経営安定化法第3条第1項に規定する交付金	畑作物の直接支払交付金
第二号	担い手経営安定化法第4条第1項に規定する交付金	収入減少影響緩和交付金
第三号	水田活用直接支払交付金	水田活用の直接支払交付金

○交付金等の額3

対象となる交付金等の交付決定通知書等の金額の合計額を記載します。「農業経営基盤強

2. 各明細書（別表）の一部の記載 [1/2]（申告書）

化準備金に関する証明書」（別記様式第1号）の「2．認定計画又は認定計画等に記載された農用地等の取得に充てるための金額」ではありません。

［益金算入額の計算］

○当初の積立額のうち損金算入額23

　前期分のこの明細書の「当初の積立額のうち損金算入額23」欄の金額を転記します。ただし、事業年度が1期更新されるため、積立事業年度の行を1行上に記載します。

○期首現在の準備金額24

　積立事業年度ごとに前期分のこの明細書の「翌期繰越額28」欄の金額を転記します。

○5年を経過した場合25

　積立事業年度終了の日の翌日から5年を経過した（期限切れの）場合に、積立事業年度の行の最上行に記載します。

○任意取崩し等の場合26

　当期に農業経営基盤強化準備金を取り崩した金額を記載します。この場合において積立事業年度別に区分した各金額は、積み立てられた積立事業年度が最も古いものから順次取り崩します。

○（25）及び（26）以外の場合27

　計画外取崩（租税特別措置法第61条の2第3項第2号ロ）の場合に記載します。

図12. 法人税申告書別表12（13）「益金算入額の計算」欄への計画外取崩額の記載

積立事業年度	当初の積立額のうち損金算入額 23	期首現在の準備金額 24	当期益金算入額			翌期繰越額 (24)-(25)-(26)-(27) 28
			5年を経過した場合 25	任意取崩し等の場合 26	(25)及び(26)以外の場合 27	
・・	円	円	円	円	円 計画外取崩額を記載	円
・・						
・・						
・・						
・・						
当期分						
計			円	円	円	円

○計

　「期首現在の準備金額24」欄から「（25）及び（26）以外の場合27」欄までの積立事業年度の合計額を計算して記載します。なお、この段階では「当初の積立額のうち損金算入額23」欄及び「翌期繰越額27」欄の「計」は記載しません。

［翌期繰越額の計算］

○期首農業経営基盤強化準備金の金額11

　「期首現在の準備金額24」の「計」欄の金額を転記します。

○5年を経過した場合の益金算入額12

2. 各明細書（別表）の一部の記載 ［1/2］（申告書）

「5年を経過した場合 25」の「計」欄の金額を転記します。

○同上以外の場合による益金算入額 13

「任意取崩し等の場合 26」の「計」欄の金額（「(25) 及び (26) 以外の場合 27」の「計」欄の金額がある場合はその合計）を転記します。

(4) 別表 4 への転記

[積立額]

□ (4) のうち損金経理による積立額 5

別表 4 または別表 4 次葉の［加算］の空欄に「損金経理をした農業経営基盤強化準備金積立額」と記載のうえ転記します。

○当期積立額のうち損金算入額 10

別表 4 の［減算］「農業経営基盤強化準備金積立額の損金算入額 47」欄に転記します

[取崩額]

○益金算入額 14

・取崩しの経理をしていない場合

別表 4 または別表 4 次葉の［加算］の空欄に「農業経営基盤強化準備金加算」と記載のうえ転記します。

・剰余金処分経理により取り崩した場合

別表 4 または別表 4 次葉の［加算］の空欄に「農業経営基盤強化準備金取崩額」と記載のうえ転記します。

・益金経理により取り崩した場合

別表 4 への記載の必要はありません。

農業経営基盤強化促進法施行規則　第 25 条の 2（勧奨についての配慮）

　法第二十六条第一項の認定団体は、同項の勧奨をするに当たり、同項の認定農業者のうちに、次の各号に掲げる交付金の交付を受けて、農業経営の規模の拡大若しくは生産方式の合理化に要する費用の支出に備えるため当該交付金を準備金として積み立て、又は当該準備金を取り崩し、若しくは当該交付金を用いて農用地を取得し、若しくは租税特別措置法（昭和三十二年法律第二十六号）第二十四条の三第一項又は第六十一条の三第一項に規定する特定農業用機械等（以下この条において「特定農業用機械等」という。）でその製作若しくは建設の後事業の用に供されたことのないものを取得し、若しくは特定農業用機械等を製作し、若しくは建設して当該農用地若しくは特定農業用機械等を農業の用に供する者がいるときは、当該認定農業者に対する利用権の設定等又は農作業の委託が行われるよう配慮することができる。

　　一　農業の担い手に対する経営安定のための交付金の交付に関する法律（平成十八年法律第八十八号）第三条第一項に規定する交付金

2. 各明細書（別表）の一部の記載 ［1/2］（申告書）

> 二　農業の担い手に対する経営安定のための交付金の交付に関する法律第四条第一項に規定する交付金
> 三　水田活用直接支払交付金

農業の担い手に対する経営安定のための交付金の交付に関する法律　第3条（生産条件に関する不利を補正するための交付金の交付）

> 政府は、毎年度、予算の範囲内において、生産条件不利補正対象農産物を生産する対象農業者に対し、次に掲げる交付金を交付するものとする。
> 一　当該年度における対象農業者の生産条件不利補正対象農産物の作付面積に応じて交付する交付金
> 二　当該年度において対象農業者が生産した生産条件不利補正対象農産物の品質及び生産量に応じて交付する交付金
> （以下略）

証明書の交付申請

　農業経営基盤強化準備金制度を適用するには、その適用を受けようとする事業年度の確定申告書に「農業経営基盤強化準備金に関する証明書」（別記様式第2号）を添付する必要があります（措規21の18の2②）。

　証明書の交付を受けるには、「農業経営基盤強化準備金に関する証明申請書」（別記様式第1号）を地方農政局等に提出します。

　「農業経営基盤強化準備金に関する証明申請書」の「2．認定計画又は認定計画等に記載された農用地等の取得に充てるための金額」には、準備金として積み立てようとする金額を記載することになっていますが、ここには積立限度額でなく、その事業年度に受領した対象交付金の交付決定通知書等に記載された合計額を記載します。前期から繰り越された農業経営基盤強化準備金が充分にある場合、対象交付金の交付決定通知書等に記載された合計額を準備金として積み立てたうえで、所得金額がマイナスにならないように前期から繰り越された農業経営基盤強化準備金を取り崩して調整します。

　「農業経営基盤強化準備金に関する証明申請書」には、次に掲げる書類を添付して、地方農政局等に提出します。

① 農業経営改善計画の写し
② 「農業経営基盤強化準備金に関する計画書兼実績報告書」（別記様式第5号）
③ 交付金等の交付決定通知書等の写し
④ （準備金の前期繰越がある場合）前期の貸借対照表・法人税申告書別表12（13）の写し

Ⅱ 認定計画等に定めるところに従い取得した農用地等の圧縮額の損金算入に関する明細書

法人税等の留意事項

(1) 制度の概要

　農業経営基盤強化準備金を取り崩して、または受領した交付金等をもって、農用地や農業用機械等（農業用固定資産）を取得して農業の用に供した場合は、その農業用固定資産について圧縮記帳をすることができ、準備金取崩額や交付金の額などを基礎として計算した限度額以下の金額を損金（個人は必要経費）に算入できます。

(2) 圧縮限度額の計算

　農用地等を取得した場合の課税の特例による圧縮限度額は、次のいずれか少ない金額となります（措法61の3①）。

① 「農業経営基盤強化準備金の取崩額」と「農業経営基盤強化準備金に関する証明書」（別記様式第4号）の金額の合計額
② その事業年度の所得の金額（＝所得基準額）
③ 圧縮対象資産の取得価額

　上記②の所得基準額は、農用地等を取得した場合の課税の特例（措法61の3）の規定を適用せず、支出した寄附金の全額を損金算入して計算した場合の事業年度の所得の金額とされています（措令37の3③）。

　実務的には、農用地等を取得した場合の課税の特例による圧縮記帳を行ったうえで、さらに、課税所得が生ずる場合に農業経営基盤強化準備金を積み立てるという順序になります。しかしながら、上記②の所得基準額は、農業経営基盤強化準備金を積み立てた場合の損金算入（措法61の2①）は適用したうえで計算しますので、同一事業年度で農業経営基盤強化準備金の積み立てと併用する場合には、②の所得基準額は、農業経営基盤強化準備金を積み立てた後でないと計算できないことになります。このため、いったん農業経営基盤強化準備金を積み立てる前の段階でその事業年度の所得の金額がマイナスにならない範囲内で圧縮記帳を行い、別表12（13）に記載する圧縮限度額の所得基準額は、実務上は農業経営基盤強化準備金を積み立てた後で計算することになります。

　「農業経営基盤強化準備金の取崩額」とは、具体的には、その適用を受けようとする事業年度において農業経営基盤強化準備金の取崩しにより益金に算入する金額のうち、その事業年度に有する農業経営基盤強化準備金の金額で積立て後5年を経過したものや農用地等を取得するため農業経営基盤強化準備金の任意取崩しをした場合の取崩し金額等が該当します（措法61の3①一イ）。

　また、「農業経営基盤強化準備金に関する証明書」（別記様式第4号）の金額とは、具体的には、交付金等のうち認定計画に記載された農業用固定資産の取得に充てるための金額ですが、農業経営基盤強化準備金として積み立てられなかった金額である旨、「農用地等を取得した場合の証明書」（別記様式第4号）による証明が必要で、この証明書はこの課税の特

2．各明細書（別表）の一部の記載［1/2］（申告書）

例の適用を受けようとする事業年度分の確定申告書に添付することになります（措法61の3①一ロ、措令37の3③、措規21条の18の2①）。

明細書の記載

(1) 明細書の用途

農用地等を取得した場合の課税の特例の規定の適用を受ける場合に記載します。

(2) 記載の手順

記載の順序は、まず、「取得資産の明細」の各欄（29～31）、農用地等の圧縮額の欄（32～34）を記載します。

「圧縮限度額の計算」の各欄、「当農用地等の帳簿価額を減額し、又は積立金として積み立てた金額のうち損金算入額43」欄の記載は、別表4を記載してから行います。

(3) 各欄の記載

○農用地等の種類29

圧縮記帳の対象として取得した農業用固定資産の種類を記載します。

○取得年月日30

圧縮記帳の対象として取得した農業用固定資産の取得年月日を記載します。

○農用地等の取得価額31

圧縮記帳の対象として取得した農業用固定資産の取得価額を記載します。

○農用地等の帳簿価額を減額し、又は積立金として積み立てた金額32

取得した農業用固定資産について圧縮記帳した金額を記載します。他の圧縮記帳制度と併用して圧縮記帳している場合には、「農用地等を取得した場合の課税の特例」により圧縮記帳した部分の金額を記載します。

○（32）のうち損金経理による金額33

直接減額法など損金経理により圧縮記帳した金額を記載します。

○（32）のうち剰余金の処分による金額34

圧縮積立金など剰余金処分経理により圧縮記帳した金額を記載します。

○取得価額基準額40

・農用地等の帳簿価額を減額した場合（直接減額方式）

「農用地等の取得価額31」から1円を控除した金額を記載します。

・剰余金処分経理により圧縮積立金を積み立てた場合（積立金経理方式）

「農用地等の取得価額31」を転記します。

2. 各明細書（別表）の一部の記載 [1/2]（申告書）

図13. 申告書別表12（13）「圧縮限度額の計算」における計画外・期限切取崩額の除外

Ⅱ 認定計画等に定めるところに従い取得した農用地等の圧縮額の損金算入に関する明細書

取得資産の明細	農用地等の種類	29				計
	取得年月日	30	・・・	・・・	・・・	
	農用地等の取得価額	31	円	円	円	円
	農用地等の帳簿価額を減額し、又は積立金として積み立てた金額	32				
(32)の内訳	(32)のうち損金経理による金額	33				
	(32)のうち剰余金の処分による金額	34				
圧縮限度額の計算	準備金等益金算入基準額 { 5年を経過した農業経営基盤強化準備金の金額の益金算入額（25の計）	35				
	任意取崩し等の農業経営基盤強化準備金の金額の益金算入額（26の計）	36				
	(3)のうち準備金として積み立てられなかった交付金等の額	37				
	計 (35)＋(36)＋(37)	38				
	所得基準額 （別表四「41の①」－(10)－(12)－別表四「27の①」）又は（別表四の二付表「48の①」－(10)－(12)－別表四の二付表「35の①」）	39				
	取得価額基準額 (31)－1円	40	① 円	② 円	③ 円	①＋②＋③
	圧縮限度額 ((38)、(39)と(40)のうち少ない金額)	41				
	個別資産の圧縮限度額	42	円	円	円	
農用地等の帳簿価額を減額し、又は積立金として積み立てた金額のうち損金算入額 ((32)と(42)のうち少ない金額)		43	④	⑤	⑥	④＋⑤＋⑥ 円

※ 計画外取崩額（27の計）は準備金等益金算入基準額に含まれない
※ 期限切取崩額（12）は所得基準額から除外

(4) 別表4への転記

□ (32)のうち損金経理による金額 33

「計」の金額を別表4または別表4次葉の［加算］の空欄に「損金経理をした農用地等の圧縮額」と記載のうえ転記します。

□ 農用地等の帳簿価額を減額し、又は積立金として積み立てた金額のうち損金算入額 43

「計」の金額を別表4の「農用地等を取得した場合の圧縮額の損金算入額48」欄に転記します。

証明書の交付申請

農用地等を取得した場合の課税の特例による圧縮記帳をするには、その適用を受けようとする事業年度の確定申告書に「農用地等を取得した場合の証明書」（別記様式第4号）を添付する必要があります。

証明書の交付を受けるには、「農用地等を取得した場合の証明申請書」（別記様式第3号）を地方農政局等に提出します。

A. 農業経営基盤強化準備金の取崩額のみをもって圧縮記帳をする場合

その年（事業年度）の交付金等は全額が準備金の積立てに充てられることになりますの

2. 各明細書（別表）の一部の記載 ［1/2］（申告書）

で、「農用地等を取得した場合の証明申請書」の「2. 交付金等のうち下記3の農用地等の取得に充てるために、農業経営基盤強化準備金として積み立てられなかった金額」（以下、「第3号金額」という。）には「0円」と記載します。

B. その年（事業年度）に受領した交付金等のみをもって圧縮記帳をする場合

第3号金額欄には取得した農業用固定資産の取得価額を記載します。

C. 農業経営基盤強化準備金の取崩額とその年に受領した交付金等の両方をもって圧縮記帳をする場合

第3号金額には、次の金額を記載します。

第3号金額＝圧縮対象資産の取得価額－農業経営基盤強化準備金の前期繰越額

上記のAからCのいずれの場合も、「農業経営基盤強化準備金に関する証明申請書」の金額（以下、「第1号金額」という。）には、次の金額を記載します。

第1号金額＝受領した交付金等の額の合計額－第3号金額

この場合、第1号金額と同額が記載された「農業経営基盤強化準備金に関する証明書」（別記様式第2号）の金額の範囲内の積立限度額により、その年（事業年度）に農業経営基盤強化準備金を積み立てることができます。

「農用地等を取得した場合の証明申請書」には、次に掲げる書類を添付します。
① 農業経営改善計画等の写し
② 「農業経営基盤強化準備金に関する計画書兼実績報告書」（別記様式第5号）
③ 交付金等の交付決定通知書等の写し
④ 前事業年度の貸借対照表・法人税申告書別表12（13）の写し
⑤ 農業用固定資産の領収書、契約書、納品書等

別表14（2）「寄附金の損金算入に関する明細書」［1/2］

明細書の記載

（1） 明細書の用途

法人が寄附金の損金不算入の規定の適用を受ける場合に記載します。

（2） 記載の手順

まず、指定寄附金等、特定公益増進法人に対する寄附金若しくは認定特定非営利活動法人等に対する寄附金又は特定公益信託の信託財産とするために支出した金銭がある場合には、下段の「指定寄附金等に関する明細」、「特定公益増進法人若しくは認定特定非営利活動法人等に対する寄附金又は認定特定公益信託に対する支出金の明細」又は「その他の寄附金のう

ち特定公益信託（認定特定公益信託を除きます。）に対する支出金の明細」の各欄を記載します。

次に、公益法人等以外の法人の場合については、上段の左の欄を用いて損金不算入額の計算を行います。

(3) 各欄の記載

この段階では、まず、［支出した寄附金の額］（1～6）の各欄を記載します。

次に、資本金等の額の計算に関する明細書の「差引翌期首現在資本金等の額」④の「資本金又は出資金32」欄＋「資本準備金33」欄の金額を「期末の資本金の額及び資本準備金の額の合計額又は出資金の額10」欄に転記し、「同上の月数換算額11」欄、「同上の2.5/1,000相当額12」欄、「期末の資本金の額及び資本準備金の額の合計額又は出資金の額の月数換算額の3.75/1,000相当額」15欄を計算して記載します。

3. 別表4の一部の記載［1/3］（申告書）

(1) 税引前当期純利益の別表4への仮記入

別表4の「当期利益又は当期欠損の額1」欄に、仮の当期利益の金額として税引前当期純利益の金額を記載します（後で訂正）。

(2) 各明細書（別表）から別表4への転記

税金関連及び農業経営基盤強化準備金以外の加算・減算項目について各別表から別表4に転記します。

□交際費等の損金不算入額9

別表15「損金不算入額4」欄の金額を転記します。

□受取配当等の益金不算入額14

別表8（1）「受取配当等の益金不算入額5」欄の金額を転記します。

□肉用牛売却所得の特別控除額21・次葉［減算］

［減算］欄の空欄に「肉用牛売却所得の特別控除額」と記載のうえ、別表10（7）「特別控除額22」欄の金額を転記します。

□法人税額から控除される所得税額29

別表6（1）「②のうち控除を受ける所得税額」③の「計6」欄の金額を記載します。

□欠損金等の当期控除額44

別表7（1）「当期控除額4」の「計」欄の金額を転記します。

ただし、この段階では、次の項目には記載しません。

4. 農業経営基盤強化準備金の積立て（会計）

- ■損金経理をした納税充当金 4
- ■仮払税金消却不算入額 10・次葉［加算］
- ■納税充当金から支出した事業税等の金額 13
- ■法人税等の中間納付額及び過誤納に係る還付金額 18
- ■所得税額等及び欠損金の繰戻しによる還付金額等 19
- ■仮払税金認定損 21・次葉［減算］

(3) 当期に納付した事業税の減算の仮記入

「当期発生税額」②の「計 19」欄の金額を別表 4 の「納税充当金から支出した事業税等の金額 13」欄に記載します（後で訂正）。

(4) 損金経理をした農業経営基盤強化準備金積立額

農業経営基盤強化準備金は、原則として申告書作成の段階で繰入限度額を計算してから計上しますが、申告書作成よりも前の段階で農業経営基盤強化準備金について損金経理により積み立ててすでに損益計算書に計上されている場合には、別表 4 の［加算］欄の空欄に「損金経理をした農業経営基盤強化準備金積立額」と記載のうえ、金額を記載します。

(5) 従事分量配当の損金算入額

従事分量配当をする場合には、別表 4 の［減算］欄の空欄に「従事分量配当の損金算入額」と記載のうえ、金額を記載します。

(6) 「合計」の仮計算

別表 4 の「当期利益又は当期欠損の額」1 欄の金額に［加算］欄の各欄の金額を加算し、［減算］欄の各欄の金額を減算した金額を「合計 34」欄に記載します（後で訂正）。

(7) 「仮計」の計算

別表 4 の「合計 34」欄の金額（仮記入）から「法人税額から控除される所得税額 29」欄の金額を控除した金額を「仮計」26 欄に記載します。

4. 農業経営基盤強化準備金の積立て（会計）

上記で計算した別表 4「合計 34」欄の金額から「欠損金等の当期控除額 44」欄の金額を控除した金額の範囲内（証明書の金額が上限）で農業経営基盤強化準備金を積み立てます。農業経営基盤強化準備金の積立てについて損金経理をした場合でも、当別表 4 の「当期利

益又は当期欠損の額」1欄の金額は、この段階では変更しません。

5. 各明細書（別表）の記載完了 [2/2]（申告書）

> 別表12（13）「農業経営基盤強化準備金の損金算入及び認定計画等に定めるところに従い取得した農用地等の圧縮額の損金算入に関する明細書」[2/2]

Ⅰ 農業経営基盤強化準備金の損金算入に関する明細書

(1) 別表4の所得金額の計算

○総計45

別表4の「総計45」欄の金額を「寄附金の損金不算入額27」欄の金額は無いものとして計算します（暫定値）。

(2) 各欄の記載

○当期積立額4

前項の「4. 農業経営基盤強化準備金の積立て」で積み立てた金額を記載します。

○「(4)のうち損金経理による積立額」5

「当期積立額4」欄のうち損金経理による積立額を記載します。

○(4)のうち剰余金の処分による積立額6

「当期積立額4」欄のうち剰余金処分経理による積立額を記載します。

○(3)のうち準備金として積み立てられた交付金等の額7

「交付金等の額3」欄と「当期積立額4」欄のうち少ない金額を記載します。

○所得基準額8

次のとおり計算して記載します。

別表4「総額①/総計45」（暫定値）－「5年を経過した場合の益金算入額12」

※暫定値の所得金額総計は、「寄附金の損金不算入額27」の金額を加算する前の金額のため、ここでは「寄附金の損金不算入額27」の金額を控除しません。

○積立限度額9

「(3)のうち準備金として積み立てられた交付金等の額7」欄と「所得基準額8欄」のうち少ない金額を記載します。

[貸借対照表の金額との差額の明細]

○貸借対照表に計上されている農業経営基盤強化準備金の金額17

会社法人の場合は貸借対照表に計上されている農業経営基盤強化準備金の金額を転記します。農事組合法人の場合には、貸借対照表に計上されている農業経営基盤強化準備金の金額

5. 各明細書（別表）の記載完了［2/2］（申告書）

に当期の剰余金処分による農業経営基盤強化準備金の取崩額を減算して積立額を加算した金額を記載します。

○差引 18～前期末における差額 22

　各欄の注記の計算式等により記載します。

(3) 別表 4 への転記

□当期積立額 4

　別表 4「農業経営基盤強化準備金積立額の損金算入額 47」欄に転記します。

Ⅱ　認定計画等に定めるところに従い取得した農用地等の圧縮額の損金算入に関する明細書

(4) 各欄の記載

○5 年を経過した農業経営基盤強化準備金の金額の益金算入額 35

　「5 年を経過した場合 25」の「計」欄の金額を転記します。

○任意取崩し等の農業経営基盤強化準備金の金額の益金算入額 36

　「任意取崩し等の場合 26」の「計」欄の金額を転記します。

○(3) のうち準備金として積み立てられなかった交付金等の額 37

　次のとおり計算して記載します。

　「交付金等の額 3」－「(3) のうち準備金として積み立てられた交付金等の額 7」

○準備金等益金算入基準額／計 38

　「5 年を経過した農業経営基盤強化準備金の金額の益金算入額 35」から「(3) のうち準備金として積み立てられなかった交付金等の額 37」の金額の合計を記載します。

○所得基準額 39

　次のとおり計算して記載します。

　「所得基準額 8」－「当期積立額のうち損金算入額 10」

○圧縮限度額 41

　「所得基準額 38」

○個別資産の圧縮限度額 42

　「取得価額基準額 40」欄を転記します。

　ただし、個別資産の圧縮限度額の各列の合計額は「圧縮限度額」41 欄の金額が上限になります。このため、「個別資産の圧縮限度額」42 欄の金額を一番左の列の個別資産から順次、記載していき、その合計額が「圧縮限度額」41 欄の金額を超えた場合には、合計額が「圧縮限度額」41 欄の金額と同額になるになるよう調整した金額をその列の「個別資産の圧縮限度額」42 欄に記載します。たとえば、個別資産が一つの場合に、「圧縮限度額」41 欄の金額が「取得価額基準額」40 欄の金額を下回るときは「個別資産の圧縮限度額」42 欄には「圧縮限度額」41 欄の金額を転記します。

○農用地等の帳簿価額を減額し、又は積立金として積み立てた金額のうち損金算入額 43

「農用地等の帳簿価額を減額し、又は積立金として積み立てた金額 32」欄と「個別資産の圧縮限度額 42」欄のうち少ない金額を転記します。

(5) 別表 4 への転記

□農用地等の帳簿価額を減額し、又は積立金として積み立てた金額のうち損金算入額 43

「計」欄の金額を別表 4「農用地等を取得した場合の圧縮額の損金算入額 48」欄に転記します。

別表 14（2）「寄附金の損金算入に関する明細書」[2/2]

(1) 記載の手順

まず、別表 4 の「仮計 26」欄を計算して「所得金額仮計 7」欄に転記し、「寄附金支出前所得金額 8」欄、「同上の 2.5 又は 1.25/100 相当額 9」欄、「一般寄附金の損金算入限度額 13」欄を計算して記載します。

次に、「寄附金支出前所得金額の又は 6.25/100 相当額 14」欄、「特定公益増進法人等に対する寄附金の特別損金算入限度額 16」欄を計算して記載します。

さらに、「特定公益増進法人等に対する寄附金の損金算入額 17」から「損金不算入額・計 24」までの各欄を計算して記載します。

(2) 別表 4 の所得金額の計算

○仮計 26

(3) 各欄の記載

○所得金額仮計 7

別表 4 の「総額」①の「仮計」26 欄の金額を転記します。

○同上の 2.5 又は 1.25/100 相当額 9

「2.5 又は 1.25」の部分は、①資本金・出資金のない普通法人、協同組合等や人格のない社団等、②公益法人等に該当する一般社団法人や一般財団法人でである場合は 1.25、それ以外の場合は 2.5 とし、それ以外の文字を二重線で抹消します。

(4) 別表 4 への転記

□損金不算入額／計 24

別表 4「寄附金の損金不算入額 27」欄に転記します。

6. 別表4の追加の記載［2/3］と仮の当期利益による法人税額等の計算（申告書）

別表4 「所得の金額の計算に関する明細書」[2/3]

明細書の記載

(1) 各明細書（別表）から別表4への転記

□寄附金の損金不算入額27

別表14（2）「損金不算入額24」欄の金額を転記します。

□農業経営基盤強化準備金積立額の損金算入額47

別表12（13）「当期積立額のうち損金算入額10」欄の金額を転記します。

(2) 所得金額の計算

寄附金の損金不算入額がある場合は、別表4「合計34」欄を再計算して記載します。

続いて別表4「差引計39」欄、「差引計43」欄、「総計45」欄、「所得金額又は欠損金額52」欄の各欄の金額を計算します。

第6号様式別表5 「所得金額に関する計算書」

計算書の記載

(1) 計算書の用途

農事組合法人の農業に係る所得など事業税を課されない事業とその他の事業とをあわせて行う法人、農業経営基盤強化準備金、農用地等を取得した場合の課税の特例などの規定の適用を受ける法人が課税標準となる所得の計算を行う場合に記載します。

(2) 各欄の記載

○所得金額又は個別所得金額①

法人税の別表4の「合計34」欄の金額を転記します。

○農事組合法人の農業に係る所得㉒

農事組合法人の農業に係る所得の金額を記載します。部門別の所得計算や「農事組合法人の農業に附随する事業に係る課税・非課税の判定計算書及び所得金額計算書」に基づいて記載します。

○農業経営基盤強化準備金積立額の損金算入額㉙

法人税の別表4の別表4の「農業経営基盤強化準備金積立額の損金算入額47」欄の金額を転記します。

○農用地等を取得した場合の圧縮額の損金算入額㉚

法人税の別表4の「農用地等を取得した場合の圧縮額の損金算入額48」欄の金額を転記

6. 別表4の追加の記載[2/3]と仮の当期利益による法人税額等の計算（申告書）

します。

第6号様式 「都道府県民税・事業税の確定申告書」

（都道府県民税）

申告書の記載

(1) 各欄の記載

□法人税法の規定によって計算した法人税額①

　法人税申告書別表1「法人税額計9」欄の金額を記載します。

　ただし、この「法人税額計9」欄の上段の（　）内に記載された金額（使途秘匿金税額等）がある場合には、その金額を加算した合計額になります。

(2) 道府県民税の計算

　様式の各欄の注記の計算式等に従って記載します。

（事業税）

申告書の記載

(1) 各欄の記載

□所得金額総額33

　第6号様式別表5を記載した場合は、第6号様式別表5「合計㊱」欄の金額を転記します。それ以外の場合は、70欄の金額から71欄の金額を差し引いた金額を記載します。

□繰越欠損金額等若しくは災害損失金額又は債務免除等があった場合の欠損金額等の当期控除額71

　第6号様式別表9の「登記控除額④」の「計」欄の金額を記載します。

(2) 事業税の計算

　様式の各欄の注記の計算式等に従って記載します。

第20号様式

申告書の記載

(1) 各欄の記載

□法人税法の規定によって計算した法人税額①

　法人税申告書別表1「法人税額計9」欄の金額を記載します。

　ただし、この「法人税額計9」欄の上段の（　）内に記載された金額（使途秘匿金税額等）がある場合には、その金額を加算した合計額になります。

7. 法人税等の決算整理（会計）

(2) 市町村民税の計算

様式の各欄の注記の計算式等に従って記載します。

7. 法人税等の決算整理（会計）

(1) 「法人税、住民税及び事業税」（法人税等）の計算

次により計算した法人税等の額を未払法人税等を相手勘定として未払計上します。

法人税等の額＝（確定申告分税額＋中間申告分税額）＋控除所得税額＋控除復興特別所得税

(2) 当期純利益の確定

法人税等の計上によって税引き後の当期純利益が確定します。

(3) 仮払法人税等の清算

① 未収還付法人税等への振替え

中間納付額、源泉税額の還付金額がある場合には、同額を仮払法人税等から未収還付法人税等へ振り替えます。

② 未払法人税等との相殺

①により残った仮払法人税等の額を未払法人税等と相殺します。

なお、これらの処理によって課税所得金額は増減しません。

8. 別表5（2）・別表5（1）・別表4の完成記載 [3/3]（申告書）

別表5（2）「租税公課の納付状況等に関する明細書」[2/2]

(1) 記載の手順

[租税公課の納付状況に関する明細書]

「当期発生税額」②の事業税以外の欄から［当期中の納付税額］③～⑤欄を記載し、「期末現在未納税額」⑥欄を計算して記載します。

［当期中の納付税額］欄について、未払法人税等から支出（相殺を含む。）した金額は「充当金取崩しによる納付」③欄に、未収還付法人税等に計上した金額は「仮払経理による納付」④欄に記載します。

[納税充当金の計算]

「期首納税充当金」31欄、［繰入額］及び［取崩し額］の各欄を記載し、「期末納税充当金」42欄を計算して記載します。

8. 別表5（2）・別表5（1）・別表4の完成記載［3/3］（申告書）

(2) 各欄の記載

□期首納税充当金30

　前期分のこの明細書の「期末納税充当金」42欄の金額を転記します。

□損金経理をした納税充当金31

　損益計算書の「法人税、住民税及び事業税」の金額を記載します。

□法人税額等34・事業税及び特別法人事業税35

　［租税公課の納付状況に関する明細書］上段の「充当金取崩しによる納付」③から、それぞれの金額を合計、転記します。

□損金不算入のもの37

　源泉所得税の「充当金取崩しによる納付」③欄の金額を転記します。

別表4　「所得の金額の計算に関する明細書」［3/3］

［加算］

□当期利益又は当期欠損の額1

　別表4「当期利益又は当期欠損の額1」を訂正し、損益計算書から確定した税引後の当期純利益を転記します。

□損金経理をした納税充当金4

　別表5（2）［納税充当金の計算］の「損金経理をした納税充当金32」欄の金額を転記します。

　なお、仮記入の段階と比べて「損金経理をした納税充当金4」欄の金額が加算されますが、別表4の「当期利益又は当期欠損の額1」が同額分減少しますので課税所得金額は増減しません。

□仮払税金消却不算入額10・次葉［加算］

　期首現在にあった仮払税金をその事業年度において損金経理または仮払経理により消却した場合には、その金額を記載します。

□損金経理をした農業経営基盤強化準備金積立額10・次葉［加算］

　別表12（13）「（4）のうち損金経理による積立額5」欄の金額がある場合にその金額を転記します。

［減算］

□納税充当金から支出した事業税等の金額13

　別表5（2）の［納税充当金の計算］の「事業税及び特別法人事業税35」欄から38欄までの金額の合計額を記載します。

　源泉所得税は、別表5（2）の「その他」「損金不算入のもの」の空欄（29）に「源泉所得

8. 別表5（2）・別表5（1）・別表4の完成記載［3/3］（申告書）

税」と記入して記載しますが、法人税等が納付（未払法人税等）になる場合には、仮払法人税等として経理した源泉所得税が未払法人税等（納税充当金）と相殺されるため、結果的に納税充当金から支出された形となり、「③充当金取崩しによる納付」欄に記載のうえ、（24）から（29）の「③充当金取崩しによる納付」欄の合計額を「損金不算入のもの」（37）に転記します。したがって、源泉所得税は、法人税等が納付（未払法人税等）になる場合には、「納税充当金から支出した事業税等の金額13」欄に記載されることになります。

別表5（2）の「④仮払経理による納付」欄に記載がない場合には、「仮払税金認定損」を記載しませんが、源泉所得税については減算欄に「納税充当金から支出した事業税等の金額13」として記載します。これが「法人税額から控除される所得税額29」欄と同額になって、所得の金額の計算上、相殺されることになります。

□法人税等の中間納付額及び過誤納に係る還付金額18

法人税等の中間納付額を記載します。

具体的には、別表5（2）の前期7の「仮払経理による納付」④欄の金額（マイナスの値、「損金経理による納付」⑤欄の金額がある場合はこれらの合計額）を（プラスの値で）転記します。

□所得税額等及び欠損金の繰戻しによる還付金額等19

所得税額の還付金額を記載します。

なお、欠損金の繰戻しによる還付金額がある場合にはその金額を加算して記載します。

□仮払税金認定損21・次葉［減算］

別表5（2）「仮払経理による納付④」に記載したプラスの金額がある場合、その金額を合計し、［減算］欄の空欄に「仮払税金認定損」と記載のうえ、その金額を記載します。なお、金額は「総額」①欄だけでなく、「留保」②にも記載します。

別表5（1）　「利益積立金額及び資本金等の額の計算に関する明細書」［2/2］

(1) 各欄の記載

□利益準備金1

会社法人の場合には、株主資本等変動計算書の「剰余金の配当に伴う利益準備金の積立て」の金額を別表5（1）の「利益準備金」1の［当期の増減］「増」③欄に転記します。

農事組合法人の場合には、剰余金処分計算書（剰余金処分案）の【剰余金処分額】の「利益準備金」の金額を別表5（1）の「利益準備金」1の［当期の増減］「増」③欄に転記します。なお、農事組合法人の場合、前期の剰余金処分に係る当期の期間中の増減額ではなく、当期の剰余金処分に係る翌期の期間中の増減額を別表5（1）に記載する方法が一般的です。この点については、「(2) 農事組合法人の場合の別表5（1）の記載方法」を参照してください。

8. 別表5（2）・別表5（1）・別表4の完成記載 [3/3]（申告書）

□農業経営基盤強化準備金 3～24

　まず、［区分］に「農業経営基盤強化準備金」の記載がない場合には、空欄に「農業経営基盤強化準備金」と記載します。

　次に、会社法人の場合には、株主資本等変動計算書の「当期変動額」の金額を別表5（1）の「農業経営基盤強化準備金」の［当期の増減］の「減」②欄または「増」③欄に転記します。

　農事組合法人の場合には、剰余金処分計算書（剰余金処分案）の【任意積立金取崩額】の「農業経営基盤強化準備金取崩額」の金額を別表5（1）の「農業経営基盤強化準備金」の［当期の増減］「減」②欄に、また、【剰余金処分額】の［任意積立金］「農業経営基盤強化準備金」の金額を別表5（1）の「農業経営基盤強化準備金」の［当期の増減］「増」③欄に転記します。

□農業経営基盤強化準備金積立額 3～24

　まず、［区分］に「農業経営基盤強化準備金積立額」の記載がない場合には、空欄に「農業経営基盤強化準備金積立額」と記載します。

　次に、別表4の「農業経営基盤強化準備金取崩額」（農業経営基盤強化準備金加算）欄の金額を別表5（1）の「農業経営基盤強化準備金積立額」の［当期の増減］「減」②欄にマイナスの符号を付けて転記します。

　別表4の「農業経営基盤強化準備金積立額の損金算入額47」欄の金額を別表5（1）の「農業経営基盤強化準備金積立額」の［当期の増減］「増」③欄にマイナスの符号を付けて転記します。

□仮払税金 3～24

　まず、別表4の「仮払税金消却不算入額」の欄に金額の記載がある場合には、その金額を別表5（1）の「仮払税金」の［当期の増減］「減」②欄にマイナスの符号を付けて転記します。

　次に、［区分］に「仮払税金」の記載がない場合において別表5（2）「仮払経理による納付」④欄にプラスの金額が記載されているときは、空欄に「仮払税金」と記載します。別表5（2）「仮払経理による納付」④欄のプラスの金額を合計して、別表5（1）の「仮払税金」の［当期の増減］の「増」③欄に記載します。

(2) 農事組合法人の場合の別表5（1）の記載方法

　別表5（1）の［1　利益積立金額の計算に関する明細書］は、利益積立金額を計算するために使用しますが、利益積立金額が関係するのは、特定同族会社の特別税率（法人税法第67条）、いわゆる留保金課税の計算です。ただし、農事組合法人は、会社でないため、特定同族会社の特別税率の適用はありません。

　平成18年5月1日から会社法が施行され、会社法では、配当の支払回数の制限が撤廃さ

8. 別表5（2）・別表5（1）・別表4の完成記載 [3/3]（申告書）

れたことに伴い、事業年度と対応させた利益処分という概念がなくなりました。税制上も、剰余金の配当は、配当の支払の効力発生日に処理することとされました。このため、平成18年5月1日以後終了事業年度分の法人税の申告に関する別表5（1）が改正され、従前の別表5（1）に設けられていた「当期利益金処分等による増減」欄が削除されました。

　これによって、会社においては、別表5（1）の作成について、新たに会社法で作成が義務づけられた「株主資本等変動計算書」から期中の「当期の増減」欄に移記することとされました。

　一方、農業協同組合法に根拠をおく農事組合法人においては、会社と異なり、農業協同組合法第72条の25において、従来どおり、事業年度ごとに剰余金処分案（損失処理案）の作成が義務づけられており、剰余金の積立て及び取崩しはこの処分を通じて行われます。一方、農事組合法人には「株主資本等変動計算書」の作成は義務づけられていません。

　農事組合法人が、各事業年度において支出するその組合員に対しその者が当該事業年度中にその法人の事業に従事した程度に応じて分配する金額（従事分量配当金）は、当該事業年度の所得の金額の計算上、損金の額に算入します。具体的には、従事分量配当を決議した日の属する事業年度分の申告ではなく、その前年度分、すなわち、決議の対象となる事業年度分の申告において別表4の減算項目に記載することにより損金算入することができます。

　このため、農事組合法人において従事分量配当を行なう場合には、次の（A）または（B）のいずれかの方法により、別表4及び別表5（1）の記載を行なうことになります。いずれの方法においても、別表5（1）の利益積立金額の計算の「差引翌期首現在利益積立金額」④の「差引合計額31」欄は同じになります。

　給与制を採る農事組合法人または出資配当を行なう場合には（A）の方法を、従事分量配当制を採る農事組合法人で出資配当を行なわない場合には（B）の方法をお勧めします。本書や「農事組合法人の設立・運営の手引き」（JA全中）では、（B）の方式により別表5（1）の設例を作成しています。なお、（B）から（A）に移行する場合には、国税庁ホームページ「会社法適用初年度及び翌年度の別表四及び別表五（一）の記載例」を参考にしてください。

(A)　未払従事分量配当金による方法

①　当期の記載方法

　従事分量配当金の決議の対象となる事業年度（当期）の別表4「所得の金額の計算に関する明細書」の減算の区分の「留保」欄に「未払従事分量配当金」を記載します。併せて、別表5（1）「利益積立金額及び資本金等の額の計算に関する明細書」の当期の増減の「減」欄に「未払従事分量配当金」を記載します。

②　翌期の記載方法

　翌期の別表4「所得の金額の計算に関する明細書」の加算の区分の「留保」欄に「前期従事分量配当金加算」を記載すると同時に、減算区分にも「前期従事分量配当の損金算入額」

を「社外流出」欄の「その他」として記載します。併せて、別表5（1）「利益積立金額及び資本金等の額の計算に関する明細書」の期首現在利益積立金額に「未払従事分量配当金」をマイナス表示するとともに、当期の増加に記載します。

③　メリット

　会社の場合と同様、貸借対照表の繰越利益剰余金（＝剰余金処分案の当期未処分剰余金）と別表5（1）の繰越損益金の差引翌期首現在利益積立金額とが一致します。

④　デメリット

　同一事業年度の従事分量配当を当期と翌期の2事業年度にわたって記載する必要があり、別表4及び別表5（1）の記載が複雑になります。

(B)　会社法施行前と同様の方法

① 当期の記載方法

　従事分量配当金の決議の対象となる事業年度（当期）の別表4「所得の金額の計算に関する明細書」の「当期利益又は当期欠損の額」の区分の「社外流出」欄の「その他」に従事分量配当の金額を記載するとともに、減算の区分の「社外流出」欄に「従事分量配当の損金算入額」を記載します。なお、これに関連して別表5（1）について記載する必要はないが、決議の対象となる事業年度において剰余金処分による利益準備金や農業経営基盤強化準備金など任意積立金の積立がある場合には、当期の増減の「増」欄に記載します。

② 翌期の記載方法

　前期（①の当期）を対象とした従事分量配当について記載する必要はありません。

③ メリット

　別表4及び別表5（1）の記載が単純になります。

　出資配当がある場合を除いて、剰余金処分案の次期繰越剰余金と別表5（1）の繰越損益金の差引翌期首現在利益積立金額とが一致します。

④ デメリット

　会社の場合と別表5（1）の記載方法が異なります。

　出資配当がある場合には、剰余金処分案の次期繰越剰余金と別表5（1）の繰越損益金の差引翌期首現在利益積立金額との間で出資配当金の分だけ差が生じます。

〈参考〉決算報告書記入例

決 算 報 告 書

第 15 期

自　　令和 5 年 3 月 1 日

自　　令和 6 年 2 月 29 日

株式会社バンブーファーム

青森県青森市〇〇町××１２３

決算報告書記入例

貸借対照表

株式会社バンブーファーム

令和6年2月29日現在

(単位：円)

《資産の部》

【流動資産】
　（現金・預金）
　　　普通　預金　　　　　　　　　　　　　　12,520,560
　　　出資予約預金　　　　　　　　　　　　　　　　　456
　　　定期　預金　　　　　　　　　　　　　　80,001,356
　　　定期　積金　　　　　　　　　　　　　　12,000,000
　　　　　現金・預金　計　　　　　　　　　　104,522,372
　（売上債権）
　　　売掛金　　　　　　　　　　　　　　　　31,469,862
　　　　　売上債権　計　　　　　　　　　　　　31,469,862
　（棚卸資産）
　　　原材料　　　　　　　　　　　　　　　　27,746,652
　　　仕掛品　　　　　　　　　　　　　　　　 5,899,017
　　　貯蔵品　　　　　　　　　　　　　　　　　　727,548
　　　　　棚卸資産　計　　　　　　　　　　　　34,373,217
　（その他流動資産）
　　　前渡金　　　　　　　　　　　　　　　　　　371,400
　　　未収入金　　　　　　　　　　　　　　　 4,112,233
　　　未収消費税等　　　　　　　　　　　　　　　323,347
　　　立替金　　　　　　　　　　　　　　　　　　12,083
　　　　　その他流動資産　計　　　　　　　　　4,819,063
　　　　　　流動資産合計　　　　　　　　　　　　　　　　　175,184,514
【固定資産】
　（有形固定資産）
　　　建物　　　　　　　　　　　　　　　　　212,330,488
　　　建物付属設備　　　　　　　　　　　　　 13,132,357
　　　構築物　　　　　　　　　　　　　　　　181,861,291
　　　機械装置　　　　　　　　　　　　　　　260,552,719
　　　車両運搬具　　　　　　　　　　　　　　 26,591,111
　　　器具　備品　　　　　　　　　　　　　　 34,667,090
　　　生物　　　　　　　　　　　　　　　　　232,662,710
　　　減価償却累計額　　　　　　　　　　　△650,977,607
　　　一括償却資産　　　　　　　　　　　　　　　176,668
　　　土地　　　　　　　　　　　　　　　　　 22,849,480
　　　育成仮勘定　　　　　　　　　　　　　　110,631,980
　　　　　有形固定資産　計　　　　　　　　　444,478,287
　（投資等）
　　　出　資　金　　　　　　　　　　　　　　　　34,000
　　　長期前払費用　　　　　　　　　　　　　 10,337,520
　　　長期預け金　　　　　　　　　　　　　　　　116,937
　　　保険積立金　　　　　　　　　　　　　　 8,064,679
　　　経営保険積立金　　　　　　　　　　　　　　 72,999
　　　　　投資等　計　　　　　　　　　　　　 18,626,135
　　　　　　固定資産合計　　　　　　　　　　　　　　　　　463,104,422
　　　　　　　資産の部　合計　　　　　　　　　　　　　　　638,288,936

貸借対照表

株式会社バンブーファーム

令和6年2月29日現在

(単位：円)

《負債の部》

【流動負債】
買掛金	20,287,013	
未払金	5,859,564	
未払費用	1,327,775	
未払法人税等	211,200	
預り金	48,670	
流動負債　計		27,734,222

【固定負債】
長期借入金	291,436,300	
役員長期借入金	23,092,310	
長期未払金	3,461,788	
固定負債　計		317,990,398
負債の部　合計		345,724,620

《純資産の部》

【株主資本】
資　本　金		25,137,500	
(資本剰余金)			
資本準備金	45,275,000		
その他資本剰余金	25,137,500		
資本剰余金　計		70,412,500	
(利益剰余金)			
［その他利益剰余金］			
基盤強化準備金	4,670,000		
圧縮積立金	3,419,460		
繰越利益剰余金	188,924,856		
利益剰余金　計		197,014,316	
株主資本　計			292,564,316
純資産の部　合計			292,564,316
負債・純資産合計			638,288,936

決算報告書記入例

損 益 計 算 書

株式会社バンブーファーム

自 令和5年3月1日　至 令和6年2月29日

(単位：円)

【売上高】
生乳売上高	355,226,921	
製品売上高	12,314,002	
作業受託収入	4,116,224	
生物売却収入	9,741,723	
価格補填収入	3,885,144	
売上高　計		385,284,014

【売上原価】
期首商品・製品棚卸高	0	
生物売却原価	25,688,574	
当期商品仕入高	25,688,574	
当期製品製造原価	360,660,068	
合　計	386,348,642	
事業消費高	△ 48,475,162	
合　計	△ 48,475,162	
売上原価　計		337,873,480
売上総利益		47,410,534

【販売費一般管理費】
販売費・一般管理費計	57,978,399	
営業利益		△ 10,567,865

【営業外収益】
受取利息	1,869	
受取配当金	240	
一般助成収入	7,987,214	
作付助成収入	30,859,640	
雑収入	1,195,416	
営業外収益　計	40,044,379	

【営業外費用】
支払利息	268,815	
廃畜処分損	9,139,031	
営業外費用　計	9,407,846	
経常利益		20,068,668

【特別利益】
固定資産売却益	40,872	
受取共済金	228,800	
経営安定補填収入	279,497	
国庫補助金収入	2,230,000	
特別利益　計	2,779,169	

【特別損失】
固定資産除却損	137,639	
固定資産圧縮損	2,230,000	
特別損失　計	2,367,639	
税引前当期利益（損失）		20,480,198
法人税、住民税及び事業税		211,531
当期　利益（損失）		20,268,667

販売費及び一般管理費内訳書

株式会社バンブーファーム

自 令和5年3月1日　至 令和6年2月29日

(単位：円)

役員報酬	10,200,000
給料手当	1,404,000
法定福利費（販）	1,508,982
販売手数料	15,414,776
委託販売手数料	1,380,607
運搬費	17,958,632
広告宣伝費	159,000
交際費	87,343
旅費交通費	440,142
通信費	413,847
車両費	748,444
消耗品費	287,183
事務費	169,632
図書新聞費	62,536
研修費	780,855
支払報酬	1,625,490
修繕費（販）	612,019
減価償却費（販）	720,000
支払保険料	2,064,302
租税公課（販）	172,626
諸会費	1,759,583
寄付金	8,400
販売費・一般管理費計	57,978,399

決算報告書記入例

製造原価報告書

株式会社バンブーファーム

自 令和5年3月1日　至 令和6年2月29日

（単位：円）

【材料費】

期首材料棚卸高	36,393,180	
種苗費	4,478,990	
素畜費	9,989,386	
肥料費	12,992,342	
飼料費	196,408,223	
配合飼料補填金△	△ 13,639,910	
農薬費	4,297,693	
敷料費	12,243,590	
諸材料費	5,723,680	
合　計	268,887,174	
期末材料棚卸高	△ 27,746,652	
材料費　計		241,140,522

【労務費】

賃金手当	30,201,854	
賞与（製）	7,282,736	
法定福利費（製）	6,437,632	
福利厚生費（製）	948,968	
作業用衣料費	279,419	
労務費　計		45,150,609

【製造経費】

作業委託費	8,005,249	
診療衛生費	8,030,846	
削蹄料	2,715,300	
動力光熱費	20,596,515	
修繕費（製）	21,727,003	
減価償却費（製）	95,707,455	
共済掛金	4,051,693	
農具費	783,163	
農地賃借料	11,319,095	
地代賃借料	701,254	
土地改良費	1,479,411	
検定料	697,103	
租税公課（製）	5,233,464	
製造経費　計		181,047,551
当期総製造費用		467,338,682

【仕掛品】

期首仕掛品棚卸高		810,500
合　計		468,149,182
他勘定振替高	△ 32,027	
育成費振替高	△ 101,558,070	
期末仕掛品棚卸高		△ 5,899,017
当期製品製造原価		360,660,068

株主資本等変動計算書

株式会社バンブーファーム

自 令和5年3月1日　至 令和6年2月29日

(単位：円)

【株主資本】

資本金		当期首残高	50,275,000
		当期変動額	△ 25,137,500
		当期末残高	25,137,500
新株式申込証拠金		当期首残高及び当期末残高	0
資本剰余金			
資本準備金		当期首残高及び当期末残高	45,275,000
その他資本剰余金		当期首残高	0
		当期変動額	25,137,500
		当期末残高	25,137,500
資本剰余金　計		当期首残高	45,275,000
		当期変動額	25,137,500
		当期末残高	70,412,500
利益剰余金			
利益準備金		当期首残高及び当期末残高	0
その他利益剰余金			
別途積立金		当期首残高	3,419,460
		当期変動額　農業経営基盤強化準備金	4,670,000
		当期末残高	8,089,460
繰越利益剰余金		当期首残高	173,326,189
		当期変動額　農業経営基盤強化準備金	△ 4,670,000
		当期純利益	20,268,667
		当期末残高	188,924,856
利益剰余金　計		当期首残高	176,745,649
		当期変動額	20,268,667
		当期末残高	197,014,316
自己株式		当期首残高及び当期末残高	0
自己株式申込証拠金		当期首残高及び当期末残高	0
株主資本　計		当期首残高	272,295,649
		当期変動額	20,268,667
		当期末残高	292,564,316

【評価・換算差額等】

評価・換算差額等	当期首残高及び当期末残高	0

【新株予約権】

新株予約権	当期首残高及び当期末残高	0
純資産　合計	当期首残高	272,295,649
	当期変動額	20,268,667
	当期末残高	292,564,316

法人税 確定申告書

提出先: 青森税務署長殿
所管: 02 **業種番号**: 8101 **概況書**: 00
整理番号: FB0613

納税地	青森県青森市〇〇町××１２３　電話(017)11-1111
(フリガナ)	カブシキガイシャバンブーファーム
法人名	株式会社バンブーファーム
法人番号	
(フリガナ)	タケダ タツジロウ
代表者	竹田　辰二郎
代表者住所	青森県青森市〇〇町××１２３
事業種目	酪農業
期末現在の資本金の額又は出資金の額	25,137,500円　非中小法人
同非区分	同族会社
売上金額	386百万

法人区分: 普通法人(中小の医療法人を除く)
添付書類: 貸借対照表、損益計算書、株主(社員)資本等変動計算書又は損金処分表、勘定科目内訳明細書、事業概況書、組織再編成に係る契約書等の写し、組織再編成に係る移転資産等の明細書

事業年度: 令和 5 年 3 月 1 日 ～ 令和 6 年 2 月 29 日
事業年度分の法人税 確定 申告書
課税事業年度分の地方法人税 確定 申告書

適用額明細書提出の有無: 有
税理士法第30条の書面提出有: 有
税理士法第33条の2の書面提出有: 有

この申告書による法人税額の計算

No.	項目	金額
1	所得金額又は欠損金額（別表四「52の①」）	4,276
2	法人税額 (48)+(49)+(50)	600
3	法人税額の特別控除額（別表六(六)「5」）	120
4	税額控除超過額相当額等の加算額	
5	課税土地譲渡利益金額	000
6	同上に対する税額 (62)+(63)+(64)	
7	課税留保金額（別表三(一)「4」）	000
8	同上に対する税額（別表三(一)「8」）	
		00
9	法人税額計 (2)-(3)+(4)+(6)+(8)	480
10	分配時調整外国税相当額及び外国関係会社等に係る控除対象所得税額等相当額の控除額	
11	仮装経理に基づく過大申告の更正に伴う控除法人税額	
12	控除税額	331
13	差引所得に対する法人税額 (9)-(10)-(11)-(12)	100
14	中間申告分の法人税額	00
15	差引確定法人税額 (13)-(14)	100

控除税額の計算

No.	項目	金額
16	所得税の額（別表六(一)「6の③」）	331
17	外国税額（別表六(二)「23」）	
18	計 (16)+(17)	331
19	控除した金額 (12)	331
20	控除しきれなかった金額 (18)-(19)	0
21	所得税額等の還付金額 (20)	
22	中間納付額 (14)-(13)	
23	欠損金の繰戻しによる還付請求税額	
24	計 (21)+(22)+(23)	
25	この申告が修正申告である場合のこの申告により納付すべき法人税額又は減少する還付請求税額 (57)	00
26	欠損金等の当期控除額	10,295,585
27	翌期へ繰り越す欠損金額（別表七(一)「5の合計」）	0

この申告書による地方法人税額の計算

No.	項目	金額
28	所得の金額に対する法人税額	480
29	課税留保金額に対する法人税額 (8)	
30	課税標準法人税額 (28)+(29)	000
31	地方法人税額 (53)	
32	税額控除超過額相当額の加算額	
33	課税留保金額に係る地方法人税額 (54)	
34	所得地方法人税額 (31)+(32)+(33)	
35	分配時調整外国税相当額及び外国関係会社等に係る控除対象所得税額等相当額の控除額	
36	仮装経理に基づく過大申告の更正に伴う控除地方法人税額	
37	外国税額の控除額	
38	差引地方法人税額 (34)-(35)-(36)-(37)	00
39	中間申告分の地方法人税額	00
40	差引確定地方法人税額 (38)-(39)	00

No.	項目	金額
41	外国税額の還付金額 (67)	
42	中間納付額 (39)-(38)	
43	計 (41)+(42)	
44	この申告が修正申告である場合のこの申告により納付すべき地方法人税額 (61)	00

剰余金・利益の配当（剰余金の分配）の金額:
残余財産の最後の分配又は引渡しの日: 令和 年 月 日
決算確定の日: 令和 6 年 4 月 25 日

還付を受けようとする金融機関等: 銀行・金庫・組合・農協・漁協／本店・支店／出張所／本所・支所／預金／口座番号／ゆうちょ銀行の貯金記号番号／郵便局名等

税理士署名:

事業年度等	令和 5・3・1 令和 6・2・29	法人名	株式会社バンブーファーム

法　人　税　額　の　計　算

(1)のうち中小法人等の年800万円相当額以下の金額 ((1)と800万円×$\frac{12}{12}$のうち少ない金額) ~~又は(別表一付表「5」)~~	45	4,000	(45)の15%~~又は19%~~相当額	48	600
(1)のうち特例税率の適用がある協同組合等の年10億円相当額を超える金額 (1)－10億円×$\frac{}{12}$	46		(46)の22%相当額	49	
その他の所得金額 (1)－(45)－(46)	47	0	(47)の~~19%又は~~23.2%相当額	50	0

地　方　法　人　税　額　の　計　算

所得の金額に対する法人税額 (28)	51	0	(51)の10.3%相当額	53	0
課税留保金額に対する法人税額 (29)	52		(52)の10.3%相当額	54	

こ　の　申　告　が　修　正　申　告　で　あ　る　場　合　の　計　算

法人税額の計算	この申告前の	法　人　税　額	55		地方法人税額の計算	この申告前の	確定地方法人税額	58	
		還　付　金　額	56	外			還　付　金　額	59	
							欠損金の繰戻しによる還付金額	60	
	この申告により納付すべき法人税額又は減少する還付請求税額 ((15)－(55))若しくは((15)＋(56))又は((56)－(24))		57	外		この申告により納付すべき地方法人税額 ((40)－(58))若しくは((40)＋(59)＋(60))又は(((59)－(43))＋((60)－(43)の外書))		61	

土　地　譲　渡　税　額　の　内　訳

土地譲渡税額 (別表三(二)「25」)	62		土地譲渡税額 (別表三(三)「21」)	64	
同　　　　　上 (別表三(二の二)「26」)	63				

地方法人税額に係る外国税額の控除額の計算

外　国　税　額 (別表六(二)「56」)	65		控除しきれなかった金額 (65)－(66)	67	
控除した金額 (37)	66				

様式第一　　　　　　　　　　　　　　　　　　　　　　　　　　　　　　　　　FB4011

年　月　日	自 平成/令和 5 年 3 月 1 日	事業年度分の適用額明細書
青森　税務署長殿	至 令和 6 年 2 月 29 日	（当初提出分）・再提出分

納税地	青森県青森市〇〇町××１２３　電話(017) 11 － 1111	整理番号	□□□□□□□□
(フリガナ)	カブシキガイシャバンブーファーム	提出枚数	1 枚 うち 1 枚目
法人名	株式会社バンブーファーム	事業種目	酪農業　業種番号 81
法人番号	□□□□□□□□□□□□□	提出年月日	□□年 □□月 □□日
期末現在の資本金の額又は出資金の額	兆　十億　百万　千　円　25137500	※税務署処理欄	
所得金額又は欠損金額	十億　百万　千　円　4276		

租税特別措置法の条項	区分番号	適用額（十億　百万　千　円）
第 42 条 の3の2 第 1 項第 1 号	00380	4000
第 61 条 の2 第 1 項第 号	00354	4670000
第 67 条 の3 第 1 項第 号	00376	5510289
第　条　第　項第　号		
第　条　第　項第　号		
第　条　第　項第　号		
第　条　第　項第　号		
第　条　第　項第　号		
第　条　第　項第　号		
第　条　第　項第　号		
第　条　第　項第　号		
第　条　第　項第　号		
第　条　第　項第　号		
第　条　第　項第　号		
第　条　第　項第　号		
第　条　第　項第　号		
第　条　第　項第　号		
第　条　第　項第　号		
第　条　第　項第　号		
第　条　第　項第　号		

同族会社等の判定に関する明細書

事業年度	令和 5・3・1 ～ 令和 6・2・29	法人名	株式会社バンブーファーム

別表二　令五・四・一以後終了事業年度分

同族会社の判定

期末現在の発行済株式の総数又は出資の総額	1	内	1,170
(19)と(21)の上位3順位の株式数又は出資の金額	2		1,170
株式数等による判定 (2)/(1)	3		100.0 %
期末現在の議決権の総数	4	内	
(20)と(22)の上位3順位の議決権の数	5		
議決権の数による判定 (5)/(4)	6		%
期末現在の社員の総数	7		
社員の3人以下及びこれらの同族関係者の合計人数のうち最も多い数	8		
社員の数による判定 (8)/(7)	9		%
同族会社の判定割合 ((3)、(6)又は(9)のうち最も高い割合)	10		100.0 %

特定同族会社の判定

(21)の上位1順位の株式数又は出資の金額	11	
株式数等による判定 (11)/(1)	12	%
(22)の上位1順位の議決権の数	13	
議決権の数による判定 (13)/(4)	14	%
(21)の社員の1人及びその同族関係者の合計人数のうち最も多い数	15	
社員の数による判定 (15)/(7)	16	%
特定同族会社の判定割合 ((12)、(14)又は(16)のうち最も高い割合)	17	%

判　定　結　果	18	特定同族会社 / **同族会社** / 非同族会社

判定基準となる株主等の株式数等の明細

順位		判定基準となる株主（社員）及び同族関係者		判定基準となる株主等との続柄	株式数又は出資の金額等			
					被支配会社でない法人株主等		その他の株主等	
株式数等	議決権数	住所又は所在地	氏名又は法人名		株式数又は出資の金額 19	議決権の数 20	株式数又は出資の金額 21	議決権の数 22
1		青森県青森市〇〇町××１２３	竹田　辰二郎	本　人			250	
1		青森県青森市〇〇町××１２３	竹田　公平	父			450	
2		千代田区内神田1-1-12	アグリビジネス投資育成㈱	その他	470			

所得の金額の計算に関する明細書

別表四

事業年度: 令和 5・3・1 ～ 令和 6・2・29
法人名: 株式会社バンブーファーム
令五・四・一以後終了事業年度分

区分		総額 ①	処分 留保 ②	処分 社外流出 ③	
当期利益又は当期欠損の額	1	20,268,667 円	20,268,667 円	配当	
				その他	
加算					
損金経理をした法人税及び地方法人税(附帯税を除く。)	2				
損金経理をした道府県民税及び市町村民税	3				
損金経理をした納税充当金	4	211,531	211,531		
損金経理をした附帯税(利子税を除く。)、加算金、延滞金(延納分を除く。)及び過怠税	5			その他	
減価償却の償却超過額	6				
役員給与の損金不算入額	7			その他	
交際費等の損金不算入額	8			その他	
通算法人に係る加算額(別表四付表「5」)	9			外※	
仮払税金還付額	10	267	267		
小計	11	211,798	211,798	外※	
減算					
減価償却超過額の当期認容額	12				
納税充当金から支出した事業税等の金額	13	331	331		
受取配当等の益金不算入額(別表八(一)「5」)	14	48		※	48
外国子会社から受ける剰余金の配当等の益金不算入額(別表八(二)「26」)	15			※	
受贈益の益金不算入額	16			※	
適格現物分配に係る益金不算入額	17			※	
法人税等の中間納付額及び過誤納に係る還付金額	18				
所得税額等及び欠損金の繰戻しによる還付金額等	19	267		※	267
通算法人に係る減算額(別表四付表「10」)	20			※	
肉用牛売却所得の特別控除	21	5,510,289			5,510,289
小計	22	5,510,935	331	外※	315 / 5,510,289
仮計 (1)+(11)-(22)	23	14,969,530	20,480,134	外※	315 / △5,510,289
対象純支払利子等の損金不算入額(別表十七(二の二)「29」又は「34」)	24			その他	
超過利子額の損金算入額(別表十七(二の三)「10」)	25			※	
仮計((23)から(25)までの計)	26	14,969,530	20,480,134	外※	315 / △5,510,289
寄附金の損金不算入額(別表十四(二)「24」又は「40」)	27	0		その他	0
沖縄の認定法人又は国家戦略特別区域における指定法人の所得の特別控除額又は要加算調整額の益金算入額	28			※	
法人税額から控除される所得税額(別表六(一)「6の③」)	29	331		その他	331
税額控除の対象となる外国法人税の額(別表六(二)「7」)	30			その他	
分配時調整外国税相当額及び外国関係会社等に係る控除対象所得税額等相当額(別表六(五の二)「5の②」)+(別表十七(三の六)「1」)	31			その他	
組合等損失額の損金不算入額又は組合等損失超過合計額の損金算入額(別表九(二)「10」)	32				
対外船舶運航事業者の日本船舶による収入金額に係る所得の金額の損金算入額又は益金算入額(別表十(四)「20」「21」又は「23」)	33			※	
合計 (26)+(27)±(28)+(29)+(30)+(31)+(32)±(33)	34	14,969,861	20,480,134	外※	315 / △5,509,958
契約者配当の益金算入額(別表九(一)「13」)	35				
特定目的会社等の支払配当又は特定目的信託に係る受託法人の利益の分配等の損金算入額(別表十(八)「13」、別表十(九)「11」又は別表十(十)「16」若しくは「33」)	36				
中間申告における繰戻しによる還付に係る災害損失欠損金額の益金算入額	37			※	
非適格合併又は残余財産の全部分配等による移転資産等の譲渡利益額又は譲渡損失額	38			※	
差引計 ((34)から(38)までの計)	39	14,969,861	20,480,134	外※	315 / △5,509,958
更生欠損金又は民事再生等評価換えが行われる場合の再生等欠損金の損金算入額(別表七(三)「9」又は「21」)	40			※	
通算対象欠損金額の損金算入額又は通算対象所得金額の益金算入額(別表七の二「5」又は「11」)	41			※	
当初配賦欠損金控除額の益金算入額(別表七(二)付表一「23の計」)	42			※	
差引計 (39)+(40)±(41)+(42)	43	14,969,861	20,480,134	外※	315 / △5,509,958
欠損金等の当期控除額(別表七(一)「4の計」+別表七(四)「10」)	44	△10,295,585		※	△10,295,585
総計 (43)+(44)	45	4,674,276	20,480,134	外※	△10,295,900 / △5,509,958
新鉱床探鉱費又は海外新鉱床探鉱費の特別控除額(別表十(三)「43」)	46			※	
農業経営基盤強化準備金積立額の損金算入額(別表十二(十四)「10」)	47	△4,670,000	△4,670,000		
農用地等を取得した場合の圧縮額の損金算入額(別表十二(十四)「43の計」)	48				
関西国際空港用地整備準備金積立額、中部国際空港整備準備金積立額又は再投資等準備金積立額の損金算入額(別表十二(十一)「15」、別表十二(十二)「10」又は別表十二(十五)「12」)	49				
特定事業活動として特別新事業開拓事業者の株式の取得をした場合の特別勘定繰入額の損金算入額又は特別勘定取崩額の益金算入額(別表十(六)「21」「11」)	50			※	
残余財産の確定の日の属する事業年度に係る事業税及び特別法人事業税の損金算入額	51				
所得金額又は欠損金額	52	4,276	15,810,134	外※	△10,295,900 / △5,509,958

利益積立金額及び資本金等の額の計算に関する明細書

事業年度 令和 5・3・1 ～ 令和 6・2・29
法人名 株式会社バンブーファーム

別表五(一) 令五・四・一 以後終了事業年度分

I 利益積立金額の計算に関する明細書

区分		期首現在利益積立金額 ①	当期の増減 減 ②	当期の増減 増 ③	差引翌期首現在利益積立金額 ①-②+③ ④
利 益 準 備 金	1	円	円	円	円
仮 払 税 金	2	△267	△267		0
圧 縮 積 立 金	3	3,419,460			3,419,460
圧 縮 積 立 金 積 立 額	4	△3,419,460			△3,419,460
農業経営基盤強化準備金	5			4,670,000	4,670,000
農業経営基盤強化準備金積立額	6			△4,670,000	△4,670,000
	7				
	8				
	9				
	10				
	11				
	12				
	13				
	14				
	15				
	16				
	17				
	18				
	19				
	20				
	21				
	22				
	23				
	24				
繰 越 損 益 金 (損 は 赤)	25	173,326,189	173,326,189	188,924,856	188,924,856
納 税 充 当 金	26	211,000	211,331	211,531	211,200
未納法人税等（退職年金等積立金に対するものを除く。） 未納法人税及び未納地方法人税（附帯税を除く。）	27			中間 確定 △100	△100
未払通算税効果額（附帯税の額に係る部分の金額を除く。）	28			中間 確定	
未納道府県民税（均等割額を含む。）	29	△55,000	△55,000	中間 確定 △55,000	△55,000
未納市町村民税（均等割額を含む。）	30	△156,000	△156,000	中間 確定 △156,000	△156,000
差 引 合 計 額	31	173,325,922	173,326,253	188,925,287	188,924,956

II 資本金等の額の計算に関する明細書

区分		期首現在資本金等の額 ①	当期の増減 減 ②	当期の増減 増 ③	差引翌期首現在資本金等の額 ①-②+③ ④
資 本 金 又 は 出 資 金	32	50,275,000 円	25,137,500 円	円	25,137,500 円
資 本 準 備 金	33	45,275,000			45,275,000
そ の 他 資 本 剰 余 金	34			25,137,500	25,137,500
	35				
差 引 合 計 額	36	95,550,000	25,137,500	25,137,500	95,550,000

種類資本金額の計算に関する明細書

事業年度	令和 5・3・1 〜 令和 6・2・29	法人名	株式会社バンブーファーム

株式の種類		期首現在種類資本金額 ①	当期の増減 減 ②	当期の増減 増 ③	差引翌期首現在種類資本金額 ①-②+③ ④
普 通 株 式	1	65,000,000 円	円	円	65,000,000 円
無議決権配当優先株式	2	30,550,000			30,550,000
	3				
	4				
	5				
	6				
	7				
	8				
	9				
	10				
差 引 合 計 額	11	95,550,000			95,550,000

備考

別表五(一)付表　令五・四・一以後終了事業年度分

租税公課の納付状況等に関する明細書

事業年度	令和 5・3・1 令和 6・2・29	法人名	株式会社バンブーファーム

別表五(二) 令五・四・一以後終了事業年度分

税目及び事業年度別納付状況

税目及び事業年度				期首現在未納税額 ①	当期発生税額 ②	当期中の納付税額 充当金取崩しによる納付 ③	仮払経理による納付 ④	損金経理による納付 ⑤	期末現在未納税額 ①+②-③-④-⑤ ⑥
法人税及び地方法人税	3・3・1 4・2・28		1	円		円	円	円	円
	4・3・1 5・2・28		2						
	当期分	中間	3		円				
		確定	4		100				100
	計		5		100				100
道府県民税	3・3・1 4・2・28		6						
	4・3・1 5・2・28		7	55,000		55,000			0
	当期分	中間	8						
		確定	9		0 55,000				0 55,000
	計		10	55,000	0 55,000	55,000			0 55,000
市町村民税	3・3・1 4・2・28		11						
	4・3・1 5・2・28		12	156,000		156,000			0
	当期分	中間	13						
		確定	14		0 156,000				0 156,000
	計		15	156,000	0 156,000	156,000			0 156,000
事業税及び特別法人事業税	3・3・1 4・2・28		16						
	4・3・1 5・2・28		17						
	当期中間分		18						
	計		19						
その他	損金算入のもの	利子税	20						
		延滞金(延納に係るもの)	21						
		固定資産税	22		3,116,000			3,116,000	0
		軽油税他	23		2,290,090			2,290,090	0
	損金不算入のもの	加算税及び加算金	24						
		延滞税	25						
		延滞金(延納分を除く。)	26						
		過怠税	27						
		源泉所得税	28		331		331		0
			29						

納税充当金の計算

繰入額	期首納税充当金	30	211,000 円	取崩額	その他	損金算入のもの	36	円
	損金経理をした納税充当金	31	211,531			損金不算入のもの	37	331
		32					38	
	計 (31)+(32)	33	211,531			仮払税金消却	39	
取崩額	法人税額等 (5の③)+(10の③)+(15の③)	34	211,000		計 (34)+(35)+(36)+(37)+(38)+(39)		40	211,331
	事業税及び特別法人事業税 (19の③)	35		期末納税充当金 (30)+(33)-(40)			41	211,200

通算法人の通算税効果額の発生状況等の明細

事業年度		期首現在未決済額 ①	当期発生額 ②	当期中の決済額 支払額 ③	受取額 ④	期末現在未決済額 ⑤
・ ・	42	円		円	円	円
・ ・	43					
当期分	44		中間 確定 円			
計	45					

所得税額の控除に関する明細書

事業年度: 令和 5・3・1 ~ 令和 6・2・29
法人名: 株式会社バンブーファーム
別表六(一) 令五・四・一以後終了事業年度分

区分		収入金額 ①	①について課される所得税額 ②	②のうち控除を受ける所得税額 ③
公社債及び預貯金の利子、合同運用信託、公社債投資信託及び公社債等運用投資信託（特定公社債等運用投資信託を除く。）の収益の分配並びに特定公社債等運用投資信託の受益権及び特定目的信託の社債的受益権に係る剰余金の配当	1	1,869 円	282 円	282 円
剰余金の配当（特定公社債等運用投資信託の受益権及び特定目的信託の社債的受益権に係るものを除く。）、利益の配当、剰余金の分配及び金銭の分配（みなし配当等を除く。）	2	240	49	49
集団投資信託（合同運用信託、公社債投資信託及び公社債等運用投資信託（特定公社債等運用投資信託を除く。）を除く。）の収益の分配	3			
割引債の償還差益	4			
その他	5			
計	6	2,109	331	331

剰余金の配当（特定公社債等運用投資信託の受益権及び特定目的信託の社債的受益権に係るものを除く。）、利益の配当、剰余金の分配及び金銭の分配（みなし配当等を除く。）、集団投資信託（合同運用信託、公社債投資信託及び公社債等運用投資信託（特定公社債等運用投資信託を除く。）を除く。）の収益の分配又は割引債の償還差益に係る控除を受ける所得税額の計算

個別法による場合

銘柄	収入金額 7	所得税額 8	配当等の計算期間 9	(9)のうち元本所有期間 10	所有期間割合 (10)/(9)（小数点以下3位未満切上げ）11	控除を受ける所得税額 (8)×(11) 12
りんご農協	240円	49円	12月	12月	1.000	49円

銘柄別簡便法による場合

銘柄	収入金額 13	所得税額 14	配当等の計算期末の所有元本数等 15	配当等の計算期首の所有元本数等 16	(15)−(16)/2 又は12（マイナスの場合は0）17	所有元本割合 (16)+(17)/(15)（小数点以下3位未満切上げ）（1を超える場合は1）18	控除を受ける所得税額 (14)×(18) 19
	円	円					円

その他に係る控除を受ける所得税額の明細

支払者の氏名又は法人名	支払者の住所又は所在地	支払を受けた年月日	収入金額 20	控除を受ける所得税額 21	参考
		・・	円	円	
		・・			
		・・			
		・・			
計					

法人税の額から控除される特別控除額に関する明細書

事業年度	令和 5・3・1 ～ 令和 6・2・29	法人名	株式会社バンブーファーム

別表六(六) 令五・四・一以後終了事業年度分

法人税額の特別控除額及び調整前法人税額超過額の計算

項目	番号	金額	項目	番号	金額
当期税額控除可能額 (7の合計)	1	120 円	当期税額基準額 $((2)-(3))\times\frac{90}{100}$	4	540 円
調整前法人税額 (別表一「2」又は別表一の二「2」若しくは「13」)	2	600	法人税額の特別控除額 ((1)と(4)のうち少ない金額)+(3)	5	120
試験研究費の額に係る個別控除対象額の法人税額の特別控除額 (別表六(十六)「14」+「28」)	3		調整前法人税額超過額 (1)-((5)-(3))	6	0

当期税額控除可能額、調整前法人税額超過構成額及び法人税額の特別控除額の明細

適用を受ける各特別控除制度			当期税額控除可能額 7	調整前法人税額超過構成額 8	法人税額の特別控除額 9
一般試験研究費の額に係る法人税額の特別控除	当期分	①	別表六(九)「26」 円	円	別表六(九)「28」 円
中小企業者等の試験研究費の額に係る法人税額の特別控除	当期分	②	別表六(十)「19」		別表六(十)「21」
特別試験研究費の額に係る法人税額の特別控除	当期分	③	別表六(十四)「9」		別表六(十四)「11」
中小企業者等が機械等を取得した場合の法人税額の特別控除	前期繰越分計	④	別表六(六)付表「1の③」 120	別表六(六)付表「2の③」	別表六(十七)「21」 120
	当期分	⑤	別表六(十七)「14」		別表六(十七)「16」
沖縄の特定地域において工業用機械等を取得した場合の法人税額の特別控除	前期繰越分計	⑥	別表六(六)付表「1の⑧」	別表六(六)付表「2の⑧」	別表六(十八)「23」
	当期分	⑦	別表六(十八)「16」		別表六(十八)「18」
国家戦略特別区域において機械等を取得した場合の法人税額の特別控除	当期分	⑧	別表六(十九)「23」		別表六(十九)「25」
国際戦略総合特別区域において機械等を取得した場合の法人税額の特別控除	当期分	⑨	別表六(二十)「23」		別表六(二十)「25」
地域経済牽引事業の促進区域内において特定事業用機械等を取得した場合の法人税額の特別控除	当期分	⑩	別表六(二十一)「17」		別表六(二十一)「19」
地方活力向上地域等において特定建物等を取得した場合の法人税額の特別控除	当期分	⑪	別表六(二十二)「16」		別表六(二十二)「18」
地方活力向上地域等において雇用者の数が増加した場合の法人税額の特別控除		⑫	別表六(二十三)「19」		別表六(二十三)「21」
		⑬	別表六(二十三)「29」		別表六(二十三)「31」
認定地方公共団体の寄附活用事業に関連する寄附をした場合の法人税額の特別控除	当期分	⑭	別表六(二十四)「8」		別表六(二十四)「10」
中小企業者等が特定経営力向上設備等を取得した場合の法人税額の特別控除	前期繰越分計	⑮	別表六(六)付表「1の⑪」	別表六(六)付表「2の⑪」	別表六(二十五)「22」
	当期分	⑯	別表六(二十五)「15」		別表六(二十五)「17」
給与等の支給額が増加した場合の法人税額の特別控除	当期分	⑰	別表六(二十六)「30」		別表六(二十六)「32」
認定特定高度情報通信技術活用設備を取得した場合の法人税額の特別控除	当期分	⑱	別表六(二十七)「18」		別表六(二十七)「20」
事業適応設備を取得した場合等の法人税額の特別控除	当期分	⑲	別表六(二十八)「18」		別表六(二十八)「20」
		⑳	別表六(二十八)「25」		別表六(二十八)「27」
		㉑	別表六(二十八)「32」		別表六(二十八)「34」
特定復興産業集積区域等において機械等を取得した場合の法人税額の特別控除	前期繰越分計	㉒	別表六(六)付表「1の⑯」	別表六(六)付表「2の⑯」	別表六(二十九)「27」
	当期分	㉓	別表六(二十九)「20」		別表六(二十九)「22」
特定復興産業集積区域等において被災雇用者等を雇用した場合の法人税額の特別控除	当期分	㉔	別表六(三十)「11」		別表六(三十)「13」
合計			120	(6)	(5)-(3) 120

前期繰越分に係る当期税額控除可能額及び調整前法人税額超過構成額に関する明細書

| 事業年度 | 令和 5・3・1 ～ 令和 6・2・29 | 法人名 | 株式会社バンブーファーム |

適用を受ける各特別控除制度	事業年度		当期税額控除可能額 1	調整前法人税額超過構成額 2
中小企業者等が機械等を取得した場合の法人税額の特別控除	令 4・3・1 令 5・2・28	①	120 円	円
		②		
	計	③	別表六(十七)「19」 120	
沖縄の特定地域において工業用機械等を取得した場合の法人税額の特別控除		④		
		⑤		
		⑥		
		⑦		
	計	⑧	別表六(十八)「21」	
中小企業者等が特定経営力向上設備等を取得した場合の法人税額の特別控除		⑨		
		⑩		
	計	⑪	別表六(二十五)「20」	
特定復興産業集積区域等において機械等を取得した場合の法人税額の特別控除		⑫		
		⑬		
		⑭		
		⑮		
	計	⑯	別表六(二十九)「25」	

別表六(六)付表　令五・四・一以後終了事業年度分

中小企業者等が機械等を取得した場合の法人税額の特別控除に関する明細書

事業年度	令和 5・3・1 〜 令和 6・2・29	法人名	株式会社バンブーファーム

別表六(十七) 令五・四・一以後終了事業年度分

資産区分	事 業 種 目	1					
	種　　　　　類	2					
	設 備 の 種 類 又 は 区 分	3					
	細　　　　　目	4					
	取 得 年 月 日	5					
	指定事業の用に供した年月日	6					
取得価額	取 得 価 額 又 は 製 作 価 額	7	円	円	円	円	円
	法人税法上の圧縮記帳による積立金計上額	8					
	差 引 改 定 取 得 価 額 $((7)-(8))$ 又は $((7)-(8))\times\frac{75}{100}$	9					

法 人 税 額 の 特 別 控 除 額 の 計 算

当期分	取 得 価 額 の 合 計 額 ((9)の合計)	10	円	前期繰越分	差引当期税額基準額残額 (13)-(14)-(別表六(二十五)「15」)	17	120 円
	税 額 控 除 限 度 額 $(10)\times\frac{7}{100}$	11			繰越税額控除限度超過額 (23の計)	18	784,229
	調 整 前 法 人 税 額 (別表一「2」又は別表一の二「2」若しくは「13」)	12	600		同上のうち当期繰越税額控除可能額 ((17)と(18)のうち少ない金額)	19	120
	当 期 税 額 基 準 額 $(12)\times\frac{20}{100}$	13	120		調整前法人税額超過構成額 (別表六(六)「8の④」)	20	
	当 期 税 額 控 除 可 能 額 ((11)と(13)のうち少ない金額)	14			当 期 繰 越 税 額 控 除 額 (19)-(20)	21	120
	調整前法人税額超過構成額 (別表六(六)「8の⑤」)	15					
	当 期 税 額 控 除 額 (14)-(15)	16			法 人 税 額 の 特 別 控 除 額 (16)+(21)	22	120

翌 期 繰 越 税 額 控 除 限 度 超 過 額 の 計 算

事 業 年 度	前期繰越額又は当期税額控除限度額 23	当 期 控 除 可 能 額 24	翌 期 繰 越 額 (23)-(24) 25
令 4・3・1 〜 令 5・2・28	784,229 円	120 円	
			外　　　　　円
計	784,229	(19) 120	
当 期 分	(11)	(14)	外
合 計			

機 械 装 置 等 の 概 要

欠損金の損金算入等に関する明細書

事業年度 令和 5・3・1 ～ 令和 6・2・29
法人名 株式会社バンブーファーム

別表七(一)

控除前所得金額 (別表四「43の①」)	1	14,969,861 円	損金算入限度額 (1) × ~~50又は~~100/100	2	14,969,861 円

事業年度	区分	控除未済欠損金額	当期控除額 (当該事業年度の(3)と((2)－当該事業年度前の(4)の合計額)のうち少ない金額)	翌期繰越額 ((3)－(4))又は(別表七(四)「15」)
		3	4	5
	青色欠損・連結みなし欠損・災害損失	円	円	
	青色欠損・連結みなし欠損・災害損失			円
	青色欠損・連結みなし欠損・災害損失			
	青色欠損・連結みなし欠損・災害損失			
	青色欠損・連結みなし欠損・災害損失			
	青色欠損・連結みなし欠損・災害損失			
平31・3・1 令 2・2・29	⦿青色欠損⦿・連結みなし欠損・災害損失	1,392,376	1,392,376	0
	青色欠損・連結みなし欠損・災害損失			
	青色欠損・連結みなし欠損・災害損失			
令 4・3・1 令 5・2・28	⦿青色欠損⦿・連結みなし欠損・災害損失	8,903,209	8,903,209	0
	計	10,295,585	10,295,585	0

当期分	欠損金額 (別表四「52の①」)		欠損金の繰戻し額	
	同上のうち	青色欠損金額		
		災害損失欠損金額	(16の③)	
	合計			0

災害により生じた損失の額がある場合の繰越控除の対象となる欠損金額等の計算

災害の種類		災害のやんだ日又はやむを得ない事情のやんだ日	
災害を受けた資産の別	棚卸資産 ①	固定資産(固定資産に準ずる繰延資産を含む。) ②	計 ①＋② ③

当期の欠損金額 (別表四「52の①」)	6			円
災害により生じた損失の額	資産の滅失等により生じた損失の額	7	円	円
	被害資産の原状回復のための費用等に係る損失の額	8		
	被害の拡大又は発生の防止のための費用に係る損失の額	9		
	計 (7)＋(8)＋(9)	10		
保険金又は損害賠償金等の額	11			
差引災害により生じた損失の額 (10)－(11)	12			
同上のうち所得税額の還付又は欠損金の繰戻しの対象となる災害損失金額	13			
中間申告における災害損失欠損金の繰戻し額	14			
繰戻しの対象となる災害損失欠損金額 ((6の③)と((13の③)－(14の③))のうち少ない金額)	15			
繰越控除の対象となる欠損金額 ((6の③)と((12の③)－(14の③))のうち少ない金額)	16			

令五・四・一以後終了事業年度分

受取配当等の益金不算入に関する明細書

事業年度	令和 5・3・1 〜 令和 6・2・29	法人名	株式会社バンブーファーム

別表八(一) 令五・四・一 以後終了事業年度分

完全子法人株式等に係る受取配当等の額 (9の計)	1	円
関連法人株式等に係る受取配当等の額 (16の計)	2	
その他株式等に係る受取配当等の額 (26の計)	3	

非支配目的株式等に係る受取配当等の額 (33の計)	4	240 円
受取配当等の益金不算入額 (1)+((2)-(20の計))+(3)×50%+(4)×(20%又は40%)	5	48

受取配当等の額の明細

完全子法人株式等

							計
法人名	6						
本店の所在地	7						
受取配当等の額の計算期間	8						
受取配当等の額	9	円	円	円	円		円

関連法人株式等

							計
法人名	10						
本店の所在地	11						
受取配当等の額の計算期間	12						
保有割合	13						
受取配当等の額	14	円	円	円	円		円
同上のうち益金の額に算入される金額	15						
益金不算入の対象となる金額 (14)-(15)	16						
(34)が「不適用」の場合又は別表八(一)付表「13」が「非該当」の場合 (16)×0.04	17						
同上以外の場合 (16)/(16の計)	18						
支払利子等の10%相当額 (((38)×0.1)又は(別表八(一)付表「14」))×(18)	19	円	円	円	円		円
受取配当等の額から控除する支払利子等の額 (17)又は(19)	20						

その他株式等

							計
法人名	21						
本店の所在地	22						
保有割合	23						
受取配当等の額	24	円	円	円	円		円
同上のうち益金の額に算入される金額	25						
益金不算入の対象となる金額 (24)-(25)	26						

非支配目的株式等

							計
法人名又は銘柄	27	りんご農協					
本店の所在地	28	青森市△△町456					
基準日等	29						
保有割合	30						
受取配当等の額	31	240 円	円	円	円		240 円
同上のうち益金の額に算入される金額	32						
益金不算入の対象となる金額 (31)-(32)	33	240					240

支払利子等の額の明細

令第19条第2項の規定による支払利子控除額の計算	34	適用・不適用
当期に支払う利子等の額	35	268,815 円
国外支配株主等に係る負債の利子等の損金不算入額、対象純支払利子等の損金不算入額又は恒久的施設に帰せられるべき資本に対応する負債の利子の損金不算入額 (別表十七(一)「35」と別表十七(二の二)「29」のうち多い金額)又は(別表十七(二の二)「34」と別表十七の二(二)「17」のうち多い金額)	36	
超過利子額の損金算入額 (別表十七(二の三)「10」)	37	円
支払利子等の額の合計額 (35)-(36)+(37)	38	268,815

社会保険診療報酬に係る損金算入、農地所有適格法人の肉用牛の売却に係る所得の特別控除、特定の基金に対する負担金等の損金算入及び特定業績連動給与の損金算入に関する明細書

事業年度	令和 5・3・1 令和 6・2・29	法人名	株式会社バンブーファーム

別表十(七)

令五・四・一以後終了事業年度分

I 社会保険診療報酬に係る損金算入に関する明細書

医業又は歯科医業に係る総収入金額	1	円	損金算入額の計算	医業又は歯科医業に係る経費の額	4	円
同上のうち社会保険診療報酬に係る収入金額	2			同上のうち社会保険診療報酬に係る経費の額	5	
損金算入限度額 (16)((1)の金額が7,000万円超である場合は0)	3			損金算入額 (3)-(5)	6	

損金算入限度額の計算

社会保険診療報酬に係る収入金額			法定経費率による経費の額		
2,500万円以下の金額	7	円	(7) × 72/100	12	円
2,500万円を超え3,000万円以下の金額	8		(8) × 70/100	13	
3,000万円を超え4,000万円以下の金額	9		(9) × 62/100	14	
4,000万円を超え5,000万円以下の金額	10		(10) × 57/100	15	
計 (2) (7)+(8)+(9)+(10)	11		計 (12)+(13)+(14)+(15)	16	

II 農地所有適格法人の肉用牛の売却に係る所得の特別控除に関する明細書

譲渡原価の額の計算	肉用牛の売却に係る原価の額	17	円 4,710,567	特別控除額の計算	肉用牛の売却に係る収益の額	20	円 10,939,000
	肉用牛の売却に係る経費の額	18	718,144		譲渡原価の額 (19)	21	5,428,711
	譲渡原価の額 (17)+(18)	19	5,428,711		特別控除額 (20)-(21)	22	5,510,289

III 特定の基金に対する負担金等の損金算入に関する明細書

基金に係る法人名	23					
基金の名称	24					
告示番号	25	第 号	第 号	第 号	第 号	第 号
当期に支出した負担金等の額	26	円	円	円	円	円
同上のうち損金の額に算入した金額	27					

IV 特定業績連動給与の損金算入に関する明細書

特定業績連動給与の支給を受ける役員の氏名	28					計
特定業績連動給与の算定方法に係る報酬委員会の決定等をした日	29	・・	・・	・・	・・	
特定業績連動給与の額	30	円	円	円	円	円
同上のうち損金の額に算入した金額	31					

農業経営基盤強化準備金の損金算入及び認定計画等に定めるところに従い取得した農用地等の圧縮額の損金算入に関する明細書

事業年度：令和 5・3・1 ～ 令和 6・2・29
法人名：株式会社バンブーファーム

別表十二(十四) 令五・四・一以後終了事業年度分

I 農業経営基盤強化準備金の損金算入に関する明細書

認定計画等の種類	1	農業経営改善計画
交付金等の該当号	2	第 3 号
交付金等の額	3	30,293,700 円
当期積立額	4	4,670,000
(4)の内訳　(4)のうち損金経理による積立額	5	
(4)のうち剰余金の処分による積立額	6	4,670,000
積立限度額の計算　(3)のうち準備金として積み立てられた交付金等の額	7	4,670,000
所得基準額 (別表四「45の①」)－(12)－(別表四「27の①」)	8	4,674,276
積立限度額 ((7)と(8)のうち少ない金額)	9	4,670,000
当期積立額のうち損金算入額 ((4)と(9)のうち少ない金額)	10	4,670,000

翌期繰越額の計算

期首農業経営基盤強化準備金の金額	11	円
当期益金算入額　5年を経過した場合の益金算入額 (25の計)	12	
同上以外の場合による益金算入額 (26の計)＋(27の計)	13	
計 (12)＋(13)	14	
当期積立額のうち損金算入額 (10)	15	
期末農業経営基盤強化準備金の金額 (11)－(14)＋(15)	16	
貸借対照表の金額との差額の明細　貸借対照表に計上されている農業経営基盤強化準備金	17	
差引 (17)－(16)	18	
当期分　貸借対照表の取崩不足額 (14)－((4)－((17)－前期の(17)))	19	
積立限度超過額 (4)－(9)	20	0
当期に生じた差額の合計額 (19)＋(20)	21	0
前以前期分　前期末における差額 (前期の(18))	22	

益金算入額の計算

積立事業年度	当初の積立額のうち損金算入額 23	期首現在の準備金額 24	当期益金算入額 5年を経過した場合 25	任意取崩し等の場合 26	(25)及び(26)以外の場合 27	翌期繰越額 (24)－(25)－(26)－(27) 28
・・	円	円	円	円	円	
・・						円
・・						
・・						
・・						
・・						
・・						
当期分	4,670,000					4,670,000
計	4,670,000					4,670,000

II 認定計画等に定めるところに従い取得した農用地等の圧縮額の損金算入に関する明細書

項目	番号	①	②	③	計
農用地等の種類	29				
取得年月日	30	・・	・・	・・	
農用地等の取得価額	31	円	円	円	円
農用地等の帳簿価額を減額し、又は積立金として積み立てた金額	32				
(32)のうち損金経理による金額	33				
(32)のうち剰余金の処分による金額	34				
5年を経過した農業経営基盤強化準備金の金額の益金算入額 (25の計)	35				
任意取崩し等の農業経営基盤強化準備金の金額の益金算入額 (26の計)	36				
(3)のうち準備金として積み立てられなかった交付金等の額	37				
計 (35)＋(36)＋(37)	38				
所得基準額 (別表四「45の①」)－(10)－(12)－(別表四「27の①」)	39				
取得価額基準額 (31)－1円	40	①	②	③	①＋②＋③
圧縮限度額 ((38)、(39)と(40)うち少ない金額)	41				
個別資産の圧縮限度額	42				
農用地等の帳簿価額を減額し、又は積立金として積み立てた金額のうち損金算入額 ((32)と(42)のうち少ない金額)	43	④	⑤	⑥	④＋⑤＋⑥

国庫補助金等、工事負担金及び賦課金で取得した固定資産等の圧縮額等の損金算入に関する明細書

事業年度	令和 5・3・1 ～ 令和 6・2・29	法人名	株式会社バンブーファーム

別表十三(一)　令五・四・一以後終了事業年度分

I　国庫補助金等で取得した固定資産等の圧縮額等の損金算入に関する明細書

補助金等の名称	1	肥料コスト低減技術活用環境整備事業
補助金等を交付した者	2	青森県
交付を受けた年月日	3	令 5・3・10
交付を受けた補助金等の額	4	2,230,000 円
交付を受けた資産の価額	5	
固定資産の帳簿価額を減額し、又は積立金に経理した金額	6	2,230,000
(4)のうち返還を要しない又は要しないこととなった金額	7	2,230,000
(4)の全部又は一部の返還を要しないこととなった日における固定資産の帳簿価額	8	4,460,000
固定資産の取得等に要した金額	9	4,460,000
補助割合 (7)/(9)	10	0.500
圧縮限度基礎額 (8)×(10)	11	2,230,000 円
圧縮限度額 (5)、(7)若しくは(11)又は(((5)、(7)若しくは(11))－1円)	12	2,230,000
圧縮限度超過額 (6)－(12)	13	0 円
前期以前に取得をした減価償却資産の既償却額に係る取得価額調整額 (既償却額)×(10)	14	0
取得価額に算入しない金額 ((6)と(12)のうち少ない金額)+(14)	15	2,230,000
特別勘定に経理した金額	16	
繰入限度額 ((4)のうち条件付の金額)	17	
繰入限度超過額 (16)－(17)	18	
当初特別勘定に経理した金額 (繰入事業年度の(16)－(18))	19	
同上のうち前期末までに益金の額に算入された金額	20	
返還した金額	21	
返還を要しないこととなった金額	22	
(21)及び(22)以外の取崩額	23	
期末特別勘定残額 (19)－(20)－(21)－(22)－(23)	24	

II　工事負担金で取得した固定資産等の圧縮額の損金算入に関する明細書

交付を受けた金銭の額及び資材の価額	25	円
交付を受けた固定資産の価額	26	
取得した固定資産の種類	27	
固定資産の帳簿価額を減額し、又は積立金に経理した金額	28	円
固定資産の取得に要した金額	29	
圧縮限度基礎額 ((25)と(29)のうち少ない金額)	30	
(25)の交付を受けた日における固定資産の帳簿価額	31	円
負担割合 (25)/(29)（1を超える場合は1）	32	
圧縮限度基礎額 (31)×(32)	33	
圧縮限度額 (26)、(30)若しくは(33)又は(((26)、(30)若しくは(33))－1円)	34	
圧縮限度超過額 (28)－(34)	35	
前期以前に取得をした減価償却資産の既償却額に係る取得価額調整額 (既償却額)×(32)	36	
取得価額に算入しない金額 ((28)と(34)のうち少ない金額)+(36)	37	

III　非出資組合が賦課金で取得した固定資産等の圧縮額の損金算入に関する明細書

賦課に基づいて納付された金額	38	円
取得した固定資産の種類	39	
固定資産の帳簿価額を減額し、又は積立金に経理した金額	40	円
固定資産の取得等に要した金額	41	
圧縮限度基礎額 ((38)と(41)のうち少ない金額)	42	
(38)が納付された日における固定資産の帳簿価額	43	円
賦課割合 (38)/(41)（1を超える場合は1）	44	
圧縮限度基礎額 (43)×(44)	45	円
圧縮限度額 (42)若しくは(45)又は(((42)若しくは(45))－1円)	46	
圧縮限度超過額 (40)－(46)	47	
前期以前に取得をした減価償却資産の既償却額に係る取得価額調整額 (既償却額)×(44)	48	
取得価額に算入しない金額 ((40)と(46)のうち少ない金額)+(48)	49	

寄附金の損金算入に関する明細書

事業年度	令和 5・3・1 ～ 令和 6・2・29	法人名	株式会社バンブーファーム

別表十四(二) 令五・四・一以後終了事業年度分

公益法人等以外の法人の場合

一般寄附金の損金算入限度額の計算 — 支出した寄附金の額 — 指定寄附金等の金額 (41の計)	1	5,000 円
特定公益増進法人等に対する寄附金額 (42の計)	2	
その他の寄附金額	3	3,400
計 (1)+(2)+(3)	4	8,400
完全支配関係がある法人に対する寄附金額	5	
計 (4)+(5)	6	8,400
所得金額仮計 (別表四「26の①」)	7	14,969,530
寄附金支出前所得金額 (6)+(7)（マイナスの場合は0）	8	14,977,930
同上の 2.5又は1.25/100 相当額	9	374,448
期末の資本金の額及び資本準備金の額の合計額又は出資金の額 (別表五(一)「32の④」+「33の④」)	10	70,412,500
同上の月数換算額 (10)×12/12	11	70,412,500
同上の 2.5/1,000 相当額	12	176,031
一般寄附金の損金算入限度額 ((9)+(12))×1/4	13	137,619
特定公益増進法人等に対する寄附金の特別損金算入限度額の計算 — 寄附金支出前所得金額の 6.25/100 相当額 (8)×6.25/100	14	936,120
期末の資本金の額及び資本準備金の額の合計額又は出資金の額の月数換算額の 3.75/1,000 相当額 (11)×3.75/1,000	15	264,046
特定公益増進法人等に対する寄附金の特別損金算入限度額 ((14)+(15))×1/2	16	600,083
特定公益増進法人等に対する寄附金の損金算入額 ((2)と((14)又は(16))のうち少ない金額)	17	0
指定寄附金等の金額 (1)	18	5,000
国外関連者に対する寄附金額及び本店等に対する内部寄附金額	19	
(4)の寄附金額のうち同上の寄附金以外の寄附金額 (4)−(19)	20	8,400
損金不算入額 — 同上のうち損金の額に算入されない金額 (20)−((9)又は(13))−(17)−(18)	21	0
国外関連者に対する寄附金額及び本店等に対する内部寄附金額 (19)	22	
完全支配関係がある法人に対する寄附金額 (5)	23	
計 (21)+(22)+(23)	24	0

公益法人等の場合

支出した寄附金の額 — 長期給付事業への繰入利子額	25	円
同上以外のみなし寄附金額	26	
その他の寄附金額	27	
計 (25)+(26)+(27)	28	
所得金額仮計 (別表四「26の①」)	29	
寄附金支出前所得金額 (28)+(29)（マイナスの場合は0）	30	
同上の 20又は50/100 相当額〔50/100相当額が年200万円に満たない場合（当該法人が公益社団法人又は公益財団法人である場合を除く。）は、年200万円〕	31	
公益社団法人又は公益財団法人の公益法人特別限度額 (別表十四(二)付表「3」)	32	
長期給付事業を行う共済組合等の損金算入限度額 ((25)と融資額の年5.5%相当額のうち少ない金額)	33	
損金算入限度額 (31)、(31)と(32)のうち多い金額又は(31)と(33)のうち多い金額	34	
指定寄附金等の金額 (41の計)	35	
国外関連者に対する寄附金額及び完全支配関係がある法人に対する寄附金額	36	
(28)の寄附金額のうち同上の寄附金以外の寄附金額 (28)−(36)	37	
損金不算入額 — 同上のうち損金の額に算入されない金額 (37)−(34)−(35)	38	
国外関連者に対する寄附金額及び完全支配関係がある法人に対する寄附金額 (36)	39	
計 (38)+(39)	40	

指定寄附金等に関する明細

寄附した日	寄附先	告示番号	寄附金の使途	寄附金額 41
令 5・10・25	(公社)青森振興局	第1111号		5,000 円
		計		5,000

特定公益増進法人若しくは認定特定非営利活動法人等に対する寄附金又は認定特定公益信託に対する支出金の明細

寄附した日又は支出した日	寄附先又は受託者	所在地	寄附金の使途又は認定特定公益信託の名称	寄附金額又は支出金額 42
				円
		計		

その他の寄附金のうち特定公益信託(認定特定公益信託を除く。)に対する支出金の明細

支出した日	受託者	所在地	特定公益信託の名称	支出金額
				円

交際費等の損金算入に関する明細書

事業年度	令和 5・3・1 令和 6・2・29	法人名	株式会社バンブーファーム

支出交際費等の額 （8の計）	1	87,343 円	損金算入限度額 (2)又は(3)	4	87,343 円
支出接待飲食費損金算入基準額 （9の計）× 50/100	2		損金不算入額 (1)－(4)	5	0
中小法人等の定額控除限度額 ((1)と((800万円× 12/12)~~又は~~ ~~(別表十五付表「5」)~~)のうち少ない金額)	3	87,343			

支出交際費等の額の明細

科　目	支　出　額	交際費等の額から 控除される費用の額	差引交際費等の額	(8)のうち接待飲食費の額
	6	7	8	9
交　際　費	87,343 円	円	87,343 円	円
計	87,343		87,343	

別表十五　令五・四・一以後終了事業年度分

旧定額法又は定額法による減価償却資産の償却額の計算に関する明細書

事業年度 令和 5・3・1 ～ 令和 6・2・29
法人名 株式会社バンブーファーム

別表十六(一) 令五・四・一以後終了事業年度分

資産区分				建物	建物附属設備	構築物	生物	定額法計
	種類		1	建物	建物附属設備	構築物	生物	小計
	構造		2					
	細目		3					
	取得年月日		4	・・	・・	・・	・・	・・
	事業の用に供した年月		5	・	・	・	・	・
	耐用年数		6	年	年	年	年	年
取得価額	取得価額又は製作価額		7	外 157,165,264 円	外 12,745,119 円	外 42,418,691 円	外 232,662,710 円	外 444,991,784 円
	(7)のうち積立金方式による圧縮記帳の場合の償却額計算の対象となる取得価額に算入しない金額		8					
	差引取得価額 (7)-(8)		9	157,165,264	12,745,119	42,418,691	232,662,710	444,991,784
帳簿価額	償却額計算の対象となる期末現在の帳簿記載金額		10	84,123,684	8,258,739	29,078,931	130,975,234	252,436,588
	期末現在の積立金の額		11					
	積立金の期中取崩額		12					
	差引帳簿記載金額 (10)-(11)-(12)		13	外 84,123,684	外 8,258,739	外 29,078,931	外 130,975,234	外 252,436,588
	損金に計上した当期償却額		14	9,063,645	853,921	3,323,626	54,885,059	68,126,251
	前期から繰り越した償却超過額		15	外	外	外	外	外
	合計 (13)+(14)+(15)		16	93,187,329	9,112,660	32,402,557	185,860,293	320,562,839
当期分の普通償却限度額等	平成19年3月31日以前取得分	残存価額	17					
		差引取得価額×5/100 (9)×5/100	18					
		(16)>(18)の場合	旧定額法の償却額計算の基礎となる金額 (9)-(17)	19					
			旧定額法の償却率	20					
			算出償却額 (19)×(20)	21	円	円	円	円	円
			増加償却額 (21)×割増率	22	( )	( )	( )	( )	( )
			計 ((21)+(22))又は((16)-(18))	23					
		(16)≦(18)の場合	算出償却額 ((18)-1円)×12/60	24					
	平成19年4月1日以後取得分	定額法の償却額計算の基礎となる金額 (9)	25	157,165,264	12,745,119	42,418,691	232,663,983	444,993,057
		定額法の償却率	26					
		算出償却額 (25)×(26)	27	9,063,645 円	853,921 円	3,323,626 円	54,885,059 円	68,126,251 円
		増加償却額 (27)×割増率	28	( )	( )	( )	( )	( )
		計 (27)+(28)	29	9,063,645	853,921	3,323,626	54,885,059	68,126,251
	当期分の普通償却限度額等 (23)、(24)又は(29)		30	9,063,645	853,921	3,323,626	54,885,059	68,126,251
当期分の償却限度額	特別償却又は割増償却限度額	租税特別措置法適用条項	31	(条 項)	(条 項)	(条 項)	(条 項)	(条 項)
		特別償却限度額	32	外 円	外 円	外 円	外 円	外 円
	前期から繰り越した特別償却不足額又は合併等特別償却不足額		33					
	合計 (30)+(32)+(33)		34	9,063,645	853,921	3,323,626	54,885,059	68,126,251
当期償却額			35	9,063,645	853,921	3,323,626	54,885,059	68,126,251
差引	償却不足額 (34)-(35)		36					
	償却超過額 (35)-(34)		37					
償却超過額	前期からの繰越額		38	外	外	外	外	外
	当期損金認容額	償却不足によるもの	39					
		積立金取崩しによるもの	40					
	差引合計翌期への繰越額 (37)+(38)-(39)-(40)		41					
特別償却不足額	翌期に繰り越すべき特別償却不足額 (((36)-(39))と((32)+(33))のうち少ない金額)		42					
	当期において切り捨てる特別償却不足額又は合併等特別償却不足額		43					
	差引翌期への繰越額 (42)-(43)		44					
	翌期繰越額の内訳	・・ ・・	45					
		当期分不足額	46					
適格組織再編成により引き継ぐべき合併等特別償却不足額 (((36)-(39))と(32)のうち少ない金額)			47					
備考								

旧定額法又は定額法による減価償却資産の償却額の計算に関する明細書

事業年度: 令和 5・3・1 〜 令和 6・2・29
法人名: 株式会社バンブーファーム
別表十六(一) 令五・四・一以後終了事業年度分

資産区分	項目	行	建物	旧定額法計			合計
	種類	1	建物	旧定額法計			合計
	構造	2					
	細目	3					
	取得年月日	4	・・	・・	・・	・・	・・
	事業の用に供した年月	5	・	・	・	・	・
	耐用年数	6	年	年	年	年	年
取得価額	取得価額又は製作価額	7	外 55,165,224 円	外 55,165,224 円	外 円	外 円	外 500,157,008 円
	(7)のうち積立金方式による圧縮記帳の場合の償却額計算の対象となる取得価額に算入しない金額	8					
	差引取得価額 (7)-(8)	9	55,165,224	55,165,224			500,157,008
帳簿価額	償却額計算の対象となる期末現在の帳簿記載金額	10	5,324,037	5,324,037			257,760,625
	期末現在の積立金の額	11					
	積立金の期中取崩額	12					
	差引帳簿記載金額 (10)-(11)-(12)	13	外 5,324,037	外 5,324,037	外	外	外 257,760,625
	損金に計上した当期償却額	14	2,634,863	2,634,863			70,761,114
	前期から繰り越した償却超過額	15	外	外	外	外	外
	合計 (13)+(14)+(15)	16	7,958,900	7,958,900			328,521,739
当期分の普通償却限度額等	平成19年3月31日以前取得分 残存価額	17	5,516,523	5,516,523			5,516,523
	差引取得価額×5% (9)×5/100	18	2,758,262	2,758,262			2,758,262
	旧定額法の償却額計算の基礎となる金額 (9)-(17)	19	44,428,701	44,428,701			44,428,701
	旧定額法の償却率	20					
	(16)>(18)の場合 算出償却額 (19)×(20)	21	2,576,864 円	2,576,864 円	円	円	2,576,864 円
	増加償却額 (21)×割増率	22	( )	( )	( )	( )	( )
	計 ((21)+(22))又は((16)-(18))	23	2,576,864	2,576,864			2,576,864
	(16)≦(18)の場合 算出償却額 ((18)-1円)×12/60	24	57,999	57,999			57,999
	平成19年4月1日以後取得分 定額法の償却額計算の基礎となる金額 (9)	25					444,993,057
	定額法の償却率	26					
	算出償却額 (25)×(26)	27	円	円	円	円	68,126,251 円
	増加償却額 (27)×割増率	28	( )	( )	( )	( )	( )
	計 (27)+(28)	29					68,126,251
当期分の償却限度額	当期分の普通償却限度額等 (23)、(24)又は(29)	30	2,634,863	2,634,863			70,761,114
	特別償却又は割増償却 租税特別措置法適用条項	31	(条 項)	(条 項)	(条 項)	(条 項)	(条 項)
	特別償却限度額	32	外 円	外 円	外 円	外 円	外 円
	前期から繰り越した特別償却不足額又は合併等特別償却不足額	33					
	合計 (30)+(32)+(33)	34	2,634,863	2,634,863			70,761,114
当期償却額		35	2,634,863	2,634,863			70,761,114
差引	償却不足額 (34)-(35)	36					
	償却超過額 (35)-(34)	37					
償却超過額	前期からの繰越額	38	外	外	外	外	外
	当期損金認容額 償却不足によるもの	39					
	積立金取崩しによるもの	40					
	差引合計翌期への繰越額 (37)+(38)-(39)-(40)	41					
特別償却不足額	翌期に繰り越すべき特別償却不足額 (((36)-(39))と((32)+(33))のうち少ない金額)	42					
	当期において切り捨てる特別償却不足額又は合併等特別償却不足額	43					
	差引翌期への繰越額 (42)-(43)	44					
	翌期繰越額の内訳 ・・・・	45					
	当期分不足額	46					
	適格組織再編成により引き継ぐべき合併等特別償却不足額 (((36)-(39))と(32)のうち少ない金額)	47					

備考

旧定率法又は定率法による減価償却資産の償却額の計算に関する明細書

事業年度: 令和 5・3・1 ～ 令和 6・2・29
法人名: 株式会社バンブーファーム
別表十六(二) 令五・四・一以後終了事業年度分

資産区分			構築物	車両運搬具	器具備品	機械装置	定率法計
	種類	1	構築物	車両運搬具	器具備品	機械装置	定率法計
	構造	2					
	細目	3					
	取得年月日	4	・・	・・	・・	・・	・・
	事業の用に供した年月	5	・	・	・	・	・
	耐用年数	6	年	年	年	年	年
取得価額	取得価額又は製作価額	7	外 101,822,446 円	外 21,996,111 円	外 26,052,657 円	外 226,126,567 円	外 375,997,781 円
	(7)のうち積立金方式による圧縮記帳の場合の償却額計算の対象となる取得価額に算入しない金額	8					
	差引取得価額 (7)-(8)	9	101,822,446	21,996,111	26,052,657	226,126,567	375,997,781
償却額計算の基礎となる額	償却額計算の対象となる期末現在の帳簿記載金額	10	6,857,538	7	4,628,689	35,601,502	47,087,736
	期末現在の積立金の額	11					
	積立金の期中取崩額	12					
	差引帳簿記載金額 (10)-(11)-(12)	13	外 6,857,538	外 7	外 4,628,689	外 35,601,502	外 47,087,736
	損金に計上した当期償却額	14	4,520,943	0	2,546,773	16,565,128	23,632,844
	前期から繰り越した償却超過額	15	外	外	外	外	外
	合計 (13)+(14)+(15)	16	11,378,481	7	7,175,462	52,166,630	70,720,580
	前期から繰り越した特別償却不足額又は合併等特別償却不足額	17					
	償却額計算の基礎となる金額 (16)-(17)	18	11,378,481	7	7,175,462	52,166,630	70,720,580
当期分の普通償却限度額等	平成19年3月31日以前取得分 (16)>(19)の場合	差引取得価額×5% (9)×5/100	19					
		旧定率法の償却率	20					
		算出償却額 (18)×(20)	21	円	円	円	円	円
		増加償却額 (21)×割増率	22	( )	( )	( )	( )	( )
		計 ((21)+(22))又は((18)-(19))	23					
	(16)≦(19)の場合	算出償却額 ((19)-1円)×12/60	24					
	平成19年4月1日以後取得分	定率法の償却率	25					
		調整前償却額 (18)×(25)	26	488,093 円	円	1,900,206 円	12,285,311 円	14,673,610 円
		保証率	27					
		償却保証額 (9)×(27)	28	6,632,057 円	1,499,319 円	2,066,969 円	18,473,735 円	28,672,080 円
		(26)<(28)の場合	改定取得価額	29	14,382,657	60,101	2,448,671	13,580,596	30,472,025
			改定償却率	30					
			改定償却額 (29)×(30)	31	4,032,850 円	円	646,567 円	4,279,817 円	8,959,234 円
		増加償却額 ((26)又は(31))×割増率	32	( )	( )	( )	( )	( )
		計 ((26)又は(31))+(32)	33	4,520,943		2,546,773	16,565,128	23,632,844
当期分の償却限度額	当期分の普通償却限度額等 (23)、(24)又は(33)	34	4,520,943	0	2,546,773	16,565,128	23,632,844
	特別償却限度額又は割増償却限度額	租税特別措置法適用条項	35	条 項 ( )	条 項 ( )	条 項 ( )	条 項 ( )	条 項 ( )
		特別償却限度額	36	外 円	外 円	外 円	外 円	外 円
	前期から繰り越した特別償却不足額又は合併等特別償却不足額	37					
	合計 (34)+(36)+(37)	38	4,520,943	0	2,546,773	16,565,128	23,632,844
当期償却額		39	4,520,943	0	2,546,773	16,565,128	23,632,844
差引	償却不足額 (38)-(39)	40					
	償却超過額 (39)-(38)	41					
償却超過額	前期からの繰越額	42	外	外	外	外	外
	当期損金認容額	償却不足によるもの	43					
		積立金取崩しによるもの	44					
	差引合計翌期への繰越額 (41)+(42)-(43)-(44)	45					
特別償却不足額	翌期に繰り越すべき特別償却不足額 (((40)-(43))と((36)+(37))のうち少ない金額)	46					
	当期において切り捨てる特別償却不足額又は合併等特別償却不足額	47					
	差引翌期への繰越額 (46)-(47)	48					
	翌期繰越額の内訳	・・ ・・ ・・	49					
		当期分不足額	50					
適格組織再編成により引き継ぐべき合併等特別償却不足額 (((40)-(43))と(36)のうち少ない金額)		51					
備考							

旧定率法又は定率法による減価償却資産の償却額の計算に関する明細書

事業年度 令和 5・3・1 ～ 令和 6・2・29
法人名 株式会社バンブーファーム

別表十六(二) 令五・四・一以後終了事業年度分

資産区分				構築物	車両運搬具	器具備品	機械装置	旧定率法計
	種類		1	構築物	車両運搬具	器具備品	機械装置	旧定率法計
	構造		2					
	細目		3					
	取得年月日		4	・・	・・	・・	・・	・・
	事業の用に供した年月		5	・	・	・	・	・
	耐用年数		6	年	年	年	年	年
取得価額	取得価額又は製作価額		7	外 37,620,154 円	外 995,000	外 3,701,954	外 33,821,842	外 76,138,950
	(7)のうち積立金方式による圧縮記帳の場合の償却額計算の対象となる取得価額に算入しない金額		8					
	差引取得価額 (7)－(8)		9	37,620,154	995,000	3,701,954	33,821,842	76,138,950
償却額計算の基礎となる額	償却額計算の対象となる期末現在の帳簿記載金額		10	2,863,138	1	37,036	20,223	2,920,398
	期末現在の積立金の額		11					
	積立金の期中取崩額		12					
	差引帳簿記載金額 (10)－(11)－(12)		13	外 2,863,138	外 1	外 37,036	外 20,223	外 2,920,398
	損金に計上した当期償却額		14	484,745	0	37,016	20,170	541,931
	前期から繰り越した償却超過額		15	外	外	外	外	外
	合計 (13)＋(14)＋(15)		16	3,347,883	1	74,052	40,393	3,462,329
	前期から繰り越した特別償却不足額又は合併等特別償却不足額		17					
	償却額計算の基礎となる金額 (16)－(17)		18	3,347,883	1	74,052	40,393	3,462,329
当期分の普通償却限度額等	平成19年3月31日以前取得分	(16)＞(19)の場合	差引取得価額×5% (9)×5/100	19	1,881,009	49,750	185,100	1,691,094	3,806,953
			旧定率法の償却率	20					
			算出償却額 (18)×(20)	21	429,609 円	円	円	円	429,609 円
			増加償却額 (21)×割増率	22	( )	( )	( )	( )	( )
			計 (21)＋(22) 又は((18)－(19))	23	429,609				429,609
		(16)≦(19)の場合	算出償却額 ((19)－1円)×12/60	24	55,136		37,016	20,170	112,322
	平成19年4月1日以後取得分		定率法の償却率	25					
			調整前償却額 (18)×(25)	26	円	円	円	円	円
			保証率	27					
			償却保証額 (9)×(27)	28	円	円	円	円	円
		(26)＜(28)の場合	改定取得価額	29					
			改定償却率	30					
			改定償却額 (29)×(30)	31	円	円	円	円	円
			増加償却額 ((26)又は(31))×割増率	32	( )	( )	( )	( )	( )
			計 ((26)又は(31))＋(32)	33					
当期分の償却限度額	当期分の普通償却限度額等 (23)、(24)又は(33)		34	484,745	0	37,016	20,170	541,931
	特別償却限度額又は割増償却限度額	租税特別措置法適用条項	35	(条 項)	(条 項)	(条 項)	(条 項)	(条 項)
		特別償却限度額	36	外 円	外 円	外 円	外 円	外 円
	前期から繰り越した特別償却不足額又は合併等特別償却不足額		37					
	合計 (34)＋(36)＋(37)		38	484,745	0	37,016	20,170	541,931
当期償却額			39	484,745	0	37,016	20,170	541,931
差引	償却不足額 (38)－(39)		40					
	償却超過額 (39)－(38)		41					
償却超過額	前期からの繰越額		42	外	外	外	外	外
	当期認容額	償却不足によるもの	43					
		積立金取崩しによるもの	44					
	差引合計翌期への繰越額 (41)＋(42)－(43)－(44)		45					
特別償却不足額	翌期に繰り越すべき特別償却不足額 (((40)－(43))と((36)＋(37))のうち少ない金額)		46					
	当期において切り捨てる特別償却不足額又は合併等特別償却不足額		47					
	差引翌期への繰越額 (46)－(47)		48					
	翌期繰越額の内訳	・・・・	49					
		当期分不足額	50					
	適格組織再編成により引き継ぐべき合併等特別償却不足額 (((40)－(43))と(36)のうち少ない金額)		51					
備考								

旧定率法又は定率法による減価償却資産の償却額の計算に関する明細書

事業年度: 令和 5・3・1 ～ 令和 6・2・29
法人名: 株式会社バンブーファーム
別表十六(二) 令五・四・一以後終了事業年度分

区分		項目		合計
資産区分	種類		1	
	構造		2	
	細目		3	
	取得年月日		4	・・
	事業の用に供した年月		5	・
	耐用年数		6	年
取得価額	取得価額又は製作価額		7	外 452,136,731 円
	(7)のうち積立金方式による圧縮記帳の場合の償却額計算の対象となる取得価額に算入しない金額		8	
	差引取得価額 (7)－(8)		9	452,136,731
償却額計算の基礎となる額	償却額計算の対象となる期末現在の帳簿記載金額		10	50,008,134
	期末現在の積立金の額		11	
	積立金の期中取崩額		12	
	差引帳簿記載金額 (10)－(11)－(12)		13	外 50,008,134
	損金に計上した当期償却額		14	24,174,775
	前期から繰り越した償却超過額		15	外
	合計 (13)＋(14)＋(15)		16	74,182,909
	前期から繰り越した特別償却不足額又は合併等特別償却不足額		17	
	償却額計算の基礎となる金額 (16)－(17)		18	74,182,909
当期分の普通償却限度額等	平成19年3月31日以前取得分 (16)>(19) の場合	差引取得価額×5% (9)×5/100	19	3,806,953
		旧定率法の償却率	20	
		算出償却額 (18)×(20)	21	429,609 円
		増加償却額 (21)×割増率	22	( )
		計 ((21)＋(22))又は((18)－(19))	23	429,609
	(16)≦(19) の場合	算出償却額 ((19)－1円)×12/60	24	112,322
	平成19年4月1日以後取得分	定率法の償却率	25	
		調整前償却額 (18)×(25)	26	14,673,610 円
		保証率	27	
		償却保証額 (9)×(27)	28	28,672,080 円
	(26)<(28) の場合	改定取得価額	29	30,472,025
		改定償却率	30	
		改定償却額 (29)×(30)	31	8,959,234 円
		増加償却額 ((26)又は(31))×割増率	32	( )
		計 ((26)又は(31))＋(32)	33	23,632,844
当期分の償却限度額	当期分の普通償却限度額等 (23)、(24)又は(33)		34	24,174,775
	特別償却限度額又は割増償却限度額	租税特別措置法適用条項	35	(条 項)
		特別償却限度額	36	外 円
	前期から繰り越した特別償却不足額又は合併等特別償却不足額		37	
	合計 (34)＋(36)＋(37)		38	24,174,775
当期償却額			39	24,174,775
差引	償却不足額 (38)－(39)		40	
	償却超過額 (39)－(38)		41	
償却超過額	前期からの繰越額		42	外
	当期認容損金額	償却不足によるもの	43	
		積立金取崩しによるもの	44	
	差引合計翌期への繰越額 (41)＋(42)－(43)－(44)		45	
特別償却不足額	翌期に繰り越すべき特別償却不足額 (((40)－(43))と((36)＋(37))のうち少ない金額)		46	
	当期において切り捨てる特別償却不足額又は合併等特別償却不足額		47	
	差引翌期への繰越額 (46)－(47)		48	
	翌期繰越額の内訳	・・ ・・	49	
		当期分不足額	50	
	適格組織再編成により引き継ぐべき合併等特別償却不足額 ((40)－(43))と(36)のうち少ない金額		51	

備考

旧国外リース期間定額法若しくは旧リース期間定額法又はリース期間定額法による償却額の計算に関する明細書

事業年度 令和 5・3・1 ～ 令和 6・2・29
法人名 株式会社バンブーファーム

別表十六(四) 令五・四・一以後終了事業年度分

資産区分	項目	行	車両運搬具	器具備品			合計
	種類	1	車両運搬具	器具備品			
	構造	2					
	細目	3					
	契約年月日	4	・・	・・	・・	・・	・・
	賃貸の用又は事業の用に供した年月	5	・	・	・	・	・
償却額計算の基礎となる金額	旧国外リース期間定額法 取得価額又は製作価額	6	外 円	外 円	外 円	外 円	外 円
	(6)のうち積立金方式による圧縮記帳の場合の償却額計算の対象となる取得価額に算入しない金額	7					
	差引取得価額 (6)-(7)	8					
	見積残存価額	9					
	償却額計算の基礎となる金額 (8)-(9)	10					
	旧リース期間定額法 旧リース期間定額法を採用した事業年度	11	・・	・・	・・	・・	・・
	取得価額又は製作価額	12	外 円	外 円	外 円	外 円	外 円
	(12)のうち(11)の事業年度前に損金の額に算入された金額	13					
	差引取得価額 (12)-(13)	14					
	残価保証額	15					
	償却額計算の基礎となる金額 (14)-(15)	16					
	リース期間定額法 取得価額	17	外 3,600,000	外 3,392,400	外	外	外 6,992,400
	残価保証額	18					
	償却額計算の基礎となる金額 (17)-(18)	19	3,600,000	3,392,400			6,992,400
帳簿記載金額	償却額計算の対象となる期末現在の帳簿記載金額	20	1,140,000	1,911,400			3,051,400
	期末現在の積立金の額	21					
	積立金の期中取崩額	22					
	差引帳簿記載金額 (20)-(21)-(22)	23	外 1,140,000	外 1,911,400	外	外	外 3,051,400
	リース期間又は改定リース期間の月数	24	( )月	( )月	( )月	( )月	( )月
	当期におけるリース期間又は改定リース期間の月数	25					
	当期分の普通償却限度額 ((10)、(16)又は(19))×(25)/(24)	26	720,000 円	524,400 円	円	円	1,244,400 円
	当期償却額	27	720,000	524,400			1,244,400
差引	償却不足額 (26)-(27)	28					
	償却超過額 (27)-(26)	29					
償却超過額	前期からの繰越額	30	外	外	外	外	外
	当期認容額 償却不足によるもの	31					
	積立金取崩しによるもの	32					
	差引合計翌期への繰越額 (29)+(30)-(31)-(32)	33					

備考

少額減価償却資産の取得価額の損金算入の特例に関する明細書

事業年度	令和 5・3・1 ～ 令和 6・2・29	法人名	株式会社バンブーファーム

別表十六(七)　令五・四・一以後終了事業年度分

資産区分	種類	1	機械装置				
	構造	2					
	細目	3					
	事業の用に供した年月	4	令 6・2	・	・	・	・
取得価額	取得価額又は製作価額	5	130,500 円	円	円	円	円
	法人税法上の圧縮記帳による積立金計上額	6					
	差引改定取得価額 (5)-(6)	7	130,500				
資産区分	種類	1					
	構造	2					
	細目	3					
	事業の用に供した年月	4	・	・	・	・	・
取得価額	取得価額又は製作価額	5	円	円	円	円	円
	法人税法上の圧縮記帳による積立金計上額	6					
	差引改定取得価額 (5)-(6)	7					
資産区分	種類	1					
	構造	2					
	細目	3					
	事業の用に供した年月	4	・	・	・	・	・
取得価額	取得価額又は製作価額	5	円	円	円	円	円
	法人税法上の圧縮記帳による積立金計上額	6					
	差引改定取得価額 (5)-(6)	7					

当期の少額減価償却資産の取得価額の合計額 ((7)の計)	8	130,500 円

一括償却資産の損金算入に関する明細書

| 事業年度 | 令和 5・3・1 令和 6・2・29 | 法人名 | 株式会社バンブーファーム |

別表十六(八) 令五・四・一以後終了事業年度分

		事業の用に供した事業年度					(当期分)
事業の用に供した事業年度	1	令 4・3・1 令 5・2・28	・・ ・・	・・ ・・	・・ ・・	・・ ・・	(当期分)
同上の事業年度において事業の用に供した一括償却資産の取得価額の合計額	2	170,000 円	円	円	円	円	180,000 円
当期の月数 (事業の用に供した事業年度の中間申告の場合は、当該事業年度の月数)	3	12 月	月	月	月	月	12 月
当期分の損金算入限度額 $(2) \times \frac{(3)}{36}$	4	56,666 円	円	円	円	円	60,000 円
当期損金経理額	5	56,666					60,000
差引 損金算入不足額 (4)-(5)	6						
差引 損金算入限度超過額 (5)-(4)	7						
損金算入限度超過額 前期からの繰越額	8						
損金算入限度超過額 同上のうち当期損金認容額 ((6)と(8)のうち少ない金額)	9						
損金算入限度超過額 翌期への繰越額 (7)+(8)-(9)	10						

第3-(1)号様式　　　GK0306

年　月　日		青森 税務署長殿

（個人の方）振替継続希望

納税地	青森県青森市○○町××123
	（電話番号 017 - 111 - 111）
（フリガナ）	カブシキガイシャバンブーファーム
法人名	株式会社バンブーファーム
法人番号	※ 法人番号は複写されません。
（フリガナ）	タケダ タツジロウ
代表者氏名	竹田　辰二郎

所管 02　要否　整理番号
申告年月日　令和　年　月　日
申告区分　指導等　庁指定　局指定
通信日付印　確認
指導年月日　相談　区分1　区分2　区分3
令和

自 令和 5年 3月 1日
至 令和 6年 2月29日

課税期間分の消費税及び地方消費税の（確定）申告書

中間申告の場合の対象期間　自 令和　年　月　日　至 令和　年　月　日

法人用　第一表　令和五年十月一日以後終了課税期間分（一般用）

この申告書による消費税の税額の計算

		金額	
課税標準額	①	381,771,000	03
消費税額	②	24,079,380	06
控除過大調整税額	③		07
控除税額 控除対象仕入税額	④	24,331,591	08
返還等対価に係る税額	⑤		09
貸倒れに係る税額	⑥		10
控除税額小計 (④+⑤+⑥)	⑦	24,331,591	12
控除不足還付税額 (⑦-②-③)	⑧	252,211	13
差引税額 (②+③-⑦)	⑨	00	15
中間納付税額	⑩	00	16
納付税額 (⑨-⑩)	⑪	00	17
中間納付還付税額 (⑩-⑨)	⑫	00	18
既確定税額	⑬		19
差引納付税額	⑭	00	20
課税売上割合 課税資産の譲渡等の対価の額	⑮	381,772,034	21
資産の譲渡等の対価の額	⑯	381,773,903	22

この申告書による地方消費税の税額の計算

地方消費税の課税標準となる消費税額 控除不足還付税額	⑰	252,211	51
差引税額	⑱	00	52
譲渡割額 還付額	⑲	71,136	53
納税額	⑳	00	54
中間納付譲渡割額	㉑		55
納付譲渡割額 (⑳-㉑)	㉒	00	56
中間納付還付譲渡割額 (㉑-⑳)	㉓	00	57
既確定譲渡割額	㉔		58
差引納付譲渡割額	㉕	00	59
消費税及び地方消費税の合計(納付又は還付)税額	㉖	-323,347	60

付記事項

割賦基準の適用	有	○無	31
延払基準等の適用	有	○無	32
工事進行基準の適用	有	○無	33
現金主義会計の適用	有	○無	34

参考事項

課税標準額に対する消費税額の計算の特例の適用	有	○無	35

控除税額の計算方法
課税売上高5億円超又は課税売上割合95%未満　個別対応方式／一括比例配分方式
上記以外　○　全額控除　41

基準期間の課税売上高　354,516 千円

○税額控除に係る経過措置の適用（２割特例）42

還付を受けようとする金融機関等
銀行　本店・支店
金庫・組合　出張所
農協・漁協　本所・支所
普通預金　口座番号
ゆうちょ銀行の貯金記号番号　－
郵便局名等

○（個人の方）公金受取口座の利用

※税務署整理欄

税理士署名
（電話番号　－　－　）

○税理士法第30条の書面提出有
○税理士法第33条の2の書面提出有

第3-(2)号様式

課税標準額等の内訳書

納税地	青森県青森市○○町××123
	(電話番号 017 - 111 - 111)
(フリガナ)	カブシキガイシャバンブーファーム
法人名	株式会社バンブーファーム
(フリガナ)	タケダ タツジロウ
代表者氏名	竹田 辰二郎

GK0602

整理番号 □□□□□□□□

法人用 第二表

改正法附則による税額の特例計算
- 軽減売上割合（10営業日） ○ 附則38① 51
- 小売等軽減仕入割合 ○ 附則38② 52

自 令和 5 年 3 月 1 日
至 令和 6 年 2 月 29 日

課税期間分の消費税及び地方消費税の（ 確定 ）申告書

中間申告 自 令和 □□年□□月□□日
の場合の 対象期間 至 令和 □□年□□月□□日

令和四年四月一日以後終了課税期間分

課税標準額 ※申告書(第一表)の①欄へ	①	381,771,000	01

課税資産の譲渡等の対価の額の合計額	3 %適用分	②		02
	4 %適用分	③		03
	6.3 %適用分	④		04
	6.24%適用分	⑤	365,305,058	05
	7.8 %適用分	⑥	16,466,976	06
	(②～⑥の合計)	⑦	381,772,034	07
特定課税仕入れに係る支払対価の額の合計額 (注1)	6.3 %適用分	⑧		11
	7.8 %適用分	⑨		12
	(⑧・⑨の合計)	⑩		13

消費税額 ※申告書(第一表)の②欄へ	⑪	24,079,380	21

⑪の内訳	3 %適用分	⑫		22
	4 %適用分	⑬		23
	6.3 %適用分	⑭		24
	6.24%適用分	⑮	22,795,032	25
	7.8 %適用分	⑯	1,284,348	26

返還等対価に係る税額 ※申告書(第一表)の⑤欄へ	⑰		31
⑰の内訳 売上げの返還等対価に係る税額	⑱		32
特定課税仕入れの返還等対価に係る税額 (注1)	⑲		33

地方消費税の課税標準となる消費税額 (注2)	(㉑～㉓の合計)	⑳	-252,211	41
	4 %適用分	㉑		42
	6.3 %適用分	㉒		43
	6.24%及び7.8%適用分	㉓	-252,211	44

第4-(9)号様式

付表1-3 税率別消費税額計算表 兼 地方消費税の課税標準となる消費税額計算表 〔一般〕

| 課税期間 | 5・3・1 ～ 6・2・29 | 氏名又は名称 | 株式会社バンブーファーム |

区分		税率6.24％適用分 A	税率7.8％適用分 B	合計 C (A＋B)
課税標準額	①	365,305,000 円	16,466,000 円	※第二表の①欄へ 381,771,000 円
①の内訳 課税資産の譲渡等の対価の額	①-1	※第二表の⑤欄へ 365,305,058	※第二表の⑥欄へ 16,466,976	※第二表の⑦欄へ 381,772,034
①の内訳 特定課税仕入れに係る支払対価の額	①-2	※①-2欄は、課税売上割合が95％未満、かつ、特定課税仕入れがある事業者のみ記載する。	※第二表の⑨欄へ	※第二表の⑩欄へ
消費税額	②	※第二表の⑮欄へ 22,795,032	※第二表の⑯欄へ 1,284,348	※第二表の⑪欄へ 24,079,380
控除過大調整税額	③	(付表2-3の㉗・㉘A欄の合計金額)	(付表2-3の㉗・㉘B欄の合計金額)	※第一表の③欄へ
控除 控除対象仕入税額	④	(付表2-3の㉖A欄の金額) 29,780	(付表2-3の㉖B欄の金額) 24,301,811	※第一表の④欄へ 24,331,591
控除 返還等対価に係る税額	⑤			※第二表の⑰欄へ
⑤の内訳 売上げの返還等対価に係る税額	⑤-1			※第二表の⑱欄へ
⑤の内訳 特定課税仕入れの返還等対価に係る税額	⑤-2	※⑤-2欄は、課税売上割合が95％未満、かつ、特定課税仕入れがある事業者のみ記載する。		※第二表の⑲欄へ
控除 貸倒れに係る税額	⑥			※第一表の⑥欄へ
控除税額小計 (④＋⑤＋⑥)	⑦	29,780	24,301,811	※第一表の⑦欄へ 24,331,591
控除不足還付税額 (⑦－②－③)	⑧			※第一表の⑧欄へ 252,211
差引税額 (②＋③－⑦)	⑨			※第一表の⑨欄へ
地方消費税の課税標準となる消費税額 控除不足還付税額 (⑧)	⑩			※第一表の⑰欄へ ※マイナス「－」を付して第二表の⑳及び㉓欄へ 252,211
地方消費税の課税標準となる消費税額 差引税額 (⑨)	⑪			※第一表の⑱欄へ ※第二表の⑳及び㉓欄へ
譲渡割額 還付額	⑫			(⑩C欄×22/78) ※第一表の⑲欄へ 71,136
譲渡割額 納税額	⑬			(⑪C欄×22/78) ※第一表の⑳欄へ

注意 金額の計算においては、1円未満の端数を切り捨てる。

第4-(10)号様式

付表2-3　課税売上割合・控除対象仕入税額等の計算表　〔一般〕

課税期間　5・3・1 ～ 6・2・29　氏名又は名称　株式会社バンブーファーム

項目		税率6.24%適用分 A	税率7.8%適用分 B	合計 C (A+B)
課税売上額（税抜き）	①	365,305,058 円	16,466,976 円	381,772,034 円
免税売上額	②			
非課税資産の輸出等の金額、海外支店等へ移送した資産の価額	③			
課税資産の譲渡等の対価の額（①+②+③）	④			381,772,034　※第一表の⑮欄へ
課税資産の譲渡等の対価の額（④の金額）	⑤			381,772,034
非課税売上額	⑥			1,869
資産の譲渡等の対価の額（⑤+⑥）	⑦			381,773,903　※第一表の⑯欄へ
課税売上割合（④/⑦）	⑧			〔99.9 %〕※端数切捨て
課税仕入れに係る支払対価の額（税込み）	⑨	479,848	342,426,145	342,905,993
課税仕入れに係る消費税額	⑩	27,724	24,281,127	24,308,851
適格請求書発行事業者以外の者から行った課税仕入れに係る経過措置の適用を受ける課税仕入れに係る支払対価の額（税込み）	⑪	44,500	364,642	409,142
適格請求書発行事業者以外の者から行った課税仕入れに係る経過措置により課税仕入れに係る消費税額とみなされる額	⑫	2,056	20,684	22,740
特定課税仕入れに係る支払対価の額	⑬		※⑬及び⑭欄は、課税売上割合が95%未満、かつ、特定課税仕入れがある事業者のみ記載する。	
特定課税仕入れに係る消費税額	⑭		（⑬B欄×7.8/100）	
課税貨物に係る消費税額	⑮			
納税義務の免除を受けない(受ける)こととなった場合における消費税額の調整(加算又は減算)額	⑯			
課税仕入れ等の税額の合計額（⑩+⑫+⑭+⑮±⑯）	⑰	29,780	24,301,811	24,331,591
課税売上高が5億円以下、かつ、課税売上割合が95%以上の場合（⑰の金額）	⑱	29,780	24,301,811	24,331,591
課税売上高が5億円超又は課税売上割合が95%未満の場合　個別対応方式　⑰のうち、課税売上げにのみ要するもの	⑲			
⑰のうち、課税売上げと非課税売上げに共通して要するもの	⑳			
個別対応方式により控除する課税仕入れ等の税額　〔⑲+(⑳×④/⑦)〕	㉑			
一括比例配分方式により控除する課税仕入れ等の税額　（⑰×④/⑦）	㉒			
控除税額の調整	課税売上割合変動時の調整対象固定資産に係る消費税額の調整(加算又は減算)額	㉓			
	調整対象固定資産を課税業務用(非課税業務用)に転用した場合の調整(加算又は減算)額	㉔			
	居住用賃貸建物を課税賃貸用に供した(譲渡した)場合の加算額	㉕			
差引	控除対象仕入税額〔(⑱、㉑又は㉒の金額)±㉓+㉔+㉕〕がプラスの時	㉖	※付表1-3の④A欄へ 29,780	※付表1-3の④B欄へ 24,301,811	24,331,591
	控除過大調整税額〔(⑱、㉑又は㉒の金額)±㉓±㉔+㉕〕がマイナスの時	㉗	※付表1-3の③A欄へ	※付表1-3の③B欄へ	
貸倒回収に係る消費税額	㉘	※付表1-3の③A欄へ	※付表1-3の③B欄へ	

注意　1　金額の計算においては、1円未満の端数を切り捨てる。
　　　2　⑨、⑪及び⑬欄には、値引き、割戻し、割引きなど仕入対価の返還等の金額がある場合(仕入対価の返還等の金額を仕入金額から直接減額している場合を除く。)には、その金額を控除した後の金額を記載する。
　　　3　⑪及び⑫欄の経過措置とは、所得税法等の一部を改正する法律（平成28年法律第15号）附則第52条又は第53条の適用がある場合をいう。

第28-(9)号様式

消費税の還付申告に関する明細書（法人用）

課税期間	5・3・1～ 6・2・29	所在地	青森県青森市○○町××１２３
		名　称	株式会社バンブーファーム

1 還付申告となった主な理由（該当する事項に○印を付してください。）

	輸出等の免税取引の割合が高い	○	その他	軽減税率適用の生乳売上高の割合が高く飼料費高騰のため
○	設備投資（高額な固定資産の購入等）			

2 課税売上げ等に係る事項

(1) 主な課税資産の譲渡等（取引金額が100万円以上の取引を上位10番目まで記載してください。）　単位：千円

資産の種類等	譲渡年月日等	取引金額等（税込・**税抜**）	取引先の氏名（名称）	取引先の住所（所在地）
生乳代	継・続・	355,132	りんご農協	青森市△△町456
	・・			
	・・			
	・・			
	・・			
	・・			
	・・			
	・・			
	・・			
	・・			

※ 継続的に課税資産の譲渡を行っている取引先のものについては、当課税期間分をまとめて記載してください。その場合、譲渡年月日等欄に「継続」と記載してください。輸出取引等は(2)に記載してください。

(2) 主な輸出取引等の明細（取引金額総額の上位10番目まで記載してください。）　単位：千円

取引先の氏名（名称）	取引先の住所（所在地）	取引金額	主な取引商品等	所轄税関（支署）名

輸出取引等に利用する	主な金融機関		銀　行　金庫・組合　農協・漁協		本店・支店　出　張　所　本所・支店
			預金　口座番号		
	主な通関業者	氏名（名称）			
		住所（所在地）			

(1／2)

3 課税仕入れに係る事項

(1) 仕入金額等の明細
単位:千円

区分			㋑ 決算額(税込・**税抜**)	㋺ ㋑のうち課税仕入れにならないもの	(㋑-㋺)課税仕入高
損益科目	商品仕入高等	①	484,380	223,212	261,168
	販売費・一般管理費	②	57,978	18,465	39,513
	営業外費用	③	9,407	8,927	480
	その他	④			
	小計	⑤	551,765	250,604	301,161

区分			㋑ 資産の取得価額(税込・**税抜**)	㋺ ㋑のうち課税仕入れにならないもの	(㋑-㋺)課税仕入高
資産科目	固定資産	⑥	204,363	193,406	10,957
	繰延資産	⑦			
	その他	⑧			
	小計	⑨	204,363	193,406	10,957
課税仕入れ等の税額の合計額		⑩	⑤+⑨の金額に対する消費税額		24,331

(2) 主な棚卸資産・原材料等の取得 (取引金額が100万円以上の取引を上位5番目まで記載してください。)
単位:千円

資産の種類等	取得年月日等	取引金額等(税込・**税抜**)	取引先の登録番号	取引先の氏名(名称)	取引先の住所(所在地)
バンブーミックス	継・続・	76,835	T	りんご農協	青森市△△町456
アルファルファ	継・続・	9,305	T	ABC飼糧㈱	青森市○○町789
トウモロコシ圧ペン	継・続・	9,305	T	りんご農協	青森市△△町456
肥料	継・続・	6,279	T	りんご農協	青森市△△町456
大豆粕ミール	継・続・	7,509	T	DEF商事㈱	青森市○△町100

※1 継続的に課税資産の取得を行っている取引先のものについては、当課税期間分をまとめて記載してください。その場合取得年月日等欄に「継続」と記載してください。
 2 「取引先の登録番号」欄に登録番号を記載した場合には、「取引先の氏名(名称)」欄及び「取引先の住所(所在地)」欄の記載を省略しても差し支えありません(以下(3)において同じ)。

(3) 主な固定資産等の取得 (1件当たりの取引金額が100万円以上の取引を上位10番目まで記載してください。)
単位:千円

資産の種類等	取得年月日等	取引金額等(税込・**税抜**)	取引先の登録番号	取引先の氏名(名称)	取引先の住所(所在地)
マニュアスプレッダ	5・4・12	4,460	T	㈱GHI農機	青森市△△町111
バンカーサイロ嵩上げ	5・7・28	2,000	T	㈱JKL工業	青森市○○町222
オフセットシュレッダ	5・9・2	1,340	T	㈱GHI農機	青森市△△町111
	・・		T		
	・・		T		
	・・		T		
	・・		T		
	・・		T		

4 当課税期間中の特殊事情 (顕著な増減事項等及びその理由を記載してください。)

第六号様式（提出用）

※処理事項	発信年月日 / 通信日付印 / 確認 / 整理番号 / 事務所 / 区分 / 管理番号 / 申告区分	

受付印

年　月　日　　法人番号　　　　この申告の基礎　　申告年月日
　　　　　　　殿　　　　　　法人税の　年　月　日　の　修申・更・決・再更による。　年　月　日
　　　　　　　　　　　　　　　　　　　　　　　　　　正告・正・定・正

所在地 (本県が支店等の場合は本店所在地と併記)	青森県青森市〇〇町××１２３ （電話　017　－　111　－　111　）	事業種目	酪農業
		期末現在の資本金の額又は出資金の額（解散日現在の資本金の額又は出資金の額）	25,137,500
（ふりがな）	かぶしきがいしゃばんぶーふぁーむ	同上が１億円以下の普通法人のうち中小法人等に該当しないもの	非中小法人等
法人名	株式会社バンブーファーム	期末現在の資本金の額及び資本準備金の額の合算額	70,412,500
（ふりがな）代表者氏名	たけだ　たつじろう 竹田　辰二郎	（ふりがな）経理責任者氏名		期末現在の資本金等の額	9,555,000

令和 5 年 3 月 1 日から令和 6 年 2 月 29 日までの 事業年度分又は連結事業年度分 の 道府県民税・事業税・特別法人事業税 の 確定 申告書 ※

事業税

摘要	課税標準	税率/100	税額
所得金額総額 (68)-(69)又は別表5(36) ㉘	4,276		
年400万円以下の金額 ㉙	400	3.5000	1,0
年400万円を超え年800万円以下の金額 ㉚	0,0	5.3000	0,0
年800万円を超える金額 ㉛	0,0	7.0000	0,0
計 ㉙+㉚+㉛ ㉜	400		1,0
軽減税率不適用法人の金額 ㉝	0,0		0,0
付加価値額総額 ㉞			
付加価値額 ㉟	0,0		
資本金等の額総額 ㊱			
資本金等の額 ㊲	0,0		
収入金額総額 ㊳			
収入金額 ㊴	0,0		
合計事業税額 ㉜+㉟+㊲+㊴又は㉝+㉟+㊲+㊴ ㊵			1,0
事業税の特定寄附金税額控除額 ㊶		仮装経理に基づく事業税額の控除額 ㊷	
差引事業税額 ㊵-㊶-㊷ ㊸	1,0	既に納付の確定した当期分の事業税額 ㊹	0,0
租税条約の実施に係る事業税額の控除額 ㊺		この申告により納付すべき事業税額 ㊸-㊹-㊺ ㊻	1,0
㊻の内訳	所得割 ㊼	1,0	付加価値割 ㊽	0,0
	資本割 ㊾	0,0	収入割 ㊿	0,0
㊻のうち見込納付額 (51)		差引 ㊻-(51) (52)	1,0

特別法人事業税

摘要	課税標準	税率/100	税額
所得割に係る特別法人事業税額 (53)	1,0	37.0	0,0
収入割に係る特別法人事業税額 (54)	0,0		0,0
合計特別法人事業税額(53)+(54) (55)			0,0
仮装経理に基づく特別法人事業税額の控除額 (56)		差引特別法人事業税額(55)-(56) (57)	0,0
既に納付の確定した当期分の特別法人事業税額 (58)	0,0	租税条約の実施に係る特別法人事業税額の控除額 (59)	
この申告により納付すべき特別法人事業税額(57)-(58)-(59) (60)	0,0	(60)のうち見込納付額 (61)	
差引 (60)-(61) (62)	0		

所得金額の計算の内訳

所得金額（法人税の明細書（別表4）の(34)）又は個別所得金額（法人税の明細書（別表4の2付表）の(42)） (63)		
加算	損金の額又は個別帰属損金額に算入した所得税額及び復興特別所得税額 (64)	
	損金の額又は個別帰属損金額に算入した海外投資等損失準備金勘定への繰入額 (65)	
減算	益金の額又は個別帰属益金額に算入した海外投資等損失準備金勘定からの戻入額 (66)	
	外国の事業に帰属する所得以外の所得に対して課された外国法人税額 (67)	
仮計 (63)+(64)+(65)-(66)-(67) (68)		
繰越欠損金等若しくは災害損失金額又は債務免除等があった場合の欠損金額等の当期控除額 (69)		
法人税の所得金額（法人税の明細書（別表4）の(52)）又は個別所得金額（法人税の明細書（別表4の2付表）の(55)） (70)	4,276	
法第15条の4の徴収猶予を受けようとする税額 (71)		
還付請求中間納付額 (72)		

道府県民税

（使途秘匿金税額等）法人税法の規定によって計算した法人税額 ①	480
試験研究費の額等に係る法人税額の特別控除額 ②	
還付法人税額等の控除額 ③	
退職年金等積立金に係る法人税額 ④	
課税標準となる法人税額又は個別帰属法人税額 ①+②-③+④ ⑤	0,0
2以上の道府県に事務所又は事業所を有する法人における課税標準となる法人税額又は個別帰属法人税額 ⑥	0,0
法人税割額 (⑤又は⑥×1.00/100) ⑦	0
道府県民税の特定寄附金税額控除額 ⑧	
税額控除超過額相当額の加算額 ⑨	
外国関係会社等に係る控除対象所得税額等相当額又は個別控除対象所得税額等相当額の控除額 ⑩	
外国の法人税等の額の控除額 ⑪	
仮装経理に基づく法人税割額の控除額 ⑫	
差引法人税割額 ⑦-⑧+⑨-⑩-⑪-⑫ ⑬	0,0
既に納付の確定した当期分の法人税割額 ⑭	0,0
租税条約の実施に係る法人税割額の控除額 ⑮	
この申告により納付すべき法人税割額 ⑬-⑭-⑮ ⑯	0,0
算定期間中において事務所等を有していた月数 ⑰	12月
55,000円×⑰/12 ⑱	55,000
既に納付の確定した当期分の均等割額 ⑲	0,0
この申告により納付すべき均等割額 ⑱-⑲ ⑳	55,000
この申告により納付すべき道府県民税 ⑯+⑳ ㉑	55,000
㉑のうち見込納付額 ㉒	
差引 ㉑-㉒ ㉓	55,000

東京都の場合の⑦の計算

特別区分の課税標準 ㉔	0,0,0
同上に対する税額 ㉔×/100 ㉕	
市町村分の課税標準 ㉖	0,0,0
同上に対する税額 ㉖×/100 ㉗	

法人税の期末現在の資本金等の額又は連結個別資本金等の額	9,555,000
法人税の当期の確定税額又は連結法人税個別帰属支払額	1,0
決算確定の日	令和 6・4・25
解散の日	・・
残余財産の最後の分配又は引渡しの日	・・
申告期限の延長の処分（承認）の有無	事業税 有・無　法人税 有・無
法人税の申告書の種類	青色・その他
この申告が中間申告の場合の計算期間	・・
翌期の中間申告の要否	要・否
国外関連者の有無	有・無
還付を受けようとする金融機関及び支払方法	口座番号（　）

関与税理士名

署（電話）

法人名	株式会社バンブーファーム	

事業年度	令和5年3月1日から	令和6年2月29日まで

所得金額に関する計算書 (法第72条の2第1項 第3号 に掲げる事業 / 第1号・第4号)

所得金額の計算

所得金額(法人税の明細書(別表4)の(34))又は個別所得金額(法人税の明細書(別表4の2付表)の(42))	①	14,969,861
加算 損金の額又は個別帰属損金額に算入した所得税額及び復興特別所得税額	②	0
損金の額又は個別帰属損金額に算入した分配時調整外国税相当額	③	
損金の額又は個別帰属損金額に算入した海外投資等損失準備金勘定への繰入額	④	
損金の額又は個別帰属損金額に算入した外国法人税の額	⑤	
益金の額又は個別帰属益金額に算入した中間申告又は連結中間申告における繰戻しによる還付に係る災害損失欠損金額	⑥	
非適格の合併又は残余財産の全部分配等による移転資産等の譲渡利益額	⑦	
小計	⑧	0
減算 益金の額又は個別帰属益金額に算入した海外投資等損失準備金勘定からの戻入額	⑨	
外国の事業に帰属する所得以外の所得に対して課された外国法人税の額	⑩	
外国の事業に帰属する所得に対して課された外国法人税の額	⑪	
特定目的会社又は投資法人の支払配当の損金算入額	⑫	
特定目的信託及び特定投資信託に係る利益又は収益の分配の額の損金算入額	⑬	
非適格の合併等又は残余財産の全部分配等による移転資産等の譲渡損失額	⑭	
小計	⑮	
仮計 ①+⑧-⑮	⑯	14,969,861
外国の事業に帰属する所得	⑰	
再仮計 ⑯-⑰	⑱	14,969,861
非課税等所得 林業に係る所得	⑲	
鉱物の掘採事業に係る所得	⑳	
社会保険等に係る医療の所得	㉑	
農事組合法人の農業に係る所得	㉒	
小計	㉓	
所得金額差引計 ⑱-㉓	㉔	14,969,861
繰越欠損金額等又は災害損失金額の当期控除額	㉕	10,295,585
債務免除等があった場合の欠損金額等の当期控除額	㉖	
所得金額再差引計 ㉔-㉕-㉖	㉗	4,674,276
新鉱床探鉱費又は海外新鉱床探鉱費の特別控除額	㉘	
農業経営基盤強化準備金積立額の損金算入額	㉙	4,670,000
農用地等を取得した場合の圧縮額の損金算入額	㉚	
関西国際空港用地整備準備金積立額の損金算入額	㉛	
中部国際空港整備準備金積立額の損金算入額	㉜	
再投資等準備金積立額の損金算入額	㉝	
特別新事業開拓事業者に対し特定事業活動として出資をした場合の特別勘定取崩額の益金算入額	㉞	
特別新事業開拓事業者に対し特定事業活動として出資をした場合の特別勘定繰入額の損金算入額	㉟	
合計 ㉗-㉘-㉙-㉚-㉛-㉜-㉝+㉞-㉟	㊱	4,276

非課税所得の区分計算

外国の事業に帰属する所得 外国における事務所又は事業所の期末の従業者数	㊲	人
期末の総従業者数	㊳	
外国から生ずる事業所得 (⑯+⑩)×㊲/㊳	㊴	円
鉱物の掘採事業の所得 鉱物の掘採事業と精錬事業とを通じて算定した所得	㊵	
生産品の収入金額又は生産品の収入金額から買鉱価格を差し引いた金額	㊶	
鉱産税の課税標準であるべき鉱物の価額	㊷	
鉱物の掘採事業の所得 ㊵×㊷/㊶	㊸	

備考

欠損金額等及び災害損失金の控除明細書

(法第72条の2第1項 ⓛ第1号／第3号 に掲げる事業)

事業年度：令和 5・3・1 ～ 令和 6・2・29
法人名：株式会社バンブーファーム

第六号様式別表九

控除前所得金額 ① 第6号様式㊲－(別表10⑨又は㉑)	14,969,861 円	損金算入限度額 ①×50又は100/100	②	14,969,861 円

事業年度	区分	控除未済欠損金額等又は控除未済災害損失金 ③	当期控除額 ④ (当該事業年度の③と(②－当該事業年度前の④の合計額)のうち少ない金額)	翌期繰越額 ⑤ ((③－④)又は別表11⑰)
	欠損金額等・災害損失金	円	円	
	欠損金額等・災害損失金			円
	欠損金額等・災害損失金			
	欠損金額等・災害損失金			
	欠損金額等・災害損失金			
	欠損金額等・災害損失金			
平31・3・1 令 2・2・29	㊀欠損金額等㊁・災害損失金	1,392,376	1,392,376	0
	欠損金額等・災害損失金			
	欠損金額等・災害損失金			
令 4・3・1 令 5・2・28	㊀欠損金額等㊁・災害損失金	8,903,209	8,903,209	0
計		10,295,585	10,295,585	0

当期分	欠損金額等・災害損失金			
	同上のうち 災害損失金			円
	同上のうち 青色欠損金			
合計				0

災害により生じた損失の額の計算

災害の種類		災害のやんだ日又はやむを得ない事情のやんだ日		
当期の欠損金額	⑥ 円	差引災害により生じた損失の額(⑦－⑧)	⑨	円
災害により生じた損失の額	⑦	繰越控除の対象となる損失の額(⑥と⑨のうち少ない金額)	⑩	
保険金又は損害賠償金等の額	⑧			

第二十号様式（提出用）

※処理事項	発信年月日	整理番号	事務所	区分	管理番号	申告区分
	通信日付印　確認					

受付印

　　　　年　　月　　日

　　　　　　　　　　　　　　　　　　　　　　殿

	法人番号	申告年月日
		年　月　日

所在地	青森県青森市〇〇町××１２３
	（電話 017 － 111 － 111）

この申告の基礎	1. 法人税の修正申告書の提出による。　年　月　日
	2. 法人税の更正・決定・再更正による。　年　月　日

（ふりがな）	かぶしきがいしゃばんぶーふぁーむ
法人名	株式会社バンブーファーム

事業種目	酪農業
期末現在の資本金の額又は出資金の額	25,137,500
期末現在の資本金の額及び資本準備金の額の合算額	70,412,500
期末現在の資本金等の額	95,550,000

（ふりがな）	たけだ　たつじろう	（ふりがな）	
代表者氏名	竹田　辰二郎	経理責任者氏名	

令和 5 年 3 月 1 日から令和 6 年 2 月 29 日までの事業年度分又は連結事業年度分の市町村民税の 確定 申告書

摘　要		課税標準	税率(100分)	法人税割額 税額
（使途秘匿金税額等）法人税法の規定によって計算した法人税額	①	48,0		
試験研究費の額等に係る法人税額の特別控除額	②			
還付法人税額等の控除額	③			
退職年金等積立金に係る法人税額	④			
課税標準となる法人税額又は個別帰属法人税額及びその法人税割額　①＋②－③＋④	⑤	0,00	8.400	0
２以上の市町村に事務所又は事業所を有する法人における課税標準となる法人税額又は個別帰属法人税額及びその法人税割額　(⑤/23)×24	⑥	0,00		
市町村民税の特定寄附金税額控除額	⑦			
税額控除超過額相当額の加算額	⑧			
外国関係会社等に係る控除対象所得税額等相当額又は個別控除対象所得税額等相当額の控除額	⑨			
外国の法人税等の額の控除額	⑩			
仮装経理に基づく法人税割額の控除額	⑪			
差引法人税割額　⑤－⑦＋⑧－⑨－⑩－⑪又は⑥－⑦＋⑧－⑨－⑩－⑪	⑫			0,0
既に納付の確定した当期分の法人税割額	⑬			0,0
租税条約の実施に係る法人税割額の控除額	⑭			
この申告により納付すべき法人税割額　⑫－⑬－⑭	⑮			0,0
均等割額　算定期間中において事務所等を有していた月数	⑯ 12月	156,000円×⑯/12	⑰	1,56,000
既に納付の確定した当期分の均等割額			⑱	0,0
この申告により納付すべき均等割額　⑰－⑱			⑲	1,56,000
この申告により納付すべき市町村民税額　⑮＋⑲			⑳	1,56,000
⑳のうち見込納付額			㉑	
差　引　⑳－㉑			㉒	1,56,000

当該市町村内に所在する事務所、事業所又は寮等		分割基準	当該市町村分の均等割の税率適用区分に用いる従業者数
名　称	事務所、事業所又は寮等の所在地	当該法人の全従業者数 / 左のうち当該市町村分の従業者数	
本社	青森県青森市〇〇町××１２３	/ 1.0	1.0
合　計		㉓ 1.0 / ㉔ 1.0	㉕ 1.0

指定都市の⑰の計算	区名	※区コード	月数	従業者数	均等割額
場合の申告する				人	0,0
					0,0
					0,0
					0,0
					0,0
					0,0
					0,0

決算確定の日	令和 6 ・ 4 ・ 25	法人税の申告書の種類	青色 ・ その他
解散の日	・　・	翌期の中間申告の要否	要 ・ 否
残余財産の最後の分配又は引渡しの日	・　・		
法人税の期末現在の資本金等の額又は連結個別資本金等の額	95,550,000	法人税の申告期限の延長の処分の有無	有 ・ 無
この申告が中間申告の場合の計算期間	・　・		
還付を受けようとする金融機関及び支払方法	口座番号（　　　）		
還付請求税額			
法第15条の4の徴収猶予を受けようとする税額			

関与税理士署名	（電話　　　　　　）

〈参考〉農業法人標準勘定科目

(1) 貸借対照表（資産）

勘定科目			解説	備考	消費税	経営分析	個人青申
資産の部							
流動資産						流動比率	
	当座資産					当座比率	
		現金	通貨および通貨代用証券		×	現金管理	現金
		当座預金	当座勘定取引契約に基づく決済用預金	借越は短期借入金に振替	×	当座取引の有無	その他の預金
		普通預金	普通預金契約に基づく預金		×		普通預金
		定期預金	一定期間の預入れを約定した預金		×	ペイオフ対策	定期預金
		定期積金	定額定期払込みにより満期に契約金額の給付を受ける掛金		×		定期預金
		その他預金	上記以外の預金	納税準備預金、貯蓄預金、通知預金、金銭信託等	×		その他の預金
		受取手形	通常取引による手形債権		×	受取手形の有無	(受取手形)
		売掛金	通常取引による営業上の未収金		×	売上債権回転日数	売掛金
		△貸倒引当金	金銭債権に対する取立不能見込額		×	引当率	貸倒引当金
		有価証券	一時所有目的の市場価格のある有価証券		譲渡△（5％換算）	有価証券運用の有無	有価証券
	棚卸資産						
		商品	販売目的で購入した物品		×		－
		製品	販売目的で生産した物品		×		農産物等
		半製品	中間製品で販売可能なもの	荒茶など	×		－
		原材料	生産目的で費消される物品	種子、冷凍精液、肥料、飼料、農薬、敷料、諸材料	×		肥料その他の貯蔵品
		仕掛品	製品生産のため製造中のもの	未収穫農産物、販売用動物	×		未収穫農産物等
		貯蔵品	生産・販売以外の目的で貯蔵される物品	包装材料、収入印紙等	×		肥料その他の貯蔵品
	その他の流動資産						
		前渡金	商品・原材料等購入のための前払金	有形減価償却資産購入の前払金は「建設仮勘定」	×		前払金
		前払費用	継続的役務提供に対する前払金で1年内に費用となるもの	税法上は一般に損金算入可	×		前払金
		未収収益	継続的役務提供による未収金	1年超のものを含む	×		
		未収法人税等	法人税、住民税及び事業税の未収金	確定申告による還付額	×		
		未収消費税等	消費税・地方消費税の未収金	確定申告による還付額	×		未収金
		短期貸付金	取引先、従業員等に対する1年以内の返済期限の貸付金		×	相手先	貸付金
		未収入金	固定資産の売却等による営業外の未収金		×		未収金
		預け金	支払った金銭等で返還されるべき債権	養豚経営安定対策生産者負担金	×		(預け金)
		立替金	取引先等に対する一時的な立替払金	顧客負担製品等送料、従業員負担概算雇用保険料	×	(労働保険加入の有無)	(立替金)
		仮払金	帰属すべき勘定又は金額の確定しない支払金	貸借対照表に計上するのはやむをえない場合に限る	×	内容チェック	(仮払金)
		仮払配当金	従事分量配当見合いとして支給した金額		×		－
		仮払法人税等	法人税等の予定納税額、利子配当の源泉徴収税額	源泉所得税、中間法人税等の期中支払額	×		
		(仮払消費税等)	税抜経理方式の場合の課税仕入れ中の消費税相当額	中間納付消費税等を含む	○（×中間納付）		
		未決算	保険金が未確定の場合に確定するまでの計上額		×		
		繰延税金資産	税効果会計の適用による資産計上額	1年超のものは長期繰延税金資産	×		－

農業法人標準勘定科目

					固定長期適合率	
固定資産						
	有形固定資産	物としての実体をもつ固定資産				
		建物	土地に定着する工作物で周壁、屋根を有するもの		○		建物・構築物
		建物付属設備	建物に固着して使用価値を増加させるもの又は維持管理上必要なもの		○		建物・構築物
		構築物	建物以外の土地に定着した工作物、土木設備		○		建物・構築物
		機械装置	運動機能をもつ機具又は工場等の設備		○		農機具等
		車両運搬具	人、物の運搬を主目的とする機具		○		農機具等
		器具備品	移設容易な家具、電気・事務機器等の機具	移設可能なパイプハウス、ホダ木を含む	○		農機具等
		生物	農業用の減価償却資産である生物	搾乳牛、果樹など	○（×自己育成）		果樹・牛馬等
		繰延生物	税法固有の繰延資産として経理する農業用の生物	バラの親株など	○（×自己育成）		(繰延生物)
		一括償却資産	一括償却を選択した取得価額20万円未満の減価償却資産		○		(一括償却資産)
		土地	営業目的で所有する土地	投資目的は「投資不動産」	×		土地
		建設仮勘定	有形固定資産の建設による支出		○（×労務費相当額）		(建設仮勘定)
		育成仮勘定	育成中の生物に対する計上額		○（×労務費相当額）		未成熟の果樹…
		△減価償却累計額			×		―
	無形固定資産	物としての実体をもたない固定資産	法律上の権利など			
		営業権	有償で譲り受けた超過収益力	生乳の生産枠など	○		(営業権)
		商標権	登録に基づく商標の独占的使用権		○		(商標権)
		実用新案権			○		(実用新案権)
		意匠権			○		(意匠権)
		育成者権			○		(育成者権)
		ソフトウェア	ソフトウェアの購入、委託開発費用		○		(ソフトウェア)
		土地改良負担金	受益者負担金のうち公道等取得費対応部分	税法上の繰延資産	×（事業者の定めによる）		土地改良事業受益者負担金
		借家権		礼金、権利金	○（×住宅）		(借家権)
		借地権			×		(借地権)
		電話加入権	加入電話契約に基づく工事負担金		○		(電話加入権)
	投資その他の資産	有形固定資産及び無形固定資産以外の固定資産				
		投資有価証券	長期保有目的の有価証券		譲渡△（5％換算）	関連会社の有無	有価証券
		関係会社株式	親会社、子会社、関連会社の株式		譲渡△（5％換算）		有価証券
		出資金	出資による持分	JA出資金、（農）では「外部出資」と表示	譲渡△（5％換算）	JAへの出資額	有価証券
		関係会社出資金	親会社、子会社、関連会社に対する出資金		×		有価証券
		長期貸付金	取引先、従業員等に対する1年超の貸付金		×	相手先	貸付金
		破産等債権	破産債権、再生債権、更生債権その他これらに準ずる債権	不渡手形を含む	×		売掛金
		長期前払費用	1年を超えて費用となる前払費用	未経過分信用保証料など	×		前払金
		客土	客土で支出の効果が1年以上に及ぶもの	税法上の繰延資産	○		(客土)
		保険積立金	積立保険料・共済掛金		×		(保険積立金)
		経営保険積立金	経営安定対策、収入保険の積立金	米・畑作物の収入減少影響緩和交付金、加工原料乳生産者経営安定対策	×		(経営保険積立金)
		長期預け金	取引開始に伴って差し入れる保証金等		×		(長期保証金)
		繰延税金資産	税効果会計の適用による資産計上額		×		―

繰延資産					
創立費	法人設立のため特別に支出する費用	定款作成費用、設立登記費用	○（×定款認証料・登録免許税）	計上の有無	—
開業費	開業準備のため特別に支出する費用		○		（開業費）
開発費	市場開拓等のために特別に支出する費用		○		（開発費）

消費税
◎＝課税売上げ、△＝非課税売上げ、○＝課税仕入れ、×＝非課税仕入れ又は課税対象外

農業法人標準勘定科目

(2) 貸借対照表（負債・純資産）

勘定科目				解説	備考	消費税	経営分析	個人青申
負債の部								
流動負債							流動・当座比率	
	買掛金			通常取引による営業上の未払金		×	仕入債務回転日数	買掛金
	短期借入金			返済期限が1年以内に到来する借入金		×		借入金
	未払金			固定資産の購入等による営業外の未払金	固定資産税、労働保険料	×		未払金
	未払配当金			配当に対する未払金		×		－
	未払費用			継続的役務提供に対する未払金		×		未払金
	未払法人税等			法人税、住民税及び事業税の未払金	確定申告による納税額	×		－
	未払消費税等			消費税の未払額	確定申告による納税額	×		未払金
	前受金			受注品等に対する代金受入額		×		前受金
	預り金			受け入れた金銭等で返還すべき債務	源泉所得税、住民税、社会保険料	×	社会保険等加入の有無	預り金
	仮受金			帰属すべき勘定又は金額の確定しない受取金		×		(仮受金)
	(仮受消費税等)			税抜経理方式の場合の課税売上げ中の消費税相当額	決算整理で清算	◎		－
	賞与引当金			使用人の賞与に充てるため繰り入れた額		×	引当の有無	－
	繰延税金負債			税効果会計の適用による負債計上額		×		
固定負債							固定長期適合率	
	長期借入金			返済期限が1年を超える借入金		×	金融機関別借入	借入金
	役員等長期借入金					×	修正自己資本比率	－
	長期未払金			弁済期限が1年を超える未払金		×		未払金
	退職給付引当金					×	引当の有無	－
	繰延税金負債					×		－
	(農業経営基盤強化準備金)			経営所得安定対策等交付金相当額の損金経理積立額		×		農業経営基盤強化準備金
純資産の部							自己資本比率	
株主資本［Ⅰ］						×		元入金
	資本金［1］			株主、社員、組合員が拠出した資本	(農)では「出資金」と表示			
	資本剰余金［2］							
		資本準備金［(1)］		払込剰余金、減資差益、合併差益	(農)の加入金	×		－
		その他資本剰余金［(2)］				×	過去配当の有無	－
	利益剰余金［3］							
		利益準備金［(1)］				×	過去配当の有無	－
		その他利益剰余金［(2)］						
			特別償却準備金	特別償却による損金算入相当額の剰余金処分積立額		×	積立の有無	－
			農業経営基盤強化準備金	経営所得安定対策等交付金相当額の剰余金処分積立額		×	積立の有無	－
			圧縮積立金	圧縮記帳による損金算入相当額の剰余金処分積立額		×	積立の有無	－
			圧縮特別勘定	翌年度以降の圧縮記帳のため特別勘定に経理した金額		×	積立の有無	－
			(その他目的積立金)			×		
			別途積立金	特定の目的を定めていない任意積立金		×		
			繰越利益剰余金		会社法施行前の当期未処分利益	×（○従事分量配当）		
	自己株式［4］					×		
評価・換算差額等［Ⅱ］								
	その他有価証券評価差額金［1］					×		－
	繰延ヘッジ損益［2］							－

350

土地再評価差額金 [3]			×		－
新株予約権 [Ⅲ]					－

消費税
◎＝課税売上げ、△＝非課税売上げ、○＝課税仕入れ、×＝非課税仕入れ又は課税対象外

農業法人標準勘定科目

（2）損益計算書

勘定科目		解説	備考	消費税	経営分析	個人青申
売上高						
	製品売上高	自己が生産した農産物など製品の販売金額	作目別に区分（水稲売上高、等）	◎③［軽減税率：飲食料品②］		販売金額
	商品売上高	商品の販売金額	仕入販売収入	◎①又は②［軽減税率：食品］		－
	生物売却収入	固定資産としての生物・育成仮勘定の売却収入	作目別に区分（廃牛売上高、廃豚売上高、等）	◎④［軽減税率：廃畜枝肉］		販売金額
	作業受託収入	農作業等の作業受託による収入		◎④		雑収入
	価格補填収入	数量払交付金等による収入	畑作物の直接支払交付金、牛・豚マルキン等	×		雑収入
	その他事業売上高		適当な名称をつけること	◎		－
売上原価		商品の仕入原価、製品の製造原価				
	期首商品製品棚卸高	商品・製品の期首在り高		×		農産物の棚卸高
	当期商品仕入高	商品の当期における仕入高		○［軽減税率：食品］	仕入販売の有無	－
	当期製品製造原価	製品の当期における製造原価	（製造原価報告書より）			
	生物売却原価	固定資産である生物・育成仮勘定の売却直前の帳簿価額	適宜区分（廃牛売上原価、廃豚売上原価、等）	×		（生物売却原価）
	△期末商品製品棚卸高	商品・製品の期末在り高		×		農産物の棚卸高
	△事業消費高	事業用に消費した製品の評価額	飼料費、広告宣伝費、福利厚生費等の振替高	×		事業消費金額
売上総利益		＝売上高－売上原価			売上総利益率	
販売費及び一般管理費			（販売費及び管理費明細より）			
営業利益		＝売上総利益－販売費及び一般管理費			売上高営業利益率	
営業外収益		金融収益その他営業外の経常的収益	臨時的収益のうち少額のものを含む			
	受取利息	預貯金および貸付金に対して受け取る利息		△		事業主借
	受取配当金	株式や出資金などに対して受け取る配当金		×		事業主借
	受取地代家賃			△（◎非住宅）		事業主借
	受取共済金	家畜共済など経常的に発生する共済金・保険金	農産物の共済金は特別利益	×		事業主借・雑収入
	一般助成収入	作付面積以外の基準で経常的に交付される助成金	農の雇用事業助成金、中山間地域等直接支払等	×		雑収入
	作付助成収入	面積払交付金等による収入	水田活用の直接支払交付金	×		雑収入
	雑収入	その他の営業外収益	ダンボールや肥料袋の売却代金など	◎		雑収入
営業外費用		金融費用その他営業外の経常的費用	臨時的損失のうち少額のものを含む			
	支払利息	借入金の支払利息	信用保証料を含む	×	支払利息率	利子割引料
	手形譲渡損	手形の割引・裏書により生じた損失	旧「支払割引料」勘定	×	手形割引の有無	利子割引料
	創立費償却	繰延資産に計上した創立費の償却額		×		－
	開業費償却	繰延資産に計上した開業費の償却額		×		－
	廃畜処分損	家畜の除却による損失、廃畜の処理費用	簿価＋処理費用	×（処理費○）		（廃畜処分損）
	雑損失	その他の営業外費用		○		雑費
経常利益		＝営業利益＋営業外収益－営業外費用				
特別利益		臨時利益及び過年度損益修正益				
	前期損益修正益	過年度の損益の修正益		×		
	固定資産売却益	固定資産の売却による利益	売却収入－未償却残高	×（◎④売却収入）		事業主借
	投資有価証券売却益	投資有価証券の売却による利益				事業主借
	資産受贈益	資産の無償・低額譲受けによる利益	時価－購入対価	×		－

受取共済金	収穫共済など棚卸資産に対する共済金・保険金	畜産物の共済金は営業外収益	×		事業主借・雑収入
経営安定補填収入	過年産の農畜産物の価格下落等に対する補填金	米・畑作物の収入減少影響緩和交付金、加工原料乳生産者経営安定対策	×		雑収入
収入保険補填収入	収入保険の保険金等の見積額	保険金及び特約補填金のうち国庫補助相当分	×		雑収入
保険差益	固定資産の保険金等から災害損失を控除した額	圧縮記帳の対象	×		事業主借
国庫補助金収入	固定資産の取得のため交付された補助金	圧縮記帳の対象	×		（固定資産と相殺）
償却債権取立益	過年度に貸倒処理済の債権の回収額		貸倒回収		雑収入
貸倒引当金戻入額	前期繰入れ貸倒引当金の当期の戻入額		×		貸倒引当金
（圧縮特別勘定戻入額）					
（農業経営基盤強化準備金戻入額）					
特別損失	臨時損失及び過年度損益修正損				
前期損益修正損	過年度の損益の修正損		×		－
役員退職慰労金	役員に対する退職金		×		－
固定資産売却損	固定資産の売却により生じた損失	未償却残高－売却収入	×（◎④売却収入）		事業主貸
固定資産除却損	固定資産の除却により生じた損失	未償却残高	×		（資産除却損）
災害損失	災害による固定資産の損失	未償却残高＋滅失経費－（保険金収入）	×（○滅失経費）		（災害損失）
特別償却費	租税特別措置法による特別償却費		×		減価償却費
固定資産圧縮損	圧縮記帳により固定資産を直接減額した額		×		－
（圧縮特別勘定繰入額）			×		－
（農業経営基盤強化準備金繰入額）			×		
税引前当期純利益		＝経常利益＋特別利益－特別損失			所得金額
法人税、住民税及び事業税	当期の法人税、住民税、事業税の見積計上額	源泉税額＋予定・確定納税額	×		－
法人税等調整額			×		－
当期純利益		＝税引前当期利益－法人税等			

消費税
◎＝課税売上げ、△＝非課税売上げ、○＝課税仕入れ、×＝非課税仕入れ又は課税対象外
○囲みの数字は簡易課税制度における事業区分
軽減税率（8％）は2019年10月より（標準税率は10％）

(3) 製造原価報告書

勘定科目	解説	備考	消費税	経営分析	個人青申
材料費	物品の消費により生ずる原価			材料費率	
期首材料棚卸高	原材料の期首在り高		×		「以外の棚卸高」
種苗費	種籾その他の種子、種芋、苗類などの購入費用		○		種苗費
素畜費	種付費用、素畜購入費用		○（×運送保険料）		素畜費
肥料費	肥料の購入費用		○		肥料費
飼料費	飼料の購入費用、自給飼料の振替額		○（×自給飼料）		飼料費
△飼料補填収入	配合飼料価格安定基金の補填金	飼料費勘定から控除しても良い	×		雑収入
農薬費	農薬、予防目的の家畜用の薬剤費の購入費用	共同防除負担金を含む	○（×防除負担金の一部）		農薬衛生費
敷料費	敷料の購入費用		○		諸材料費
燃油費	重油等、園芸用ハウス暖房用燃料の購入費用	区分可能な場合の暖房電気代を含む	○		動力光熱費
諸材料費	被覆用ビニール（マルチ）、鉢、針金などの購入費用		○		諸材料費
材料仕入高	加工品の材料の購入費用	自給材料の振替額を含む	○［軽減税率：食材］		－
△期末材料棚卸高	原材料の期末在り高		×		「以外の棚卸高」
労務費	労働用役の消費により生ずる原価			労務費率	
賃金手当	生産業務に従事する常雇の従業員の労賃		×		雇人費
雑給	生産業務に従事する臨時雇の従業員の労賃		×		雇人費
賞与	生産業務従業員の臨時的な給与		×		雇人費
法定福利費	労働保険料、社会保険料の事業主負担額	退職金共済掛金を含む	×		雇人費
福利厚生費	生産業務従業員の保健衛生、慰安、慶弔等費用	非課税通勤手当含む	○（×慶弔金）		雇人費
作業用衣料費	作業服、軍手、長靴、地下足袋などの購入費用		○		作業用衣料費
外注費（製造経費）	作業請負に対して支出する原価	製造経費の区分に含めても良い		外注費率	
作業委託費	賃耕料、刈取料などの農作業委託料、共同施設利用料		○		地代・賃借料
診療衛生費	獣医の診療報酬・コンサル料、治療用の薬剤費用等		○		農薬衛生費
預託費	家畜の育成、肥育の委託料		○		素畜費
ヘルパー利用費	酪農や肉用牛などヘルパーの利用料	雇用契約によるものを除く	○		地代・賃借料
圃場管理費	畦畔の草刈り、水管理・肥培管理作業などの農作業委託料		○		地代・賃借料
委託加工費	加工品の委託による加工費用		○		－
製造経費	材料費、労務費、外注費以外の原価			製造経費率	
農具費	取得価額10万円未満又は耐用年数1年未満の農具購入費用		○		農具費
工場消耗品費	加工品の製造に際して消耗される物品の費用		○		－
修繕費	生産用固定資産の修理費用		○		修繕費
動力光熱費	生産用の電気、水道料金やガソリン、軽油などの燃料費		○		動力光熱費
共済掛金	作物や農業用施設の共済掛金、価格補填負担金、収入保険の保険料など	米・畑作物、加工原料乳は経営保険積立金（B/S）	×		農業共済掛金
とも補償拠出金	米の転作や飲用外牛乳生産による減収分の生産者とも補償の拠出金	受取額は作付助成収入	×	作付面積	農業共済掛金
減価償却費	生産用の固定資産の減価償却費		×		減価償却費

農地賃借料	農地の地代（小作料）		×	農地賃借料率	地代賃借料
地代賃借料	農業用施設の敷地の地代、農業用建物の家賃、農機具の賃借料		○（×地代）		地代賃借料
土地改良費	土地改良事業の費用のうち毎年の必要経費になる部分		×		土地改良費
特許使用費	種苗などのパテント使用料		○		
租税公課	生産用の固定資産に対する固定資産税・自動車税など		×		租税公課
当期総製造費用					
期首仕掛品棚卸高	仕掛品（未収穫農産物、販売用動物等）の期首在り高		×		「以外の棚卸高」
△育成費振替高	育成中の生物に対する当期の支出として原価から控除する額		×		経費から差し引く果樹牛馬等の育成費用
△期末仕掛品棚卸高	仕掛品（未収穫農産物、販売用動物等）の期末在り高		×		「以外の棚卸高」
当期製品製造原価	製品の当期における製造原価	（損益計算書へ）			

消費税
◎＝課税売上げ、△＝非課税売上げ、○＝課税仕入れ、×＝非課税仕入れ又は課税対象外
軽減税率（8％）は2019年10月より（標準税率は10％）

355

（4）販売費及び一般管理費明細

勘定科目	解説	備考	消費税	経営分析	個人青申
役員報酬	役員に対する給料		×		—
給料手当	販売業務に従事する常雇の従業員の給料		×		雇人費
雑給	販売管理業務に従事する臨時雇の従業員の給料		×		雇人費
賞与	販売管理業務従業員の臨時的な給与		×		雇人費
退職金	退職に伴って支給される臨時的な給与		×		雇人費
法定福利費	販売管理業務従業員の社会労働保険料の事業主負担額	退職金共済掛金を含む	×		雇人費
福利厚生費	販売管理業務従業員の保健衛生、慰安、慶弔等の費用	非課税通勤手当を含む	○（×慶弔金）		雇人費
賞与引当金繰入額	賞与引当金の当期繰入額		×		—
荷造運賃	出荷用包装材料の購入費用、製品の運送費用		○		荷造運賃手数料
販売手数料	JAや市場の販売手数料		○		荷造運賃手数料
広告宣伝費	不特定多数への宣伝効果を意図して支出する費用		○		（広告宣伝費）
交際費	取引先の接待、供応、慰安、贈答のため支出する費用		○（×慶弔金）［軽減税率：贈答食品］		（接待交際費）
会議費	会議・打合せ等の費用		○［軽減税率：茶菓弁当］		
旅費交通費	出張旅費、宿泊費、日当等の費用		○		（旅費研修費）
事務通信費	事務用消耗品費、通信費、一般管理用の水道光熱費	振込手数料、事務用品の賃借料	○		（事務通信費）
車両費	自動車燃料代、車検費用等販売管理用車両の維持費用	自賠責・任意保険料を除く	○		（車両費）
店舗経費	店舗用消耗品費、水道光熱費		○		—
図書研修費	新聞図書費、研修費		○［軽減税率：定期購読日刊紙］		（旅費研修費）
支払報酬	税理士、司法書士等の報酬	源泉徴収が必要	○	税理士の有無	雑費
修繕費	販売管理用固定資産の修理費用		○		修繕費
減価償却費	販売管理用の固定資産の減価償却費		×		減価償却費
開発費償却	繰延資産に計上した開発費の償却額		×		（開発費償却）
地代家賃	販売管理用土地・建物の賃借料		○（×地代）		地代・賃借料
支払保険料	販売管理用固定資産の保険料	自賠責保険料	×		農業共済掛金
租税公課	印紙税、税込経理方式の場合の消費税など		×		租税公課
諸会費	同業者団体等の会費	JA賦課金、法人協会費等	×		租税公課
寄付金	事業に直接、関連の無い者への金品の贈与	社会事業・神社等への寄贈金	×		事業主貸
貸倒損失	売掛金などの売上債権の貸倒れによる回収不能額		貸倒れ	貸倒れの有無	雑費
貸倒引当金繰入額	貸倒引当金の当期の繰入額		×		貸倒引当金
雑費	一般管理費用で他の勘定に属さないもの		○		雑費
合計		（損益計算書へ）			

消費税
◎＝課税売上げ、△＝非課税売上げ、○＝課税仕入れ、×＝非課税仕入れ又は課税対象外
軽減税率（8％）は2019年10月より（標準税率は10％）